XINYIDAI PEIDIAN ZIDONGHUA ZHUZHAN
JISHU JI YINGYONG

新一代
配电自动化主站技术及应用

国网湖南省电力有限公司电力科学研究院　组编

中国电力出版社
CHINA ELECTRIC POWER PRESS

图书在版编目（CIP）数据

新一代配电自动化主站技术及应用/国网湖南省电力有限公司电力科学研究院组编 . —北京：中国电力出版社，2021.4（2022.4重印）
ISBN 978-7-5198-4710-4

Ⅰ . ①新… Ⅱ . ①国… Ⅲ . ①配电自动化 Ⅳ . ①TM76

中国版本图书馆 CIP 数据核字（2020）第 102280 号

出版发行：中国电力出版社
地　　址：北京市东城区北京站西街 19 号（邮政编码 100005）
网　　址：http://www.cepp.sgcc.com.cn
责任编辑：王　南（010-63412876）
责任校对：黄　蓓　马　宁
装帧设计：赵姗姗
责任印制：石　雷

印　　刷：北京九州迅驰传媒文化有限公司
版　　次：2021 年 4 月第一版
印　　次：2022 年 4 月北京第三次印刷
开　　本：787 毫米×1092 毫米　16 开本
印　　张：12.25
字　　数：273 千字
印　　数：1601—2100 册
定　　价：50.00 元

本书编委会

主　　任：朱吉然

委　　员：齐　飞　周恒逸　杨　淼　冷　华　朱　亮　陈超强
　　　　　刘定国　龚方亮　牟龙华　潘志远　韩寅峰

本书编写组

主　　编：张　帝

副 主 编：唐海国　康　童　游金梁　苏标龙

编写人员：周可慧　张志丹　邓　威　彭　涛　刘　鹏　赵　邈
　　　　　唐　云　李红青　陈　幸　黎剑豪　蒋天保　陈邵怀
　　　　　祝万平　王国庆　刘　奕　任　磊　李显涛　康　崛
　　　　　万　代　段绪金　陈　伟　李文波　隆晨海　李金亮
　　　　　彭思敏　由　凯　朱哲明　徐　旭　张哲溶　陈　新

前　言

随着社会经济不断发展，用户对供电可靠性、电能质量及其优质服务的要求不断提高。配电网是电力系统末端直接与用户相连、起分配作用的网络，其供电的可靠性直接关系到用户的使用体验。配电网络庞大，设备点多面广，广大城乡配电网运行状态、运行方式还缺少有效的实时监控与运维支撑手段，在"大云物移"等多种互联网新技术高速发展的新时代下，如何实现对配电网全面、开放、智能、安全的精益管理，支撑配电网有效、科学的发展，推动国民经济建设，是新时代配电网发展的使命。为了更好地建设"智能感知、数据融合、智能决策"的配电网，突出配电自动化系统在调度监控、运行状态管控等业务方向上的应用，2016 年国家电网有限公司（简称国网公司）提出建设新一代配电自动化系统主站，并列入 2020 年国网公司重点工作任务。

新一代配电自动化主站系统作为配电侧智能感知的重要环节，以配电网调度监控和配电网运行状态采集为主要应用方向，采用省级 $N+1$ 跨区一体化数据同步技术、省级分布式数据存储、消息总线及服务总线技术、省级分布式数据采集技术、省级分布式数据处理技术、省级分布式拓扑分析技术，实现了数据采集和处理、故障综合研判、数据质量管控、设备（环境）状态监测、信息共享与发布、负荷特性分析、专题图生成等功能，并在保障安全可靠供电、提高配网运行效能、提高客户服务水平、降低人员工作强度等方面为供电服务指挥中心提供技术支撑。

国网湖南省电力有限公司结合自身建设及应用需求，采用"生产控制分散部署、运行信息集中汇集"的方式，地市公司配电自动化系统作为电网运行控制系统，遵循国家电力监控系统网络安全防护管理规定，部署在生产控制大区，其运行信息统一传输至省级配电主站系统。截至 2020 年，已建成投运地市公司配电自动化主站 4 套和省级配电主站 1 套，投运配电终端 2 万套（不含故障指示器），正在开展其余 10 地市的新一代配电自动化主站建设，在基于云架构的省级配电网运行状态管控技术和基于云平台的信息融合及校验技术等方面有所突破，实现了省级配电网各个业务系统数据的交互共享及省级配电网模型数据的融合共享应用，在新一代配电自动化主站的建设及现场实用化应用等方面积累了一些经验。

本书的主要内容包括配电网建设现状及发展趋势、新一代配电自动化系统主站、终端接入管理、配电自动化故障处理原理及应用案例、新一代配电自动化主站系统实用化评价技术等内容。

本书的编写得到了国家电网有限公司设备部刘日亮，中国电力科学研究院有限公司张波、周勍，国网技术学院潘志远、王婧，国网浙江省电力有限公司韩寅峰等单位专家的大力支持，在此表示衷心感谢！另外，本书在编写过程中，查阅了大量的资料，并向配电自动化现场一线工作人员征集了典型案例，参考和引用了有关书籍的部分内容，谨向这些提供帮助的同行和作者表示衷心的感谢！

由于作者能力有限，加之缺乏编写经验，疏漏在所难免，恳请读者批评指正。

编　者

2021 年 1 月

目　录

第1章

配电网建设现状及发展趋势

1.1 配电网的发展现状与挑战

1.1.1 配电网的发展现状

配电网作为电网的重要组成部分，直接面向电力用户，与广大群众的生产生活息息相关，是保障和改善民生的重要基础设施，是用户对电网服务感受和体验的最直观对象。国家电网有限公司（简称国网公司）高度重视配电网发展，逐年加大配电网建设改造投入力度，配电网发展取得显著成绩，主要体现在以下几个方面。

（1）配电网规模快速增长。截至 2019 年 2 月底，国网公司配电变压器共计 474.4 万台，容量 13.7 亿 kVA，6～20kV 线路总长度 392.8 万 km，户均配电变压器容量达到 2.9kVA，全面满足经济社会快速发展用电需求。

（2）配电网薄弱环节有效改善。国网公司加快解决配电网薄弱环节，增强供电能力，提高供电质量，缓解季节性负荷引起的"低电压"问题，逐步解决农网与主网联系薄弱问题，做好边远贫困地区电力建设。

（3）供电可靠性水平有效提升。国网公司持续优化配电网网架结构，稳步推进配电自动化建设，提高故障快速处置能力，目前城网、农网供电可靠率分别达到 99.948%、99.784%，北京金融街、上海陆家嘴等城市核心区的配电网供电可靠率已经达到 99.9999%，年户均停电时间小于 0.5min。

（4）大规模分布式电源有序接入。国网公司主动开展配电网适应性研究，完善技术标准、简化管理流程、出台服务意见、加强配套电网建设，努力满足分布式光伏、储能、电动汽车充电桩大规模接入配电网的需求。

1.1.2 配电网发展面临的形势与挑战

全球进入互联网和数字经济时代，能源革命和数字革命融合发展趋势日益明显。作为能源革命中心环节的电网，从技术特征和功能形态上看，正在向能源互联网演进。2018年国网公司"两会"明确提出，"配电网是能源互联网的基础，是影响供电服务水平的关键环节。必须紧紧围绕打造可靠性高、互动友好、经济高效的一流现代化配电网目标持续发力，久久为功"。

（1）社会服务需求不断变化。配电网面临分布式电源、储能、微电网、电动汽车、新型交互式用能等设备大规模接入以及用户深度参与互动，源—网—荷—储—人五方面协同发展压力大。客户对电力依赖程度越来越高，客户多元化用能服务需求快速增长。

配电网需具备对外开放共享合作、整合社会资源、拓展新兴业务能力，以带动产业链发展，助力打造能源互联网产业生态圈。

（2）行业痛点、难点问题亟待解决。配电网设备规模总量大，发展变化速度快，发展不平衡不充分，量测覆盖率不足，设施设备标准化程度不高，配电网一线运维管理人力资源与配电网增速不匹配。现有监测管控手段和资源配置能力不足，无法满足中低压配电网精益化管理要求和快速变化的业务服务需求。

为此，配电网需要引入"大云物移智"等新技术和新理念，全力打造一个以实现"配电网+物联网"深度融合为导向的配电物联网生态系统，从本质上提升配电网建设、运维、管理水平，推动业务模式、服务模式和管理模式不断创新，支撑能源互联网的快速发展。

1.2　配电自动化建设现状及发展需求

1.2.1　配电自动化概述

配电自动化是智能配电网的技术基础，配电自动化利用现代电子技术、通信技术、计算机及网络技术与电力设备与系统应用技术，实现配电网正常及事故情况下的监测、保护、控制及计量功能，并与配电管理工作有机融合，与用户密切互动，改善供电质量，提高供电可靠性和经济性，使得企业管理更为高效。

配电自动化系统构成如图 1-1 所示，主要由配电自动化系统主站、配电自动化系统子站（可选）、配电自动化终端和通信网络等部分组成。通过采集中低压配电网设备运行的实时、准实时数据，贯通高压配电网和低压配电网的电气连接拓扑，融合配电网相关系统业务信息，实现对配电网的监测、控制和快速故障隔离，支撑配电网的调控运行、故障抢修、生产指挥、设备检修、规划设计等业务的精益化管理。

配电自动化主站（简称配电主站）主要由计算机硬件、操作系统、支撑平台软件和配电网应用软件组成，具备横跨生产控制大区与管理信息大区一体化支撑能力，满足配电网的运行监控与运行状态管控需求。其中，配电主站支撑平台包括系统信息交换总线和基础服务，完成配电数据采集与监控数据处理、实时库数据处理等功能。配电网应用软件包括配电网运行监控与配电网运行状态管控两大类应用，完成操作与控制、事故反演、告警服务、系统运行管理、单相接地故障分析、停电分析、模型中心、信息共享与发布等功能。

配电自动化终端（简称配电终端）是配电网运行数据源端采集设备，其中，配电站所终端（DTU）、馈线终端（FTU）、故障指示器（FLD）实现配电网高压一次网络关键节点（环网柜、柱上开关等）运行数据的采集和运行状态的感知；智能配变终端（台区信息智能融合终端）可实现配电变压器运行状态的采集，也是低压物联网信息处理核心单元。通过配电终端对配电网数据采集，可以与目前用电信息采集终端的用户源端信息形成互补，实现整个配电网网络关键节点、配变、用户信息全面采集。同时，可以解决目前用电信息采集终端难以支撑配电网故障定位、电网状态感知和精准服务的不足。

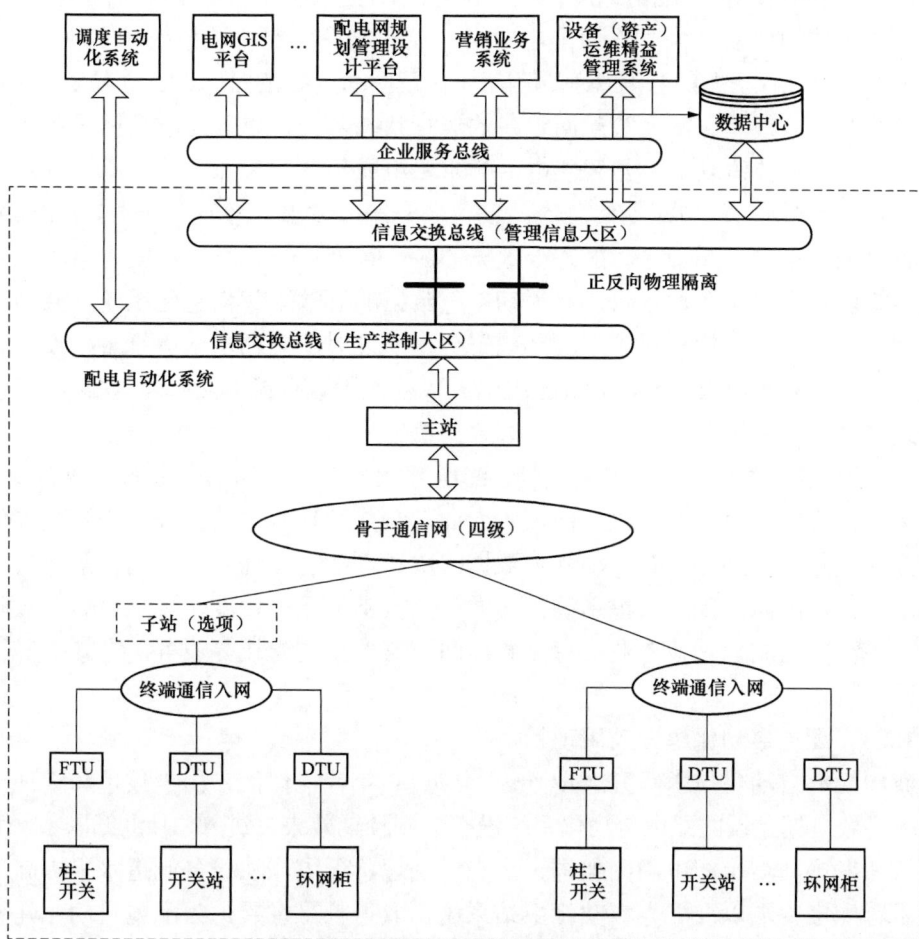

图 1-1　配电自动化系统构成

配电自动化系统通信网络是实现配电主站和配电终端之间数据传输、馈线自动化功能、信息交互的关键所在，应满足实时性、可靠性等要求，宜采取多种通信方式互补。目前，配电自动化通信网络主流技术主要包括以太网无源光网络（EPON）、无线专网、无线公网三种通信方式。

1.2.2　配电自动化系统定位

2009 年以来公司借鉴主网调度自动化技术思路，开展了配电自动化建设，系统应用基本解决了配网调度的主要需求。但配电网与高压输电网相比有其自身固有的复杂特征，同时配电网专业管理的主要业务内容和目标也与主网调度管理有很大差异，此外"大云物移智"等 IT 新技术不断涌现给系统建设带来了更多的可能性和新的要求，因此，现代配电自动化不再是传统的面向调度控制的配电网调度控制自动化，而应是更加广义的以数据为核心的配电网自动化、信息化与智能化的综合体。配电自动化系统是包括配电调度控制功能在内的配电网运行状态监测管理统一支撑系统，具体表现在如下三个方面。

（1）配电自动化与配电调度控制。配电自动化系统的核心是实现配电网故障定位、隔离与供电快速恢复，同时作为配电网络以及配电设备的监控系统，实现变电站 10kV 及以下配电网运行状态的监测管理、倒闸操作及主动抢修指挥。除配电调度控制功能外，还具备对开关、线路、配变等配网设备的运行状态监控，以及影响配网设备运行的重要环境量统一采集监测功能，是智能电网的重要组成部分。

（2）配电自动化与配电信息化。设备（资产）精益化管理系统（PMS2.0）作为配电设备台账、模型、图形等"静态"数据的源端存储信息化系统，配电自动化系统作为配电网络以及配电设备运行状态等"动态"数据的源端采集信息化系统，共同形成支撑配电网"一静一动"信息化管理的基础平台，通过对配电网电气运行量、设备状态量、环境状态量全采集、全感知，丰富配用电大数据应用数据源，支撑公司配电网状态诊断、建设改造成效评估、精准投资分析等大数据挖掘应用。

（3）配电自动化与配电专业管理。配电专业管理主要包括配电网规划建设、运行调度、运维检修、故障抢修 4 大方面，各专业精益化管理水平的提升均需要配电信息化系统的全面支撑，区别在于对"动静"数据的实时性、全面性要求不同。配电自动化系统作为动态数据的源端采集支撑系统，一方面直接支撑运行调度、运维检修、故障抢修等业务，另一方面结合其他专业信息化数据间接支撑规划建设等业务，有效提升精益化管理水平。

1.2.3　配电自动化建设应用现状

我国配电自动化技术研究起步于 20 世纪 90 年代，然而，由于技术和管理上诸多原因，大多数早期建设的配电自动化系统没有达到预期效果。进入 21 世纪以来，我国经济社会快速发展，城市配电网网架进一步趋于合理，配电一次设备制造水平提高，配电通信技术、配电终端以及配电自动化主站系统也取得长足发展，为配电自动化建设奠定了良好基础。随着配电网供电可靠性要求的日益提高，配电自动化作为一种有效的手段，在国内各大城市的配网中得到了广泛应用。

自 2009 年国网公司开展配电自动化建设试点工程以来，经过第一、二批试点工程和推广应用项目建设，配电自动化建设应用水平得到了大幅提高。截至 2020 年，国网公司有 325 个地市单位开展了配电自动化建设及应用，配电自动化覆盖率接近 90%。北京、冀北、江苏、浙江等省份实现了新一代配电自动化主站全覆盖。

国网湖南省电力有限公司（简称湖南公司）在国网系统内作为第二批 17 个配电自动化建设试点单位之一，在 2011 年启动配电自动化工程建设，已建成省级主站 1 套和地市配电主站 4 套，正在开展另外 4 地市新一代配电自动化主站建设，预计 2021 年年底将实现地市主站全覆盖，投运配电终端 4 万余套，其中一、二次融合成套开关 2 万套。配电自动化系统在缩短故障隔离时间，提高供电可靠性方面发挥了不可替代的作用，但仍然面临如下问题。

（1）主站和终端有效覆盖率低，目前仅有四地市完成了配电主站建设，其余十地市存在三遥终端无法接入问题，同时部分配电线路上仅安装少量终端，无法满足故障精确定位需求。

（2）配电二次专业队伍缺失，建设与运维脱节，配电自动化工作专业性强、技术含量高，目前大部分地市公司缺乏专门配电自动化运维班组和管理人员，设备到货检测、投运前联调和运维工作难以有效开展。

（3）配电网图模基础数据问题突出，营配调多专业管理多套图纸，存在重复维护、图实不相符情况，严重制约配电网管理水平提升和大数据应用成效。

1.2.4　配电自动化发展需求

随着社会经济的发展、经济发展方式的转变、产业结构的调整，高技术、高附加值产业、高精度制造业对配电网的供电可靠性要求越来越高；各类分布式电源、电动汽车和储能等多元化负荷的大规模接入配电网，配电网正由无源网转变成有源网，潮流由单向变为多向，呈现出越加复杂的"多源性"特征。传统配电网在规划设计、接入管理、运行检修、安全协调控制等方面难以适应经济社会不断发展的要求，亟须以坚强灵活配电一次网架为基础，依托数字化、信息化、移动化、物联化等手段，开展新一代配电自动化系统建设，全面适应并推动传统配电网向未来能源互联网在物理形态、技术形态及服务生态的变化，实现"提升效率"与"服务客户"等目标。

（1）配电网智能化提升需求。①实现配电网主设备运行健康状况实时分析，将以往定期全量的人工巡视与检修作业方式转变为随时针对配网缺陷故障设备的状态检修，降低人工巡视的周期；②实现配网开关设备远方倒闸操作，将以往靠人工登杆拉动开关进行倒闸操作的作业模式转变为远程一键顺序遥控的安全快捷作业模式，极大地减少现场操作人员的数量及工作量；③实现配网故障快速处理，将以往靠人工全线查询故障的抢修方式转变为采用地图可视化导航的精准故障抢修方式，有效降低配电班组人员查找故障点的工作量。

（2）供电可靠性提升需求。配电自动化通过全方位感知配电网运行状态，通过系统间交互实现数据融合，实现供电路径全追踪，做到对配电网线路和设备重过载分析，实现故障的精准定位和快速隔离；通过推广应用遥控和馈线自动化技术，可显著降低倒闸操作时间提升运行人员工作质效和缩短停电时间，迅速隔离故障和恢复非故障区域供电，缩小停电范围和停电时长，提升故障处理效率和供电可靠性。

（3）设备数字化水平提升需求。配网设备自我感知能力提升，提高设备供电可靠水平，在此基础上深化人工智能和大数据技术应用，建设完善供电保障体系和智能决策能力。强化数据共享与主站系统协同，完善图模数据管理，健全图模异动流程；横向贯通配电自动化、调度自动化、OMS、PMS、用采等系统，实现"源端维护、全局共享"，支撑各层级数据纵向、横向贯通以及分层应用。

1.3　新一代配电自动化系统

1.3.1　"两系统一平台"智能配电网信息化架构

智能配电网建设主要包括"智能感知、数据融合、智能决策"三个方面，"两系统一平台"（PMS2.0 系统、配电自动化系统、供电服务指挥平台）是新一代配电自动化系统的衍生架构，其中 PMS2.0 系统作为运检业务支撑系统，以设备、图形管理为基础，以静态电网数据和配电网运检业务流程为主要应用方向；配电自动化系统作为配电网智能感知的重要环节，以配电网调度监控和配电网运行状态采集为主要应用方向；供电服务指挥平台（配电网智能化运维管控系统）作为智能决策的一部分，基于国网公司大数据平台，实现配电网的智能运维管控，以智能分析、辅助决策、智能穿透管控为主要应用方向，智能配电网信息化系统整体架构如图 1-2 所示。

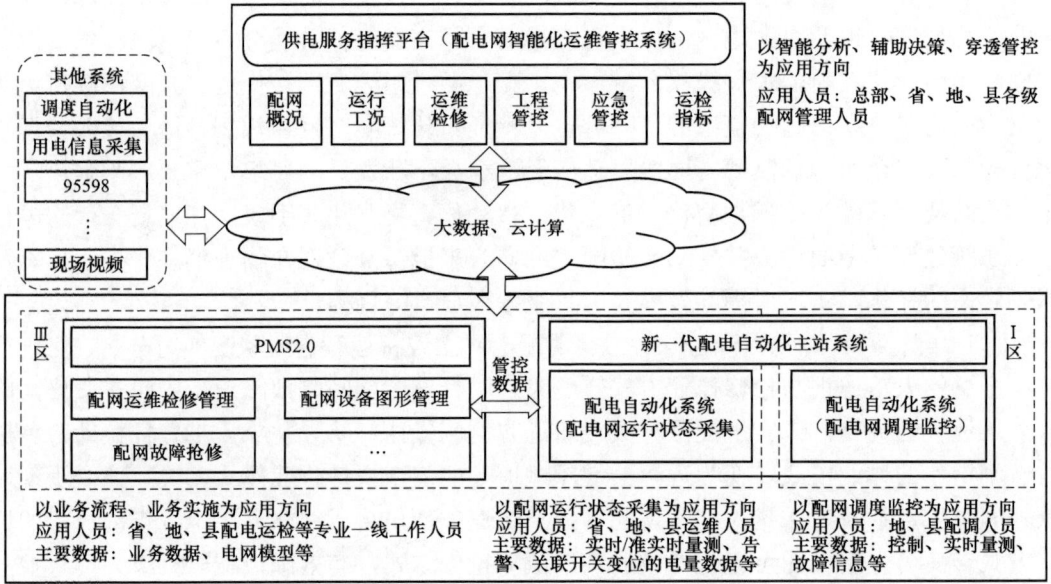

图 1-2 智能配电网信息化系统架构

"两系统一平台"的建设目标如下。

（1）配网营配调信息和业务在线化高效协同，有效消除配网"盲调"工作状态，打破营销与配网运检的业务和信息壁垒。

（2）配网信息和业务精益管理，实时掌握电网和设备状态、业务开展过程，优化服务资源的利用。

（3）配网信息和业务移动化及时作业，依托移动终端软件，将配网检修、抢修、巡视、建设以及供电服务等业务移动化，并实时更新作业进度。

（4）配电网信息和业务智能化分析决策，以现有的配电网运营管理框架为基础，利用云计算、大数据、人工智能等先进技术，完成设备动态评价、经济运行、供电能力评估、安全风险评估、投资效益评估以及动态远景规划，达到科学规划、精准建设、灵活运行、高效运检、优质服务的效果。

1.3.2 湖南公司配电主站建设模式

（1）主站建设模式。目前主站建设分为三种模式：①生产控制大区分散部署、管理信息大区集中部署方式，即 N+1 模式；②生产控制大区、管理信息大区系统均分散部署方式，即 *N*+*N* 模式；③生产控制大区、管理信息大区系统集中部署方式，即 1+1 模式。湖南公司根据省内配电自动化建设现状，选择 *N*+1 主站建模模式，即"生产控制大区分散于地市公司建设应用，管理信息大区数据接入采取省级集中部署方式"。通过建设省级配电自动化（信息化）主站系统，实现国网公司"两系统一平台"智能配电网信息化系统架构，湖南公司智能配电网信息化架构如图 1-3 所示。

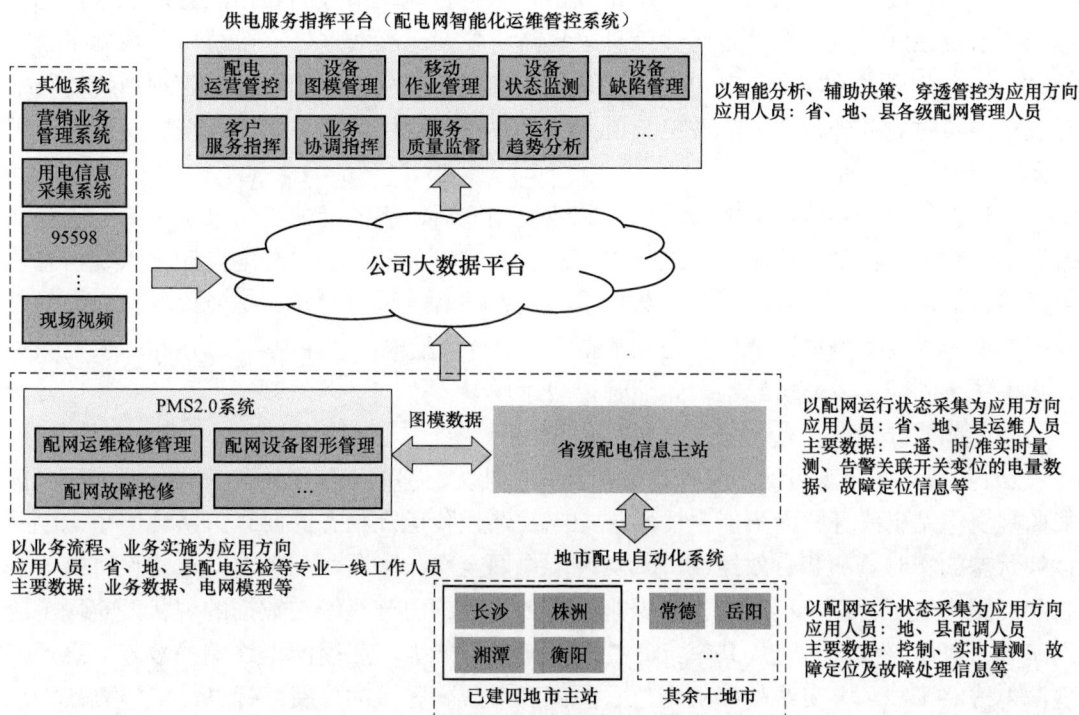

图 1-3　湖南公司智能配电网信息化架构

　　地市配电自动化系统是配电网络以及配电设备运行状态等"动态"数据的源端采集信息化系统，并通过获取各地市 EMS 系统中 10kV 出线运行数据以及主网图模数据，为地、县配调人员提供配电网调控控制、配网倒闸操作、图模审核发布、故障处理业务开展支撑系统。

　　省级配电主站是实现全省配电网智能管控的业务中心，也为全省供电服务指挥提供核心数据来源支持，位于省公司管理信息大区。系统通过与各市州公司配电自动化系统的实时数据交互以及全省无线"二遥"终端的集中接入，实现配电网图模数据的统一维护、配电网全口径停电信息全监测、单相接地故障分析、线路及设备运行状态管控等功能，实时高效支撑省公司配电网运维、抢修、主动服务、规划投资等业务流转。通过系统建设，可解决：①配电终端接入问题，通过省级配电主站，可快速实现无配电主站地区配电网的可观可测。②配电网图模多端维护问题，省级主站建立了图模在线管控流程，在省公司层面打通与 PMS2.0 系统数据交互，实现图模数据的源端维护，确保实现配电网全网一张图。③配电网数据利用率不高，省级配电主站通过与各地市配电主站间的双向交互，在传统 SCADA 的基础上，扩展管理信息大区功能应用，作为供电服务指挥平台故障定位、停电分析和设备状态管控的主要数据来源，有效支撑配网运营管控和抢修指挥；同时为全业务统一数据中心和大数据平台提供全口径配网运行数据，有效支撑国网公司大数据建设。

在过渡阶段，省级配电信息主站完成已建配电自动化系统的数据汇总以及未建配电自动化系统地区配电终端设备运行信息采集，将配网运行数据共享至公司大数据平台，同时，综合公司大数据平台中 PMS2.0 系统、用电信息采集系统、营销管理系统的数据开展相关实时业务分析处理，并将分析处理结果推送给供电服务指挥系统实现业务流程的闭环管控。

在最终阶段，各地市配电自动化系统建设完成后，将省级配电信息主站的配电终端改切至地市配电自动化系统，省级配电信息主站完成各地市公司配电自动化系统信息汇聚后将数据送入公司大数据平台的数据准备区；同时，系统的应用功能模块作为公司大数据典型应用场景整体移植至公司大数据平台。省级配电信息主站和 PMS2.0、供电服务指挥系统将共同构成公司配电网智能管控应用场景。

（2）成效分析。

1）实现配网可观可测，提升设备智能管控能力。①结束配电网的盲调管理，解决仅能监视变电站出线开关而不能全面掌握配电线路设备运行状态的问题，实现整个配电网运行状态的实时监测和有效控制；②实现配电网全网一张图，配电自动化建设可统一全省配网图模变更管理流程和图模数据规范，改变各部门分头维护数据的现状，实现了配网基础信息源端唯一，全局共享；③提升故障处理能力，应用配电终端的故障信息，实现配电线路干线和分支线故障的定位、隔离和非故障区域的恢复，提高故障巡查效率，缩小了故障停电范围。

2）实现运行智能预判，提升客户精准服务能力。通过融合配电自动化系统与 PMS2.0 等配电信息系统以及营配贯通，实现配电线路、配电变压器等重要设备的低电压、重过载等配网运行状态的全面监测，结合实时监测数据、电网规划数据和负荷预测数据，预判配网运行状态发展趋势，及时发布预警避免事故发生，配电网运维方式由盲目式转为精准式，大大降低一线人员的劳动强度。同时，利用系统的实时监测、实时研判功能，可指导供电服务指挥中心对停电影响用户进行主动告知，组织开展主动抢修，提升客户服务水平。

3）支撑大数据分析应用，推进数字化企业建设。配电自动化系统对于配电网电气运行量、设备状态量、环境状态量等信息的全采集与全监测，形成对现代化配电网运行状态的全面感知，可极大地丰富配用电大数据应用数据源。通过开展配电网状态诊断等大数据挖掘分析，准确定位配电网薄弱环节和缺陷隐患，并生成辅助立项依据，指导开展配电网建设改造精准投资，支撑数字化企业建设。

1.3.3 配电自动化演进路线

全面贯彻落实《国务院关于推进物联网有序健康发展的指导意见》《国家发展改革委

关于加快配电网建设改造的指导意见》以及国网公司建设具有中国特色国际领先的能源互联网企业目标，加快在配电领域的应用实现，充分利用人工智能、移动互联等现代信息技术和先进通信技术，配电自动化将向配电物联网演进。配电物联网通过赋予配电网设备灵敏准确的感知能力及设备间互联、互通、互操作功能，构建基于软件定义的高度灵活和分布式智能协作的配电网络体系，实现对配电网的全面感知、数据融合和智能应用，满足配电网精益化管理需求，支撑能源互联网快速发展，是新一代电力系统中的配电网的运行形式和体现。

配电自动化系统主站功能组成结构包括配电运行监控应用和配电运行状态管控应用。配电运行监控应用部署在生产控制大区，从管理信息大区调取所需的历史数据及分析结果；配电运行状态管控应用部署在管理信息大区，接收从生产控制大区推送的实时数据及分析结果。配电自动化演进路线如图1-4所示。

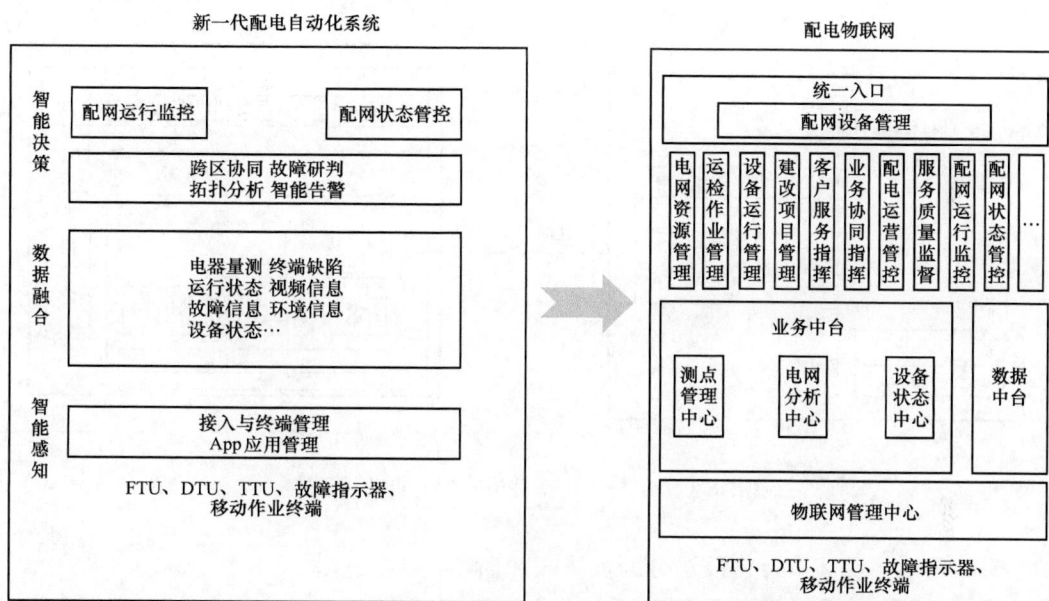

图1-4 配电自动化演进路线

实现配电自动化的共享服务沉淀和中台化，①需要将配电网应用和服务解耦，梳理、沉淀共享服务。②需要优化和调整系统架构及数据流。根据配电自动化系统目前建设部署模式，对自动化共性服务沉淀考虑采用以下模式。

（1）部署模式为 $N+N$ 的配电自动化区域，演进阶段采用服务统一向业务中台注册，通过业务中台提供的统一应用（微）服务的代理服务，实现配电自动化共享服务及数据分布式访问。$N+N$ 部署模式配电自动化思路如图1-5所示。

（2）部署模式为 $N+1$、$1+1$ 的配电自动化区域，演进阶段大Ⅳ区的共享服务向业务中台注册，通过业务中台提供的统一应用（微）服务的代理服务，实现配电自动化共享服务及数据访问。$N+1$ 与 $1+1$ 部署模式配电自动化思路如图1-6所示。

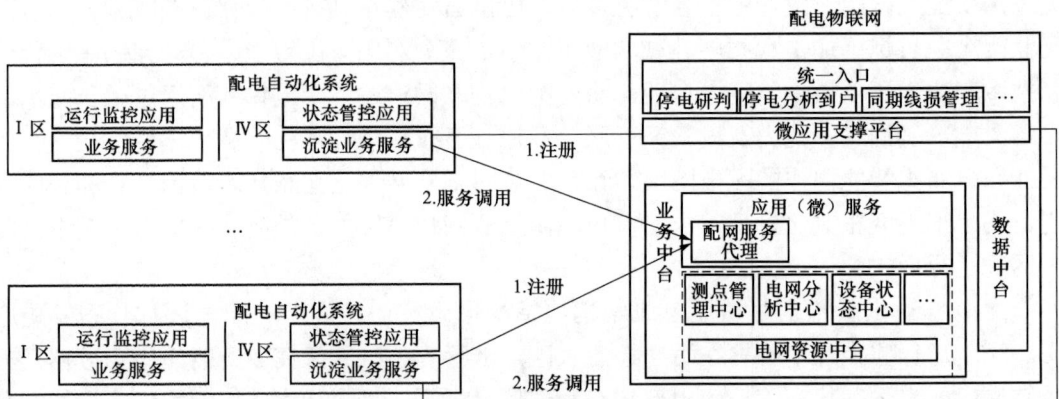

图 1-5　N+N 部署模式配电自动化思路

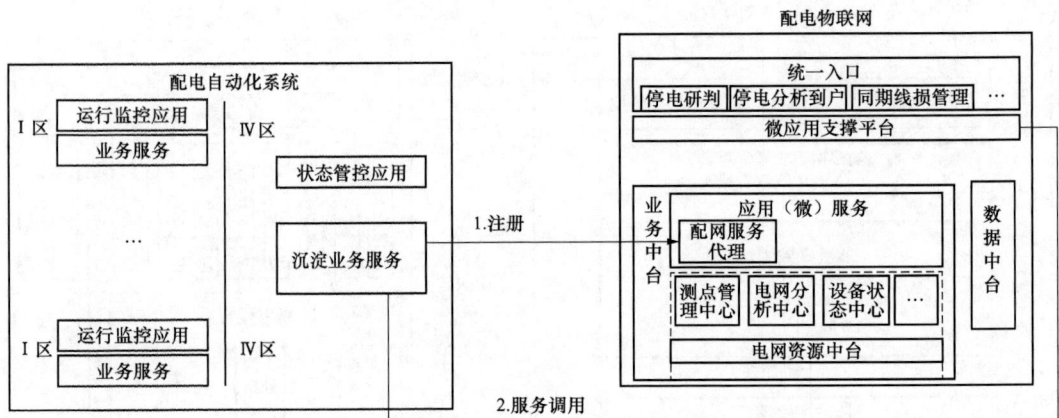

图 1-6　N+1 与 1+1 部署模式配电自动化思路

配电自动化实施中台化演进分为如下三个阶段。

第一阶段：沉淀共享服务、服务注册发布。

将配电自动化共性服务沉淀，将共享服务向业务中台应用（微）服务层进行注册。各专业业务应用按需调用服务代理进行服务访问。

该模式能够满足配网共性服务快速中台化应用，满足业务中台对专业应用的支撑。配电自动化第一阶段建设计划如图 1-7 所示。

第二阶段：采用并轨运行模式，逐步数据迁移。

智能终端感知信息采用一发多收模式（除了 TTU 感知信息需向用采系统发送用户电量信息需要一发三收，其他终端信息采用一发双收），向自动化系统和配电侧物联网管理中心发送。保障配电自动化稳定运行，支撑企业中台共享服务；共享服务向业务中台进行微服务化迁移。

该模式考虑到配电自动化系统是实时分析管控系统，对电网感知信息，一方面需要支撑实时电网分析，另一方面需要支撑生产控制大区进行故障定位及电网控制。为了保障自动化调控及管控可靠性，本阶段采用双轨模式。配电自动化第二阶段建设计划如图1-8 所示。

图 1-7　配电自动化第一阶段建设计划

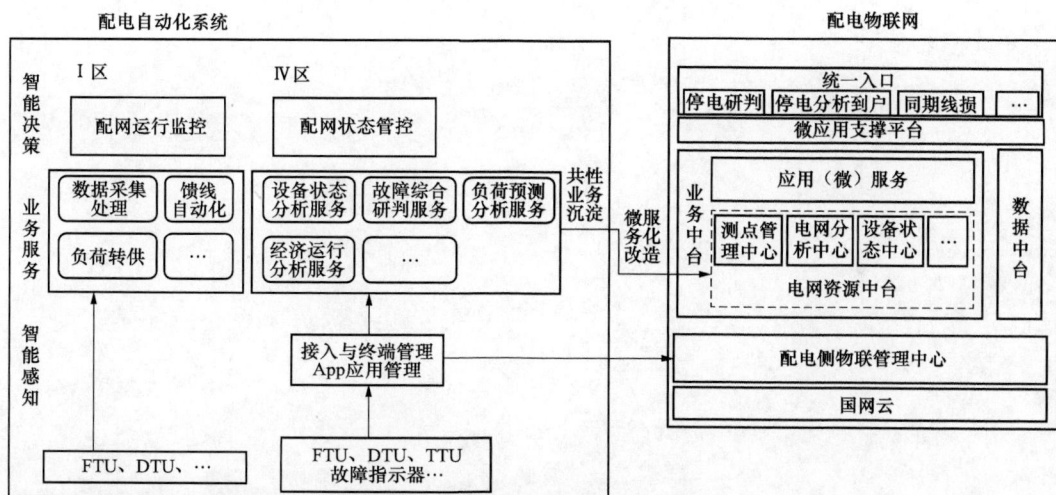

图 1-8　配电自动化第二阶段建设计划

第三阶段：共性服务单轨运行，支撑配网应用。

配电感知信息通过省级部署的物联管理中心进入、存储，通过企业中台提供标准化数据访问和共享服务，支撑配电自动化运行监控和状态管控。

该模式采用地市采集、省级接收及存储、共享发布，需要满足：一是数据流处理并流转至自动化系统时间需满足毫秒级；二是数据流必须保障可靠性传输，保障不断点、断面；三是需要满足生产控制大区进行故障定位及电网控制需要。配电自动化第三阶段建设计划如图 1-9 所示。

配电自动化管理

	I 区		IV区	

```
┌─ 配电自动化管理 ──────────────────────────────────────────────┐
│        I 区                IV区                                │
│ 智能                   ┌─────────────────────────────────┐    │
│ 决策  ┌─────────┐      │ ┌──────────┐    ┌──统一入口──┐  │    │
│       │配网运行监控│    │ │配网状态管控│    │    …    │  │    │
│ 业务  └─────────┘      │ └──────────┘    └─────────┘  │    │
│ 服务  ┌────┬────┐      │ ┌────微应用支撑平台────────────┐│    │
│       │数据采│馈线│  业 │ │      应用（微）服务          ││ 数 │
│       │集处理│自动│  务 │ │┌────┐┌────┐┌────┐┌──┐     ││ 据 │
│       ├────┼化──┤  中 │ ││测点管││电网分││设备状││…│客户 ││ 中 │
│       │负荷│   │  台 │ ││理中心││析中心││态中心││  │服务 ││ 台 │
│       │转供│ … │      │ │└────┘└────┘└────┘└──┘中台││    │
│       └────┴────┘      │ │    电网资源中台              ││    │
│ 智能                   │ └────────────────────────────┘│    │
│ 感知   ⇕              │        配电侧物联管理中心        │    │
│                        │           国网云                │    │
│       ┌─────────┐      │ ┌──────────────────────────┐   │    │
│       │FTU、DTU、…│    │ │  FTU、DTU、TTU            │   │    │
│       └─────────┘      │ │  故障指示器…              │   │    │
│                        │ └──────────────────────────┘   │    │
└───────────────────────────────────────────────────────────┘
```

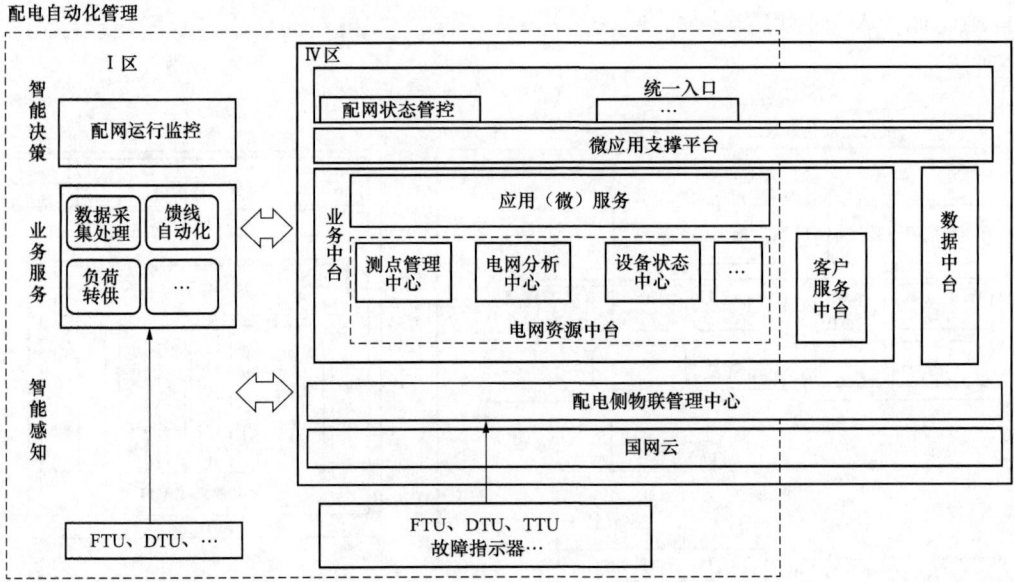

图 1-9　配电自动化第三阶段建设计划

第 2 章

新一代配电自动化系统主站

2.1 系 统 架 构

2.1.1 总体框架

自 20 世纪 70 年代以来，配电自动化系统架构经历了几个较为明显的发展阶段。

第一阶段：基于自动化开关设备相互配合的配电自动化阶段，如图 2-1 所示。

该阶段没有计算机技术、通信技术的融入，因此还不能称之为自动化系统。自动化实现手段主要依靠重合器和分段器，不需要建设通信网络和计算机系统，其主要功能是在故障时通过自动化开关设备的相互配合实现故障隔离和健全区域恢复供电。这一阶段的配电自动化系统，以日本东芝公司的重合器与电压时间型分段器配合模式，以及美国 Cooper 公司的重合器与重合器配合模式为代表。该类系统对于提高供电可靠性起到了很好的作用，但是它们仅在故障时起作用，正常运行时不能起监控作用，不能优化运行方式。此外，调整运行方式后，需要到现场修改定值；恢复健全区域供电时，也只能按照事先整定好的策略进行，而不能考虑是否会造成对侧电源过负荷等。

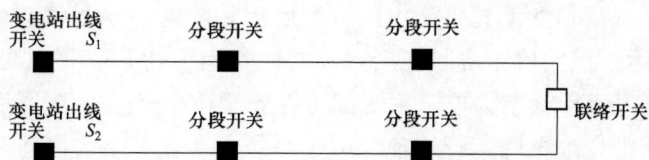

图 2-1　基于自动化开关设备相互配合的配电自动化阶段

第二阶段：基于通信网络、配电终端单元和后台计算机网络的配电自动化系统，如图 2-2 所示。

它在配电网正常运行时，能起到监视配电网运行状况和遥控改变运行方式的作用，故障时能够及时察觉（故障的切断一般是依靠变电站的继电保护或开关的过流脱扣机制），通过遥控将故障隔离在最小区域并恢复受故障影响的健全区域供电。主站具备基本的 SCADA 功能，对配电线路、开闭所、环网柜等的开关、断路器以及重要的配变等实现数据采集和监测。

第三阶段：系统基于统一支撑平台技术、信息交互总线技术支持实现跨安全区（生产控制大区和信息管理大区）应用，即支持配网运行监控、配电网运行状态管控的一体化运行架构体系。

13

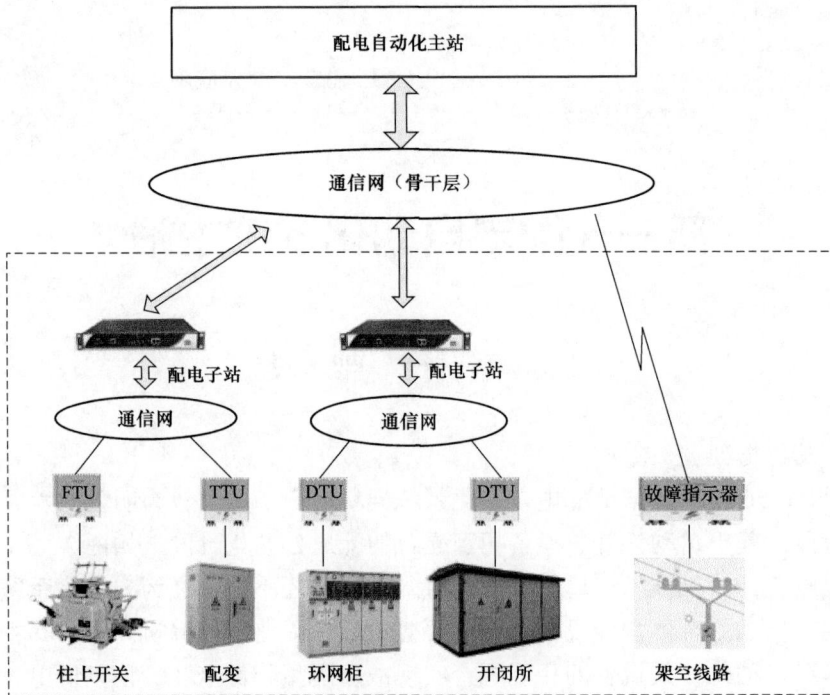

图 2-2　基于通信网络、配电终端单元和后台计算机网络的配电自动化系统

　　它与上级调度自动化系统和生产管理等系统实现互连，以获得丰富的配电数据，建立完整的配网模型，可以支持基于全网拓扑的配电应用功能，使传统的"多岛自动化"发生了全新的变化。

　　配电自动化系统从功能上分为配电网运行监控和配电网运行状态管控两大类（两个应用）：①配电网运行监控属于实时应用，部署在安全Ⅰ/Ⅱ区，同时可以为Ⅲ/Ⅳ应用提供服务支撑，配电网运行状态管控子系统部署在安全Ⅲ/Ⅳ区。②配网运行控制及分析应用主要服务于大运行，配电网运行管理应用子系统主要服务于大检修。

　　配电自动化系统主站功能组成结构图如图 2-3 所示。

　　配电自动化系统主站功能结构的主要特点如下：

　　（1）配电自动化系统支持平台包括系统信息交换总线和基础服务，信息交换总线贯通生产控制大区与信息管理大区，与各业务系统交互所需数据，为"两个应用"提供数据与业务流程技术支撑。

　　（2）配电网应用软件包括配电网运行监控与配电网运行状态管控两大类应用，支撑配电网调控运行、生产运维管理、状态检修、缺陷及隐患分析等业务，并为配电网规划建设提供数据支持。"两个应用"分别服务于调度与运检。Ⅰ区的重点是配网调度监控，体现调配一体化分析；Ⅲ区重点是配网运行管理，体现配网设备运行状态管控。

　　（3）支撑平台为Ⅰ/Ⅲ区提供跨区的数据同步、消息同步、服务调用等服务。

2.1.2　省地 N+1 一体化架构

　　配电自动化主站系统与传统的电网调度自动化主站系统一个重要的应用差别在于，

14

配电网络庞大、设备点多面广。配电网自动化改造受限于投资规模，其建设技术路线也不能直接与主网自动化系统画等号，在解决提升配电自动化覆盖率的棘手问题上，配电自动化主站建设采用了"省地 $N+1$"的系统架构技术路线（见图 2-4），成为新一代配电自动化系统主站的一个重要新特征。

图 2-3　配电自动化系统主站功能组成结构图

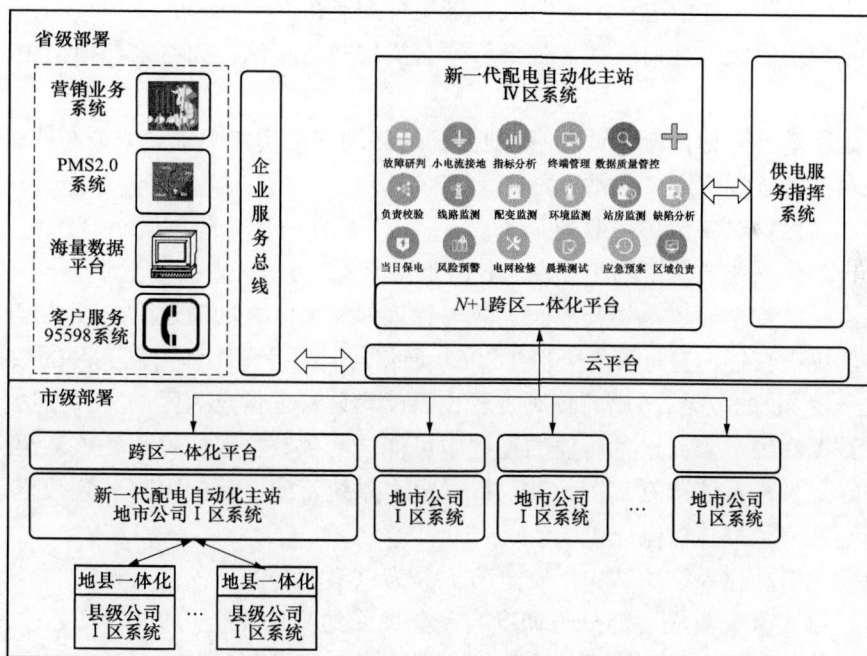

图 2-4　省地"$N+1$"的系统架构

系统采用"$N+1$"部署方式，以大运行与大检修为应用主体，结合各地市配电自动化主站的实际建设情况，通过改造或新建跨区一体化平台，将各个地市生产控制大区（I区）的配电自动化主站系统接入省级信息管理大区（IV区）主站，升级改造为能够适应

15

配网全覆盖、跨生产控制大区与省公司管理信息大区应用的新型配电自动化系统。

系统的设备主要包括服务器、工作站、网络设备和采集设备。服务器和工作站均按逻辑划分，物理上可任意合并和组合，具体硬件配置与系统规模、性能约束和功能要求有关。所有设备根据安全防护要求分布在不同的安全区中，安全区Ⅰ与安全区Ⅲ之间设置正向与反向专用物理隔离装置。网络部分除了系统主局域网外还包括数据采集网、调试子系统局域网和县公司网等，各局域网之间通过防火墙或物理隔离装置进行安全隔离。配电自动化系统典型硬件结构如图 2-5 所示。

（1）Ⅰ区主要设备包括前置服务器、数据库服务器、SCADA/应用服务器、图模调试服务器、信息交换总线服务器、调度及维护工作站等，负责完成光纤接入的配电终端以及无线"三遥"配电终端数据采集与处理、实时调度操作控制，进行实时告警、事故反演及馈线自动化等功能。

（2）Ⅲ区主要设备包括前置服务器、SCADA/应用服务器、信息交换总线服务器、数据库服务器、应用服务器、运检及报表工作站等，负责完成"两遥"配电终端、配电设备状态监测、环境监测、机房环控、通信网管等综合数据采集与处理，进行历史数据库缓存并对接云存储平台，实现单相接地故障分析、配电网指标统计分析、配电网主动抢修支撑、配电网经济运行、配电自动化设备缺陷管理、模型/图形管理等配电运行管理功能。

（3）安全接入大区主要设备包括专网采集服务器、公网采集服务器等，负责完成光纤通信和无线通信三遥配电终端实时数据采集与控制命令下发。

（4）系统Ⅲ区通过接口实现与外部云平台实现数据存储，为将来与模型中心的衔接做基础。

未来配网地县一体化建设过程中，地县配电终端将采用集中采集或分布式采集方式，并在县公司部署远程应用工作站。

2.1.3　跨区信息安全防护架构

配电自动化系统的典型结构如图 2-6 所示。

应电力系统安全要求，生产控制大区与管理信息大区之间通过隔离设备连接，鉴于隔离设备的物理特性，正向隔离采用 TCP/IP 通信，但不接受管理信息大区的数据（最多也只能过一个 bit 的数据），反向隔离装置也只能容许管理信息大区的文件穿透到生产控制大区，数据在经过隔离设备传输的过程中可能会产生数据包传输不完整甚至丢包的情况，最终导致外部系统接收数据异常。针对电力系统正向、反向隔离装置数据传输特点分析，分别建立数据传输保证机制。

按照配电自动化系统的结构，安全防护分为以下七个部分。

（1）控制大区采集应用部分与调度自动化系统边界的安全防护（$B1$）。生产控制大区采集应用部分与调度自动化系统边界应部署电力专用横向单向安全隔离装置（部署正、反向隔离装置）。

（2）生产控制大区采集应用部分与管理信息大区采集应用部分边界的安全防护（$B2$）。生产控制大区采集应用部分与管理信息大区采集应用部分边界应部署电力专用横向单向安全隔离装置（部署正、反向隔离装置）。

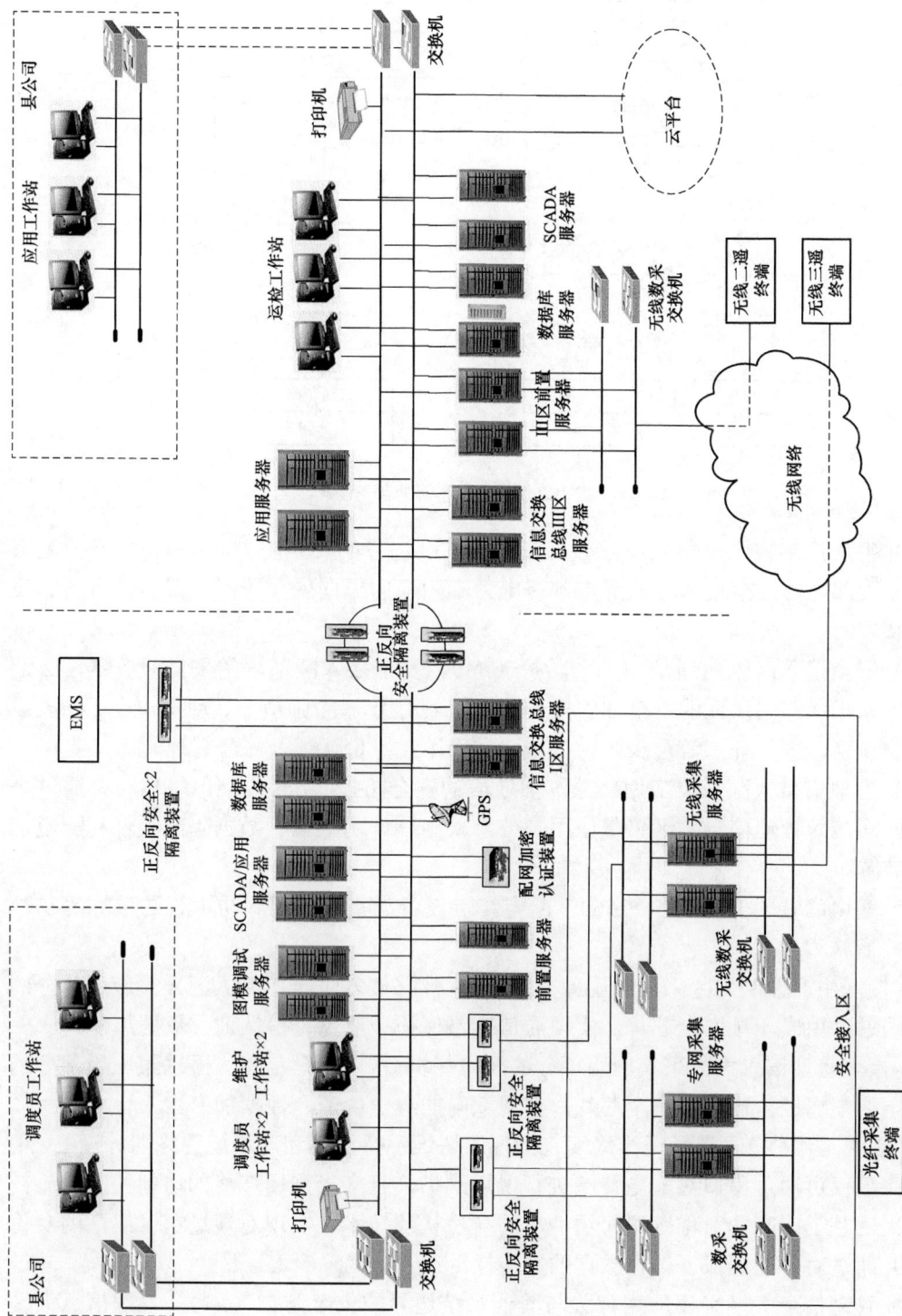

图 2-5　配电自动化系统典型硬件结构图

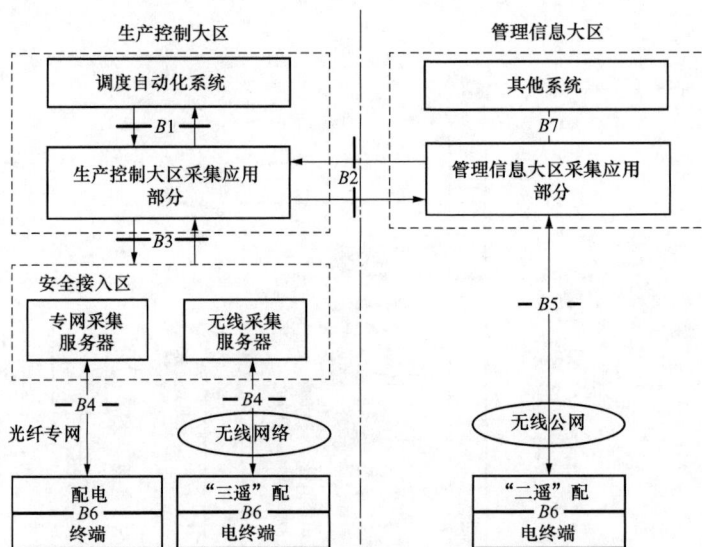

图 2-6　配电自动化系统的典型结构

（3）生产控制大区采集应用部分与安全接入区边界的安全防护（*B3*）。生产控制大区采集应用部分与安全接入区边界应部署电力专用横向单向安全隔离装置（部署正、反向隔离装置）。

（4）安全接入区纵向通信的安全防护（*B4*）。安全接入区部署的采集服务器，必须采用经国家指定部门认证的安全加固操作系统，采用用户名/强口令、动态口令、物理设备、生物识别、数字证书等至少一种措施，实现用户身份认证及账号管理。

（5）管理信息大区采集应用部分纵向通信的安全防护（*B5*）。配电终端主要通过公共无线网络接入管理信息大区采集应用部分，采用硬件防火墙、数据隔离组件和配电加密认证装置。

（6）配电终端的安全防护（*B6*）。配电终端设备应具有防窃、防火、防破坏等物理安全防护措施。

1）接入生产控制大区采集应用部分的配电终端。接入生产控制大区采集应用部分的配电终端通过内嵌一颗安全芯片，实现通信链路保护、双重身份认证、数据加密。

2）接入管理信息大区采集应用部分的配电终端。接入管理信息大区采集应用部分的二遥配电终端通过内嵌一颗安全芯片，实现双向的身份认证、数据加密。

3）现场运维终端。现场运维终端包括现场运维手持设备和现场配置终端等设备。现场运维终端仅可通过串口对配电终端进行现场维护，且应当采用严格的访问控制措施；终端应采用基于国产非对称密码算法的单向身份认证技术，实现对现场运维终端的身份鉴别，并通过对称密钥保证传输数据的完整性。

（7）管理信息大区采集应用部分与其他系统边界的安全防护（*B7*）。管理信息大区采集应用部分与不同等级安全域之间的边界，应采用硬件防火墙等设备实现横向域间安全防护。

2.1.4　云平台资源架构

云计算平台简称云平台，是指基于硬件资源和软件资源的服务，提供计算、网络和存储能力。智能配电网建设的不断深入和配用电领域的深度融合，采集终端数量的急剧增长，海量的配电网设备急需接入配电主站，对配电主站海量数据处理和并发稳定性处理提出了很高的要求。中低压配网点多面广量大，现有配电主站急需具备对海量终端设备的全面接入和感知能力，实现低压设备状态可观可控，满足配电网精益化运维管理需求。

各配电相关业务系统构建在云平台上，通过服务器虚拟化、存储虚拟化、网络虚拟化技术统一管理硬件资源，做到按需分配。业务系统运行在虚拟服务器上，从业务系统的视角来看，获得是一台台符合需求的服务器，并且能够支持多种操作系统、多种配置，保持业务系统与传统建设方式的一致性，避免大的改造。资源虚拟化示意图如图 2-7 所示。

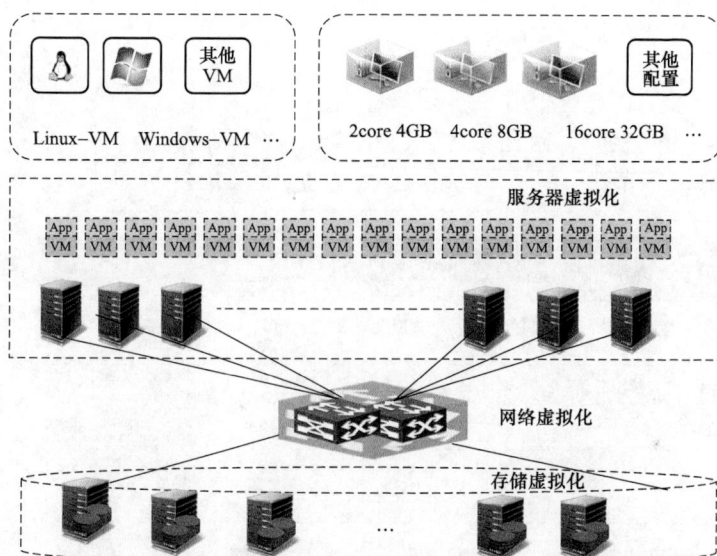

图 2-7　资源虚拟化示意图

从整体架构上看，云平台分为存储池层、分析处理物理服务器层、总线虚拟服务器层、管理节点服务器、客户端发布服务器层，通过网络虚拟化技术贯穿存储网络、业务网络、发布网络。系统物理架构图如图 2-8 所示。

云平台架构按照典型分层设计自下而上分进行层次划分，包括 IaaS 层、PaaS 层和 SaaS 层，并配置安全防护功能，如图 2-9 所示。

（1）IaaS 层。实现资源虚拟化，构建计算资源池、存储资源池和网络资源池。计算资源池主要通过对服务器虚拟化提供计算资源；存储资源池包括服务器、集中式存储等设备，通过存储虚拟化提升资源利用率；网络资源池主要包括路由器、交换机等设备，通过网络虚拟化提升网络流量的转发和控制能力。

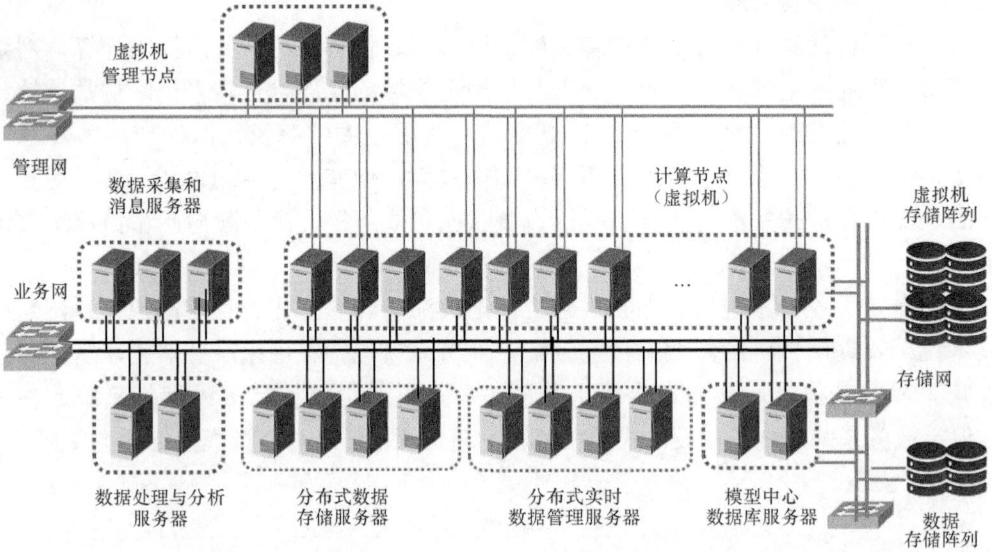

图 2-8　系统物理架构图

图 2-9　云平台总体架构

（2）PaaS 层。PaaS 层在设计上，源于开源，多于开源，优于开源。在模块设计和使用上可以直接采用成熟开源模块；在使用过程中不断丰富完善，充实大数据平台的内容，多于开源；结合配网大数据处理的需要和应用需求，重构开源模块，优于开源。

PaaS 层可分为如下层次。

1）数据收集与汇聚层：该层通过抽取、转换、加载（Extract-Transform-Load，ETL）方式从业务系统抽取数据，或者基于标准规约从这些系统转发数据。

2）资源管理与任务调度层：该层根据计算业务需求实现对资源的监视、按需分配和回收，提高系统计算能力、服务能力和可扩展性。

3）通信总线层：该层实现全系统范围内信息高效、可靠传递的服务总线和消息总线，为各个平台组件和应用服务高效开放通信提供支撑。

4）数据存储层：该层针对各类应用对数据处理规模、数据处理效率、结构化/非结构化数据等不同特点，提供分布式文件系统、分布式缓存、分布式实时数据库、分布式数据库等多种灵活的存储方式。

5）计算框架层：该层包括以批处理计算为代表的离线计算、以内存计算为代表的实时计算、和依靠消息驱动的流式计算等计算服务，满足各类在线处理和离线处理的需要。

6）数据处理与分析层：该层提供了封装分布式存储与分布式处理并提供直接访问接口或 SQL 封装的数据分析、包括高效查询引擎/索引引擎/文本分析引擎的搜索引擎、利用存量数据进行预测和描述的数据挖掘、自我归纳和综合并不断自我提升的机器学习。

7）统一展示层：该层提供横跨大屏、工作站、平板、手机等多种显示介质的统一展示方式，提供多源数据整合和远程浏览的统一展示框架，提供基于地理信息的电网、设备运行状态综合显示。

（3）SaaS 层。实现应用服务化，使应用可随需求而扩展，达到应用开放、通用的目标。

2.2　数　据　流

2.2.1　实时数据流

为满足自动化系统数据采集的安全管理需要，并充分利用各种可行的通信手段，在实时数据采集上呈现出多个关键节点的技术设计，需要用实时数据流的走向来呈现。

（1）主配网系统之间的实时数据流。主配网系统之间增加正反向物理隔离装置，主网实时数据及操作信息传给配网主站，配网主站遥控 10kV 变电站出线开关命令通过反向隔离送到主网系统。

（2）自动化控制命令据数据流。所有遥控命令只允许在生产控制大区下发，管理信息大区可进行电池活化等遥调操作；跨区数据交互通过信息交换总线和正反向物理隔离进行。

（3）控制大区数据流。所有需要进行遥控操作的"三遥"终端、专网通信的"二遥"终端，通过部署在安全接入区的专网及公网采集服务器将数据传入生产控制大区，由 I 区前置服务器进行数据处理；纵向加密认证网关部署在 I 区，需具备跨跃物理隔离的能力。

（4）管理信息大区数据流。所有公网通信"二遥"终端通过部署在安全接入区的公网采集服务器将数据传入IV区，由IV区前置服务器进行数据处理。

实时数据流架构如图 2-10 所示。

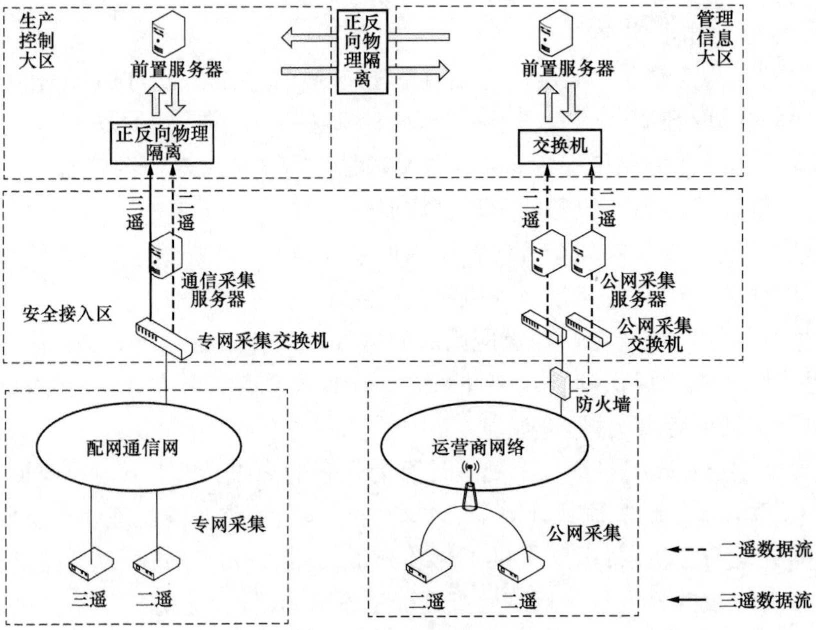

图 2-10 实时数据流架构

2.2.2 模型数据流

配电自动化系统最复杂、最核心的信息是配电网网络及设备模型,由于城市电网发展迅猛,配电网络结构的变化频繁,需要有一套安全可靠的模型异动管理机制,可以通过模型数据流阐述。

(1)数据来源。基础图模数中主网部分来自调度自动化系统(EMS),中低压图模数来自 PMS2.0 系统。

(2)模型异动机制。两部分信息经交换总线在生产控制大区通过图模导入工具进入处理,图模校验通过后先导入调试模型库,当调度员进行图模确认操作时,图模数信息经调试模型库同步到数据库服务器中,再由数据库服务器向管理信息大区数据库服务器同步,最后存放在云平台中。

(3)数据正确性校验机制。图模校验不合格的数据将反馈给对应的外部系统,经修正后重新导入。

模型数据流架构如图 2-11 所示。

2.2.3 跨区同步数据流

结合新一代配电自动化数据采集的覆盖面需求,有大量的实时数据、分析数据会分布在系统的Ⅰ区和Ⅳ区,为满足配电全专业的需要,必然产生了跨区的数据交互,其主要特点可以通过不同类型数据的跨区数据流来阐述。

(1)Ⅰ/Ⅳ区之间采集数据的相互同步。Ⅰ区采集数据与监控信息经协同管控模块同步到Ⅳ区,遥信、保护及遥控告警等重要数据实时同步,遥测及其他数据采用断面数据加订阅的方式同步;Ⅳ区的数据采集与监视经协同管控模块同步到Ⅰ区,遥信、保护等重要数据实时同步,遥测及其他数据采用断面数据加订阅的方式同步。

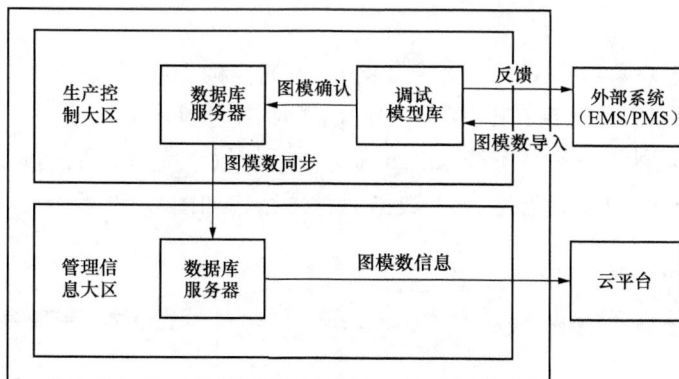

图 2-11　模型数据流架构

（2）Ⅰ/Ⅳ区之间历史数据的相互同步。Ⅰ区的历史数据应用模块可订阅Ⅳ区的历史数据，查看历史曲线等。Ⅳ区的历史数据应用的结果数据经协同管控模块同步到Ⅰ区。

（3）Ⅰ/Ⅳ区之间分析结果的相互同步。Ⅰ区故障处理数据经协同管控模块实时同步到Ⅳ区。Ⅰ区的分析应用的结果数据经协同管控模块实时同步到Ⅳ区。Ⅳ区的接地故障分析数据经协同管控模块实时同步到Ⅰ区。Ⅳ区的分析应用的结果数据经协同管控模块实时同步到Ⅰ区。

同步数据流架构如图 2-12 所示。

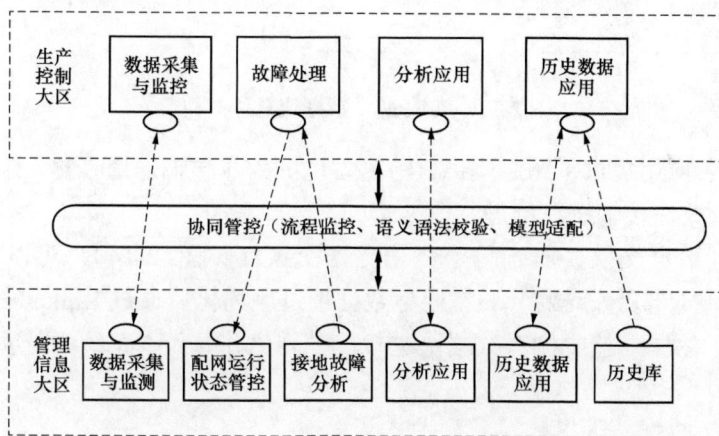

图 2-12　同步数据流架构

2.2.4　省地 $N+1$ 数据流

为实现省级配电网运行状态管控业务全覆盖，需要引入省级云平台微服务框架、"$N+1$"异构系统间跨区广域服务总线技术和全局权限服务管理技术，实现配网业务数据全覆盖，为系统提供统一基础平台，解决跨地域、跨安全区、跨业务系统间无法灵活高效交互的问题。通过省地 $N+1$ 数据流的阐述，进一步理解跨区多系统下模型信息融合、实时数据交互、多系统间信息高效融合、多类型数据双向跨区实时传输等关键技术的落地实现。

（1）省地间消息总线。基于卡夫卡（Kafka）的异构主站集成方案，通过在地区主站中增加用于省地通信的 Kafka 服务器，主站内各应用与本系统 Kafka 服务通信，地市公司系统内的 Kafka 服务与省级系统 Kafka 服务进行协同，完成省地集成，不对现有地市公司主站进行结构性改造。省地 N+1 数据流总体结构如图 2-13 所示。

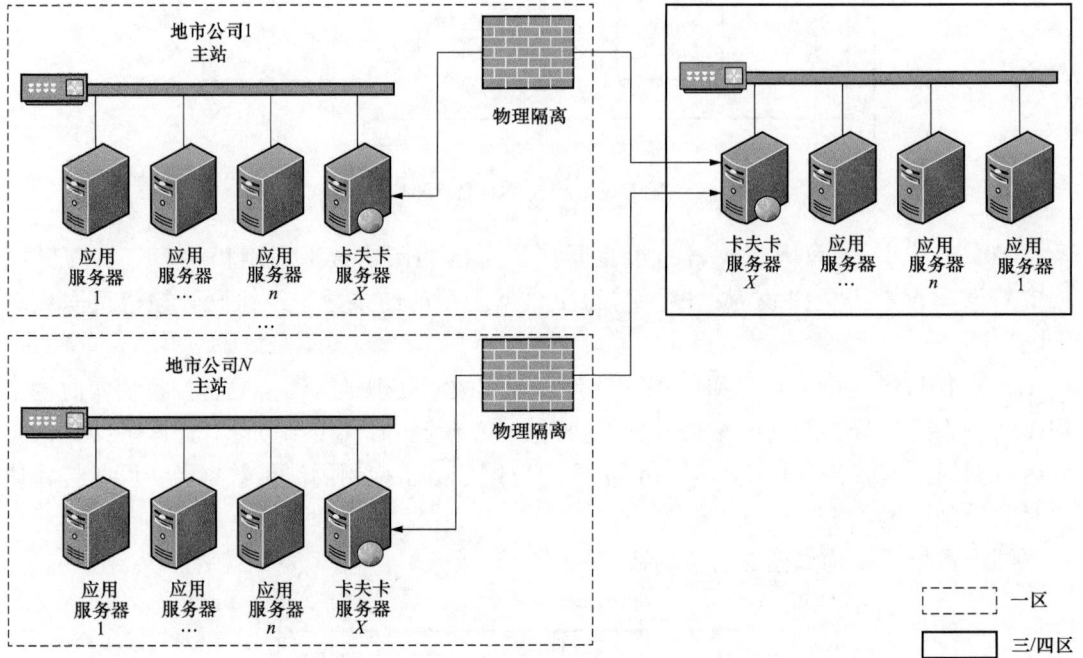

图 2-13　省地 N+1 数据流总体结构

kafka 面向各应用提供了跨越隔离、跨越省地的信息传输通道，省、地两系统基于应用层交互，无须关注传输链路问题。

（2）应用间数据交换。对于单个应用数据交换（见图 2-14），可以在发送侧系统（如地市配电主站）部署发送程序，将业务数据经过序列化后通过 Kafka 发送至接收侧系统（如省级配电主站），接收侧对数据块进行反序列化并导入本系统中，进行后续处理及应用。

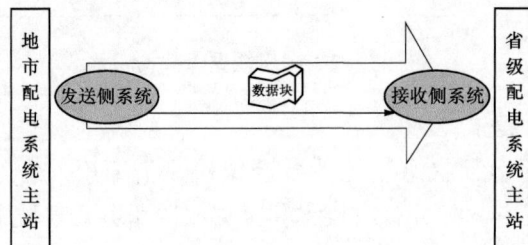

图 2-14　单个应用数据交换

基于 Kafka 的异构主站集成方案需要在地市主站和省级主站分别搭建一套 Kafka 集

群系统，从系统可靠性考虑，Kafka 集群至少需要三台服务器，每台服务器上部署一个
Kafka 节点和 Zookeeper 节点。

（3）跨区数据同步。Kafka 跨区同步程序根据配置文件将相应 Kafka 主题的数据同
步到对应的系统的 Kafka 主题中。同步程序部署结构如图 2-15 所示。

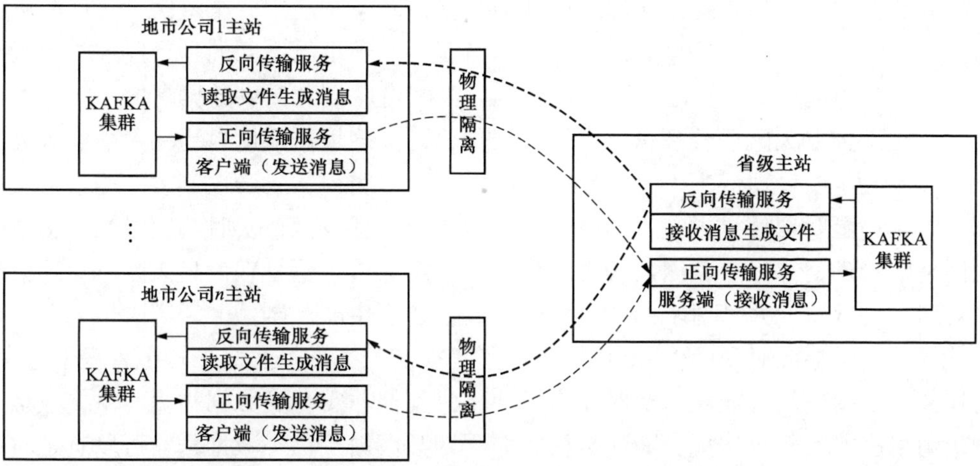

图 2-15　同步程序部署结构

1）反向传输服务包括：接收消息生成文件进程、读取文件生成消息进程。接收消息
生成文件进程负责接收省级主站 Kafka 集群主题的消息生成文件到相应的目录，隔离
装置同步程序将文件同步到地市公
司主站的对应机器上，读取文件生
成消息进程将文件读取并生成消息
发送到地市公司的 Kafka 集群中。

2）正向传输服务包括：客户端
进程和服务端进程。客户端进程在地
市主站端，服务端在省级主站端。客
户端读取地市主站端 Kafka 集群消
息，通过隔离装置发送到服务端，服
务端接收消息，将消息发送省级主站
端 Kafka 集群。

省、地系统间交互的业务数据类
型如图 2-16 所示。

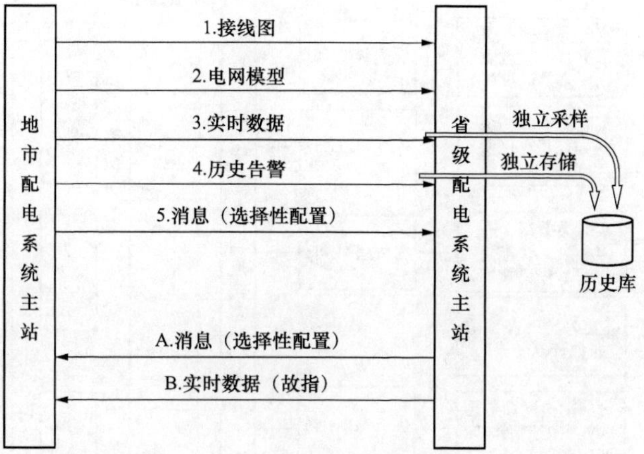

图 2-16　省、地系统间数据交互的类型

2.3　关　键　技　术

2.3.1　省级 N+1 跨区一体化数据同步技术

（1）跨区协同管控。为配电主站生产控制大区和生产管理大区横向集成、纵向贯通

提供基础技术支撑。数据跨区同步，具备全网数据同步功能，任一元件参数在整个系统中只输入一次，全网数据保持一致，数据和备份数据保持一致。

（2）跨区数据交互。具备安全生产控制大区与管理信息大区之间的穿透能力，能够通过正/反向物理隔离装置实现跨安全区的信息交互。

（3）跨区服务调用。跨区传输功能及服务接口对系统应用完全透明，实现配电主站横跨生产控制大区与管理信息大区一体化支撑能力，满足配电网的运行监控与运行状态管控需求，支撑配电网调控运行、生产运维，为配电网规划提供数据支撑。

（4）生产控制大区至管理信息大区数据传输调度。根据配电自动化主站业务分类，从生产控制大区至管理信息大区数据传输可以分为 4 类：①生产控制大区遥信类实时类数据实时传输至管理信息大区，实时性高，需要满足行业规范实时响应时间；②生产控制大区请求管理信息大区数据，即生产控制大区发送请求至管理信息大区，管理信息大区针对请求进行响应并把请求结果经反向隔离传送至生产控制大区，实时性高，需要满足行业规范实时响应时间；③生产控制大区遥测类实时类数据实时传输至管理信息大区，实时性高，需要满足行业规范实时响应时间；④其他非实时类数据传输，主要包括非实时要求请求应答类、定周期类断面数据、非周期类数据，该类数据传输可以有延时或允许失败，提供友好的提示信息或采用重新传输。根据生产控制大区至管理信息大区数据传输实时性、Qos 要求，配电自动化主站各业务把需要传输的数据分成 4 个优先级，放入其对应优先级的队列。生产控制大区至管理信息大区数据传输调度流程示意图如图2-17 所示。生产控制大区调度方法示意图如图 2-18 所示。

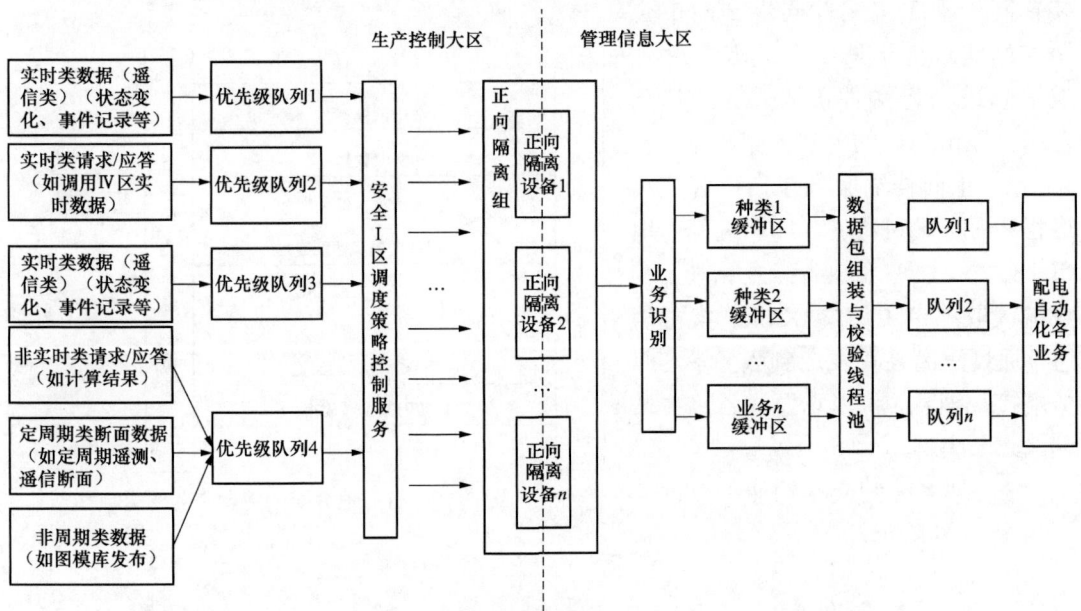

图 2-17　生产控制大区至管理信息大区数据传输调度流程示意图

（5）管理信息大区至生产控制大区数据传输调度。配电自动化主站管理信息大区根据业务其传输到生产控制大区的数据，根据数据传输实时性要求分为 5 类：①根据定义

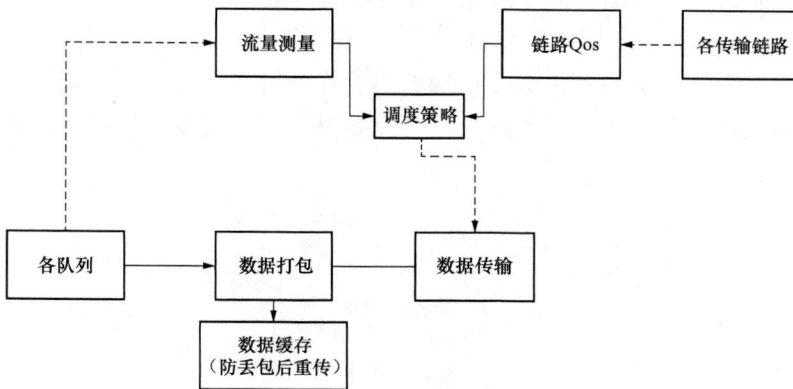

图 2-18 生产控制大区调度方法示意图

需传输至生产控制大区状变类实时数据，实时性高，需要满足行业规范实时响应时间；②实时类请求/应答数据，即对生产控制大区发出请求或生产控制大区请求后管理信息大区进行应答结果，实时性高，需要满足行业规范实时响应时间；③非实时类请求/应答，即对生产控制大区发出请求或对生产控制大区请求后管理信息大区进行应答结果，此类数据传输可以有延时或允许失败，提供友好的提示信息或采用重新传输。④定周期类断面数据传输，此类数据传输可以有延时或在数据流量超过限值时不传输，即在数据传输空闲时进行传输以免影响实时类数据传输性能。⑤非周期临时类数据传输，此类传输一般由认为启动或某些业务满足某种条件情况下触发，此类数据传输可以有延时或在数据流量超过限值时不传输（见图 2-19）。

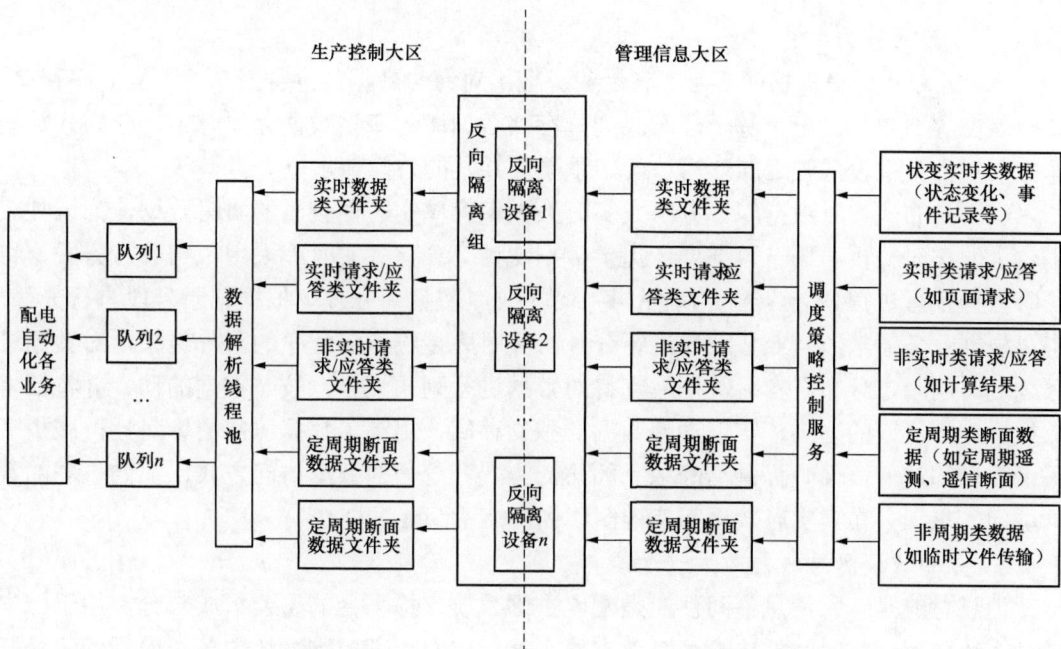

图 2-19 管理信息大区至生产控制大区数据传输调度流程示意图

27

2.3.2 省级分布式数据存储、消息总线及服务总线技术

云平台支持多种关系型数据库作为数据存储子节点，支持数据库包括：Oracle/MySQL/达梦/金仓/南大通用，以数据访问中间层作为核心技术，形成自主的分布式关系型数据库，可为各业务应用模型数据结构化存储提供可靠支撑，分布式关系型数据库整体框架如图 2-20 所示。

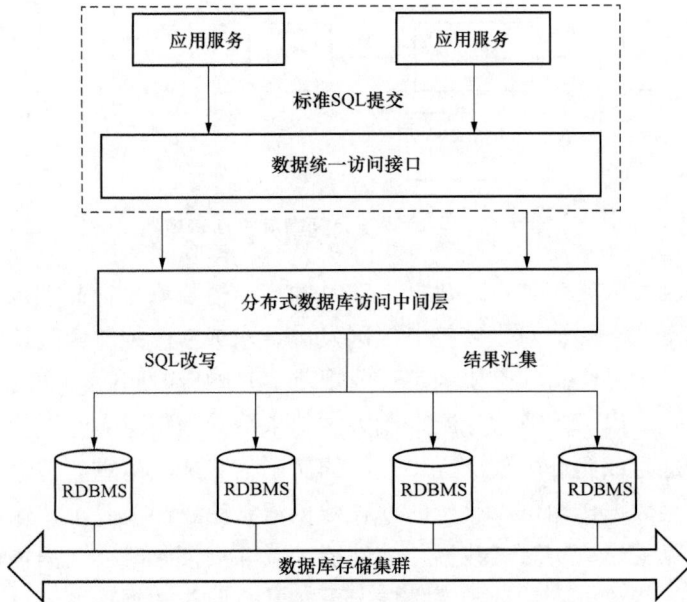

图 2-20　分布式关系型数据库整体框架示意图

1. 分布式数据存储

（1）分布式历史数据库。为了满足业务应用对海量数据的高并发读写、高效率存储、高扩展性等要求，提出了基于分布式列式存储数据库的海量数据存储方案。分布式数据库主要用于提供较低延迟的读写访问，承受高并发的访问请求。

（2）分布式实时数据库。分布式实时数据库存储实时性较高的实时数据，为调控云平台上的实时分析和统一数据展示提供数据支撑。分布式实时库采用数据分片方式，将实时数据按行进行划分，分布存储在多个节点上。数据库分片可根据记录号段进行分片，也可根据业务需求，有业务主导进行分片，实时库接收业务程序的分片结果，对数据进行划分。同时，分布式实时数据库支持对数据进行列式划分，按照数据的动、静特征将数据拆分为不同的列集，实现动静数据的独立存储，提高了数据访问的针对性，减少了冗余数据的访问，同时提供动静独立的访问方式和统一的数据访问方式，面向不同的数据访问需求。分布式实时数据库架构图如图 2-21 所示。

2. 分布式消息总线

消息总线是一种消息中间件，是配电主站系统支撑平台的重要组成部分，用于配电主站系统应用间实时数据传输，有效支撑了智能电网调度控制系统中各类应用的集成开发。消息总线采用发布/订阅的消息传输模型，为应用提供简洁、高效的消息传输接口，

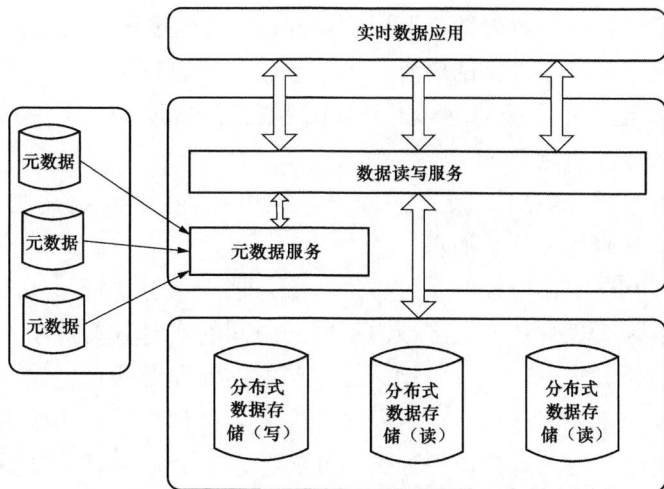

图 2-21　分布式实时数据库架构图

支持局域网的应用程序在节点内和节点间进行高效、可靠的数据通信，并提供一对一、一对多等消息传输方式。消息总线主要用于对实时性要求高的数据通信场景，如数据采集应用和数据处理应用之间的消息传递。系统通信架构如图 2-22 所示。

消息总线采用发布/订阅模式进行数据传输，实现一对一、一对多的消息传输功能。发布/订阅是一种消息传递模式，发送者和接收者通过主题相关联，通信双方不必知道对方的存在以及存在的数量，可实现时间、空间和数据通信的多维松耦合。

在消息总线发布/订阅模中，事件集即是主题，消息接收者只有在订阅某个事件集的消息后，才能接收属于该事件集的消息。消息发送者在发送消息时指定事件集，由消息总线将该消息发送给已订阅此事件集的所有消息接收者，消息总线发布/订阅模型如图 2-23 所示。

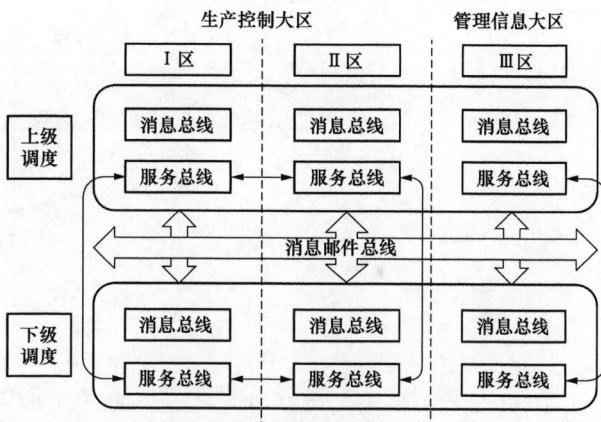

图 2-22　系统通信架构

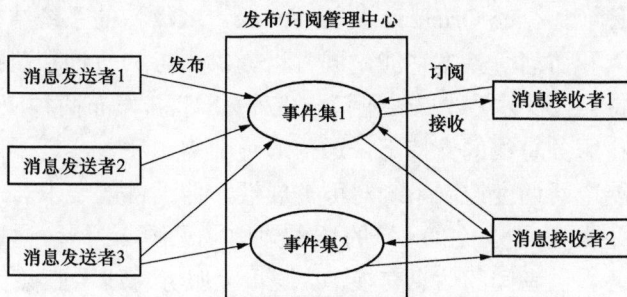

图 2-23　消息总线发布/订阅模型示意图

29

消息发送者和消息接收者的数量可以不相同,二者通过事件集相关联。在该模型中,消息发送者可以发布多个事件集的消息,消息接收者可以订阅多个事件集的消息,消息总线的发布/订阅管理中心实现消息和大量订阅者之间的高效匹配,为通信双方提供一对一、一对多的消息传输功能。

节点间消息传输时,消息总线通过网络传输模块将消息传递给其他节点的消息总线,由其他节点的消息总线负责分发消息。

消息总线在智能电网调度控制系统中后台服务器上部署运行,其部署在安全Ⅰ区、安全Ⅱ区和安全Ⅲ区,负责各安全区域内不同应用间的实时数据传输。

N+1 架构消息分流消息总线,多地区通过消息转发服务实现转发服务包括发送端常驻服务程序和接收端常驻服务程序,这两个程序配置在消息转发小应用下。发送端服务根据需要,将相同通道的消息按类型分类,并将特点的类型消息发给不同的地区。

同一类消息通常由同一消息通道进行发送,一个区域只接收和处理本区需要的消息,从而减少网络流量,提升系统性能。除了消息通道外,通过对消息的类型也进行分类处理,将不同类型的消息发送到不同的区域,从而实现消息分流。消息分流示意图如图 2-24 所示。

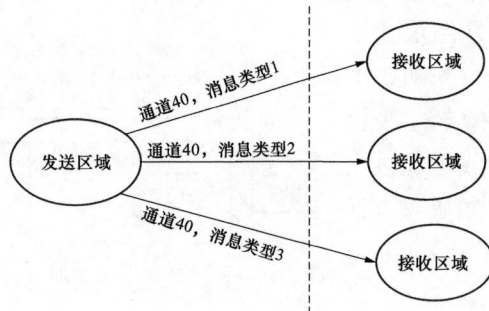

图 2-24　消息分流示意图

由自定义消息类型进行分类转发,避免了通道大量增加。消息接收应用订阅通道不需改变,由文件配置实现不同地区按类型转发。

3. 分布式服务总线

服务总线作为支撑平台的重要内容之一,为系统的运行提供技术支撑。服务总线的目标是构建面向服务(Service Oriented Architecture,SOA)的系统结构,为此服务总线不仅提供服务的接入和访问等基本功能,同时也提供服务的查询和监控等管理功能。针对电力行业的应用特点,服务总线提供了请求/应答和订阅/发布两种应用开发模型,满足应用的开发要求。在服务总线的支持下,通信通道变得透明,实现了服务的灵活部署和即插即用,满足智能电网调度控制系统对可扩展性、伸缩性的要求。

服务总线构建了面向服务(SOA)的体系架构(见图 2-25),通过一系列的接口实现服务消费者和服务提供者间的信息交换。从逻辑上服务总线由服务资源定位、域管理、服务消费者、服务提供者及服务代理构成,其构成如图 2-25 所示。在进行本地通信时,数据交互通过服务消费者和服务提供者之间的通道直接进行。在进行远程通信时，通过本地服务代理和远方服务代理间的配合，在服务消费者和服务提供者之间建立起逻辑的数据连接，进行服务通信。

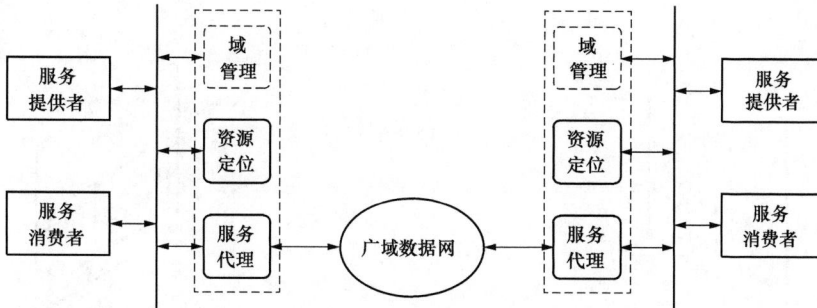

图 2-25　服务总线架构示意图

资源定位是服务总线的核心，所有使用服务总线的模块都需要通过它注册或获得服务。服务资源定位对服务提供者提供注册接口用于服务状态汇报，对服务消费者提供定位接口用于服务的发现。服务资源定位屏蔽了服务分布等物理信息，为实现服务的灵活部署和即插即用以及构建 SOA 架构提供了技术上的保障。

资源定位主要分为注册请求处理、定位请求处理、服务信息缓存三部分。各个模块之间的关系如图 2-26 所示。

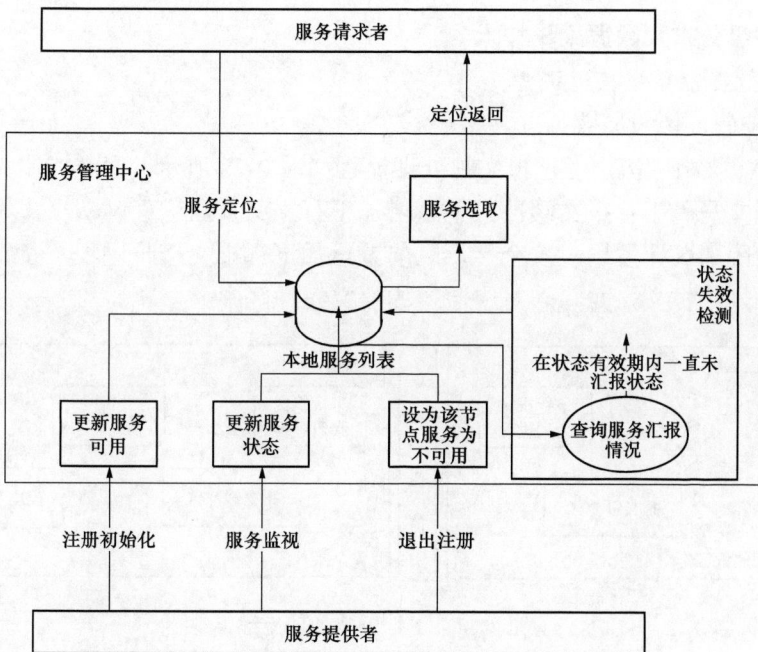

图 2-26　资源定位功能示意

跨区Ⅰ/Ⅳ区服务调用通过"服务注册、服务定位、返回服务位置、服务请求和服务响应"这一系列的机制，实现本区域服务与跨区域服务的调用。不同地区的Ⅰ区系统调用Ⅳ区服务，Ⅳ区按照对应的地区返回响应，完成服务调用的分流。服务代理示意图如图2-27所示。

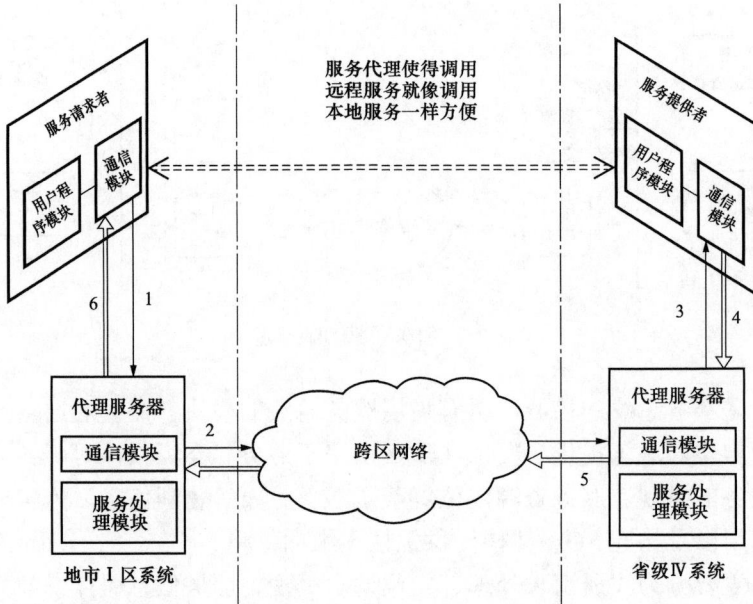

图2-27 服务代理示意图

2.3.3 省级分布式数据采集技术

2.3.3.1 数据采集报文数据流

1. 生产控制大区报文数据流

（1）下行报文数据流。下行报文的处理流程如图2-28所示，生产控制大区前置规约程序将规约报文写入下行报文缓冲区中，增加下行报文发送进程，从报文缓冲区读取数据，通过正向隔离装置发出。安全接入区前置增加下行报文接收进程，负责接收生产控制大区下发的规约报文，并写入对应通道的报文缓冲区中。

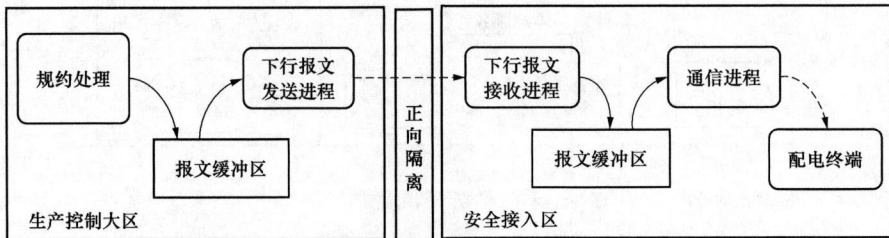

图2-28 下行报文处理流程

（2）上行报文数据流。上行报文处理流程如图2-29所示，安全接入区的通信进程收到终端。

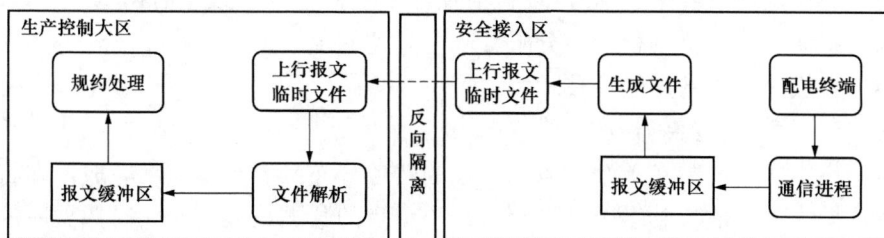

图 2-29　上行报文处理流程

报文后正常写入报文缓冲区中，增加生成文本文件的进程，该进程负责将上行报文缓冲区中的数据写入临时的文本文件中。反向隔离装置自动将文本文件传到生产控制大区指定的路径下。生产控制大区前置服务器增加文件解析进程，解析上行报文的临时文件，将报文信息存放到指定的报文缓冲区中。

2.　管理信息大区数据流

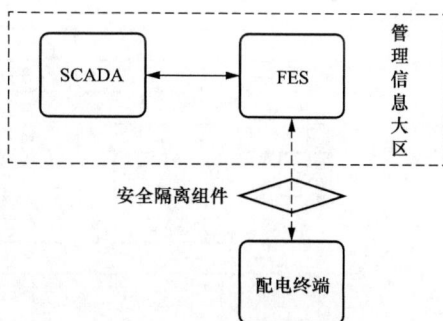

图 2-30　管理信息大区数据流图

配电终端采用无线网络接入管理信息大区时，信息内网与无线网络边界通过安全隔离组件实现安全加密认证措施。系统的数据流如图 2-30 所示，三区前置服务器通过安全隔离组件与现场的配电终端装置建立通信链路，实现配电终端数据的实时采集，并将数据实时地发送给 SCADA 服务器。

2.3.3.2　数据采集任务动态分配与管理

数据采集任务动态分配与管理功能实现海量实时数据采集的动态负载均衡，提升数据采集的可扩展性，提高系统的可维护性。在整个采集集群中，每个厂站的数据采集都归属于唯一一台前置机负责，因此每台前置机数据采集范围间是不存在交集的现象的，各个前置机完成数据采集后的熟数据送往 SCADA 应用，形成全系统数据的合集，实现数据的全系统共享。

前置机集群创建，前置机集群分为前置应用主机和前置应用备机两个工作状态；在一个前置集群中，应用主机只能有一台，备机可以有多台，当前置应用主机出现故障时，优先级高的备机自动转为前置应用主机。

前置机之间的信息交互采用消息的机制（见图 2-31），前置机定发送登录、心跳帧消息，前置应用主机收到登录消息后发送响应确认帧消息，同时增加当前在线前置机列表。

心跳帧是将本采集前置的机器号和机器类型发送到前置应用主机。响应帧是前置应用主机将当前接收到的采集前置

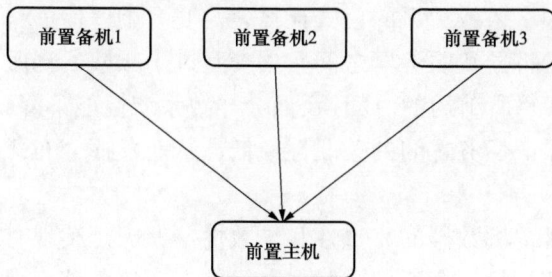

图 2-31　前置主备机交互图

机器列表和类型返回给各采集前置备机。前置应用主机通过一致性 Hash 算法为每个在线前置机以厂站通道为单位进行任务分配。

2.3.4 省级分布式数据处理技术

1. 分布式数据处理架构

把传统集中式系统中在单个节点上处理的任务分布到多个节点上完成，即将一个完整的实时数据库"分散"到多个节点上，每个节点的数据均为完整实时数据库的一个子集，每个节点仅需要处理该节点负责的数据，利用不同节点对数据进行分布式并行处理以提高处理速度。分布式 SCADA 系统结构图如图 2-32 所示。

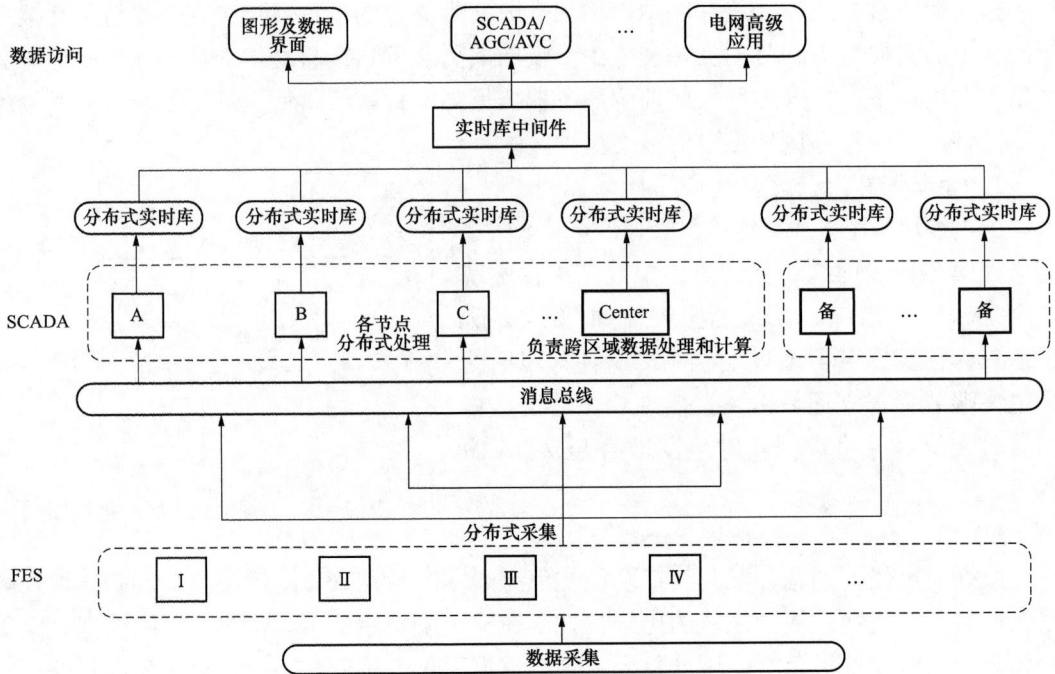

图 2-32 分布式 SCADA 系统结构图

这种模式的优点在于系统管理相对简单，缺点是仍然将主备机孤立开，没有解决备机"空转"的问题，同时，只能在主机集群或备机集群内做负载均衡，不能涵盖整个系统。

由于 SCADA 处理任务的特殊性，例如有依赖关系的公式计算、需要多个遥信信号合成的遥信，如果对任务进行随意的划分，将导致服务器之间数据交互过于频繁，当服务器之间数据交互消耗的时间超过分布式计算所节约的时间，反而会导致系统性能下降。因此需要找到一种合理的任务分配策略来保证任务之间的关联性最低，从而发挥分布式计算的优势。

在分布式的基础上，为保证主机故障时备机数据的完整性和一致性，考虑延续现有系统的双机数据保险箱的模式，除主节点外，每一个任务同时也在另外一个热备节点上进行处理，当主节点发生故障或退出时，系统管理能够无缝切换成由热备节点来提供服务，以保障调控系统的高度稳定性和安全性。

　　这样的主备模式既符合分布式系统的要求，也保留了传统模式中双机数据保险箱的优点，在这样的架构下，对于服务器而言没有严格的主机、备机之分，一台服务器上可能同时进行着多个任务的计算和处理任务，而这些任务有主、备之分，任务将由系统管理在整个集群内进行负载均衡的分配，充分利用每一台服务器的硬件资源，避免备机"空转"现象的发生。

　　任务的划分由 SCADA 应用完成，保证每个任务的处理都可以分配到任意可用的 SCADA 服务器上进行，再由系统管理负载均衡的将任务分配到各个服务器上，同时保证一个任务的主备处理分布在不同的服务器上，以一个 4 台服务器组成的集群为例，假设划分了 12 个任务（编号 1-12），在 4 台服务器均正常工作的情况如图 2-33 所示。

　　可以看出，每个任务的主备处理都分布在不同的服务器上，延续了原有系统的双机数据保险箱模式。从负载上来看，相比传统模式下一主多备的情况，分布式系统下每台服务器只需完成原来 50% 的处理任务，并且这个优势会随着集群内服务器数量的增长变得更明显。

　　面向服务的计算代表了新一代分布式计算平台，需要加入新的设计层次、治理考虑和实现技术来构建。基于面向服务框架的系统能够灵活地适应环境变化，动态响应新的需求，快速重新装配各种软件构件和服务。它为业务系统如何快速开发、集成和重用应用提供了一个很好的思路。

主计算任务编号	备计算任务编号
1,2,3	4,5,6
4,5,6	7,8,9
7,8,9	10,11,12
10,11,12	1,2,3

图 2-33　负载均衡示意图

　　云数据的计算和统计服务基于面向服务的架构，旨在为高层应用和用户提供具备高可用性、高伸缩性和重用性强的服务，达到提高互操作性的目的。

　　2. 分布式数据并行计算技术

　　传统的计算是集中式的计算，使用计算能力强大的服务器处理大量的计算任务，但是这种超级计算机的建造和维护成本极高，且明显存在很大的瓶颈。与之相对，如果一套系统可以将需要海量计算能力才能处理的问题拆分成许多小块，独自成立并行处理各自的任务，称之为并行计算。然后将这些小块分配给同一套系统中不同的计算节点进行处理，最后如有必要将分开计算的结果合并到最终结果，那么就将这种系统称为分布式系统。针对当前面临的海量数据问题，需要高效率高可靠完成数据采集与处理，本项目采用上述的分布式并行计算技术。利用多种方式在不同节点之间进行通信和协调。

　　分布式并行计算原理是将一个复杂庞大的计算任务适当划分为一个个小任务，并让任务并行执行，然后将这些任务分配到不同的计算节点上，每个计算节点只需要完成自己的计算任务即可，可以有效分担海量的计算任务。每个节点也可以并行处理自身的任

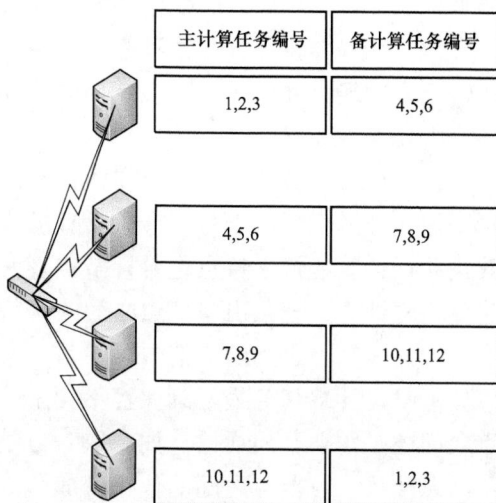

务，更加充分利用机器的 CPU 资源。最后将每个节点计算结果汇总起来，得到最后的计算结果。

通常，划分计算任务以支持分布式计算较为困难，但人们逐渐发现确实是可行的。随着计算任务量增加与计算节点增加，这种划分体现出来的价值也越来越大。分布式计算一般分为以下几步。

（1）设计分布式计算模型：计算模型决定了系统中各个组件应该如何运行，组件之间应该如何进行消息通信，组件和节点应该如何管理等。

（2）分布式任务分配：分布式算法要求将计算任务分摊到各节点上，需要解决的是能否分配任务，或如何分配任务的问题。

（3）编写并执行分布式程序：使用特定的分布式计算框架与计算模型，将分布式算法转化为实现，并尽量保证整个集群的高效运行。

主要难点如下。

（1）计算任务的划分。分布式计算的特点就是多个节点同时运算，因此如何将复杂算法优化分解成适用于每个节点计算的小任务，并回收节点的计算结果就成了问题。尤其是并行计算的最大特点是希望节点之间的计算互不相干，这样可以保证各节点以最快速度完成计算，一旦出现节点之间的等待，往往就会拖慢整个系统的速度。

（2）多节点之间的通信方式。另一个难点是节点之间如何高效通信。虽然在划分计算任务时，计算任务最好确保互不相干，这样每个节点可以各自为政。但大多数时候节点之间还是需要互相通信，如获取对方的计算结果等。一般有两种解决方案：一种是利用消息队列，将节点之间的依赖变成节点之间的消息传递；第二种是利用分布式存储系统，我们可以将节点的执行结果暂时存放在数据库中，其他节点等待或从数据库中获取数据。无论哪种方式只要符合实际需求都是可行的。

3. 分布式任务管理技术

（1）负载均衡。分布式任务负载均衡主要实现步骤如下。

步骤 1：系统初始化时根据系统资源的状态将任务部署到各个节点，使各个节点的资源负载处在均衡状态。任务初始化负载均衡示例见表 2-1。

表 2-1 任务初始化负载均衡示例

节点名	主任务	备任务	刷新状态
scada1	1，2，3	4，7，10	初始化
scada2	4，5，6	1，8，11	初始化
scada3	7，8，9	2，5，12	初始化
scada4	10，11，12	3，6，9	初始化

步骤 2：定期从分布式资源管理功能获取资源状态，当发现负载最高的节点与负载最低节点的负载差异大于一定阈值（可配置）时，可自动将一个负载最高节点的任务迁移到负载最低的节点，直至差异小于配置的阈值时停止。

步骤 3：新计算节点加入系统后，从资源管理模块获取资源状态，按照负载均衡原则将其他计算节点上的部分计算任务迁移到该计算节点上。

（2）故障冗余处理。分布式 SCADA 的任务管理模块为了保证系统的可靠性和实时性，提供了一主一备的任务热备份方式。在主任务故障时，备份任务能够快速接替主任务。分布式任务故障冗余处理包括两种情况：

单个（或多个）任务的故障冗余。一个（或多个）主任务运行失败，或者异常退出，运行在其他计算节点的备任务会立刻升级成主任务。同时除主任务故障的节点和备任务升为主任务的节点外，另一个节点上会再启动一个此任务的备任务。

节点离线后的大批任务的故障冗余。分布式任务故障冗余收到节点离线事件后，会找到故障节点上主任务在其他节点对应的备任务，并将这些备任务切换为主任务，同时在其他正常节点上再启动同一批备任务，备任务的启动遵循负载均衡的原则。

4．分布式数据管理技术

（1）分布式数据定位。由于实时数据存储在系统不同的节点上，为了高速定位数据，分布式数据管理利用索引技术实现从主键到所属分片的映射。索引表采用"关键字—分片号"的 key-value 结构，分布式数据管理根据数据的分片信息生成其索引项，并通过分布式哈希技术把索引表存储在不同的节点上，这些节点构成逻辑独立的索引节点集群。

索引节点集群的多个节点同时提供在线服务，以保证单个节点离线的情况下索引的可用性。节点间通过同步写入和定时比较实现数据一致，一般情况下，查询访问在节点间负载均衡，故障状态下，查询全部转向正常节点。同时，分布式数据管理在客户端缓存查询过的索引数据，可以大大减少索引表访问频率，提高了常用数据的定位效率。

（2）分布式数据访问。分布式数据访问技术在分布式数据定位基础上，实现了数据的统一和位置透明访问，所有数据访问都可以通过数据定位获得数据的分片信息和所在节点，数据访问请求被并行地发送给数据存储节点的访问服务，以完成数据访问。分布式数据访问流程如图 2-34 所示。

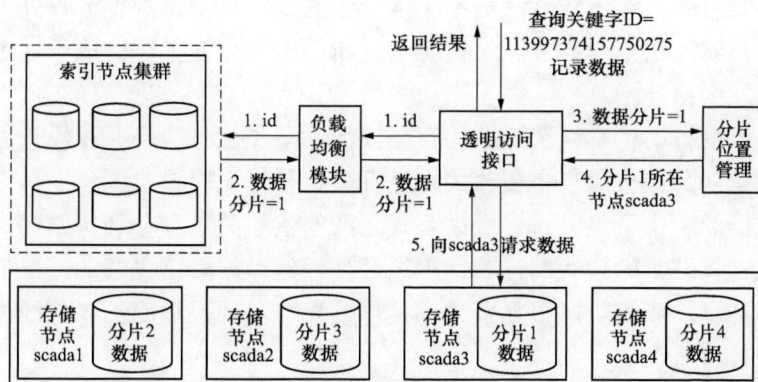

图 2-34　分布式数据访问

（3）分布式实时数据处理。分布式数据采集与处理原理如图 2-35 所示。分布式遥测、遥信处理和分布式数据采集存在对应关系。协同分区中存放需要跨区处理的数据，譬如跨区公式计算、协同拓扑计算相关数据都放在协同处理分区。

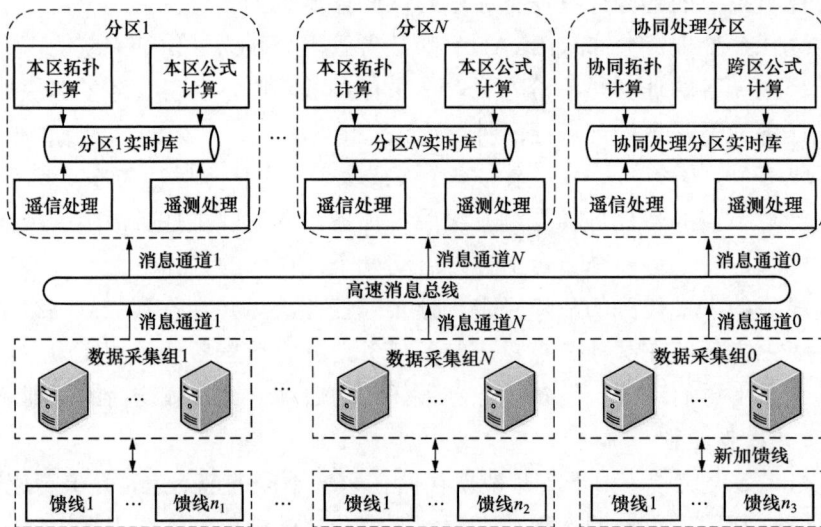

图 2-35 分布式实时数据采集与处理原理

各个分布式处理节点接收本节点模型的遥测遥信数据并进行处理。遥信处理中的信号合成和判断，如事故分闸、双位、三相开关，均在厂站内部完成，得益于以厂站为粒度的模型分区，各分区的遥信处理进程之间不需要进行交互就可以完成全部处理流程，处理完成后写入本地实时库。遥测处理中，不涉及跨分区的线路量测，可在本地直接完成处理，并写入本地实时库。

分布式处理节点之间通过消息交互，完成跨区协同处理任务。跨区协同处理的任务包括操作数不属于同一个分区的公式和断面、所属线路两端属于不同分区的线端量测。由中心节点完成跨分区协同处理任务，在中心节点上完成跨区的公式和断面计算，将结果写入分布式实时库。对于线路对端不在本分区的线端量测，数据分片处理服务将量测数据通过消息总线发送至中心分区进行统一判断，中心分区处理完成后通过消息总线将处理后的数据发回原分区。

由于电网调度自动化系统公式之间存在依赖关系和优先级，并行模式的公式计算技术首先要将大量的公式按照各自依赖关系进行分组和优先级设定操作，每组公式计算的是全部遥测数据的一个子集。首先根据公式之间的依赖关系划分计算的优先级，例如不依赖其他公式计算结果的公式的计算优先级最高，然后根据优先级的高低依次交由多个处理线程并行计算，系统可以根据公式的具体数量自动调整对应的工作线程数，充分利用多核 CPU 的优势。

电网调控实时数据分布式处理系统，数据根据相关算法以厂站为粒度划分为若干分区，将各个厂站的数据分布到多台服务器上，并在单个服务器上采用多进程进行并行处理，每个节点处理部分数据模型和计算模型，有效提高调度自动化系统的实时数据处理效率。模型分区产生了一些无法在单个节点上处理的任务，如跨分区的公式运算、断面计算、线端的对端不在同一个分区的线端遥测处理等，本系统提出了使用中心节点来进行跨区协同处理和计算的方法。电网调控实时数据分布式处理系统，主要技术特点如下。

（1）数据采集模块根据模型划分结果，按厂站所属分区发送遥测和遥信数据至指定通道，每个分区使用相互对立的消息通道，实现多通道并行的消息传输。

（2）各个分布式处理节点接收本节点模型的遥测遥信数据并进行处理。遥信处理中的信号合成和判断，如事故分闸、双位、三相开关，均在厂站内部完成，得益于以厂站为粒度的模型分区，各分区的遥信处理进程之间不需要进行交互就可以完成全部处理流程，处理完成后写入本地实时库。遥测处理中，不涉及跨分区的线路量测，可在本地直接完成处理，并写入本地实时库。

（3）分布式处理节点之间通过消息交互，完成跨区协同处理任务。跨区协同处理的任务包括操作数不属于同一个分区的公式和断面、所属线路两端属于不同分区的线端量测。由中心节点完成跨分区协同处理任务，在中心节点上完成跨区的公式和断面计算，将结果写入分布式实时库。对于线路对端不在本分区的线端量测，处理程序收到此类量测时，先不写入本地实时库，而是将量测数据通过消息总线发送至中心分区进行统一判断，中心分区处理完成后通过消息总线将处理后的数据发回原分区，若此量测为替代量测，还要将替代结果通过消息总线发送至被替代量测所在分区进行处理。

（4）基于分布式实时库，对量测数据进行后续处理，包括本地公式计算、断面计算、遥测越限判断、电度统计、负载率计算等 SCADA 计算任务，由于处理所需要的数据均能通过本地实时库直接获取，且不同分区的计算任务互相独立，此部分计算任务可以在各个分区内进行分布式并行处理，并写入各自的实时库中。

电网调控实时数据分布式处理流程图如图 2-36 所示，数据采集模块按照所属厂站，通过消息总线将遥测遥信数据报文发送至指定通道。分布式遥测遥信处理程序接收本分区的数据报文，若数据不需要进行跨区协同处理，则在本地进行处理后写入分布式实时库，否则通过消息总线将数据发送至协同处理分区，协同处理分区处理后将结果通过消息总线返回给原分区。在分布式实时库的基础上，进行后续的并行计算和处理，各分区在本地对不需要跨区协同的公式、断面和其他计算功能进行处理，需要跨区协同处理的计算任务由协同处理分区完成。

2.3.5　省级分布式拓扑分析技术

1. 配网模型分片技术

当前，随着电网的快速发展，其结构日益复杂、规模日益扩大，与之相应的调度自动化系统也需要具备超大规模电网的数据处理和计算能力，解决因电网规模的庞大、数据吞吐量的庞大而导致的计算处理速度、系统运行速度下降问题。

为了提高系统实时数据处理速度，引入分布式实时数据处理技术显得至关重要，它可以充分发挥多机协调处理的优势，提供高性能的实时数据服务，而分布式实时数据处理前提则是需要对电网全模型进行分区切割，以分区模型为基础才能开展分布式数据处理。

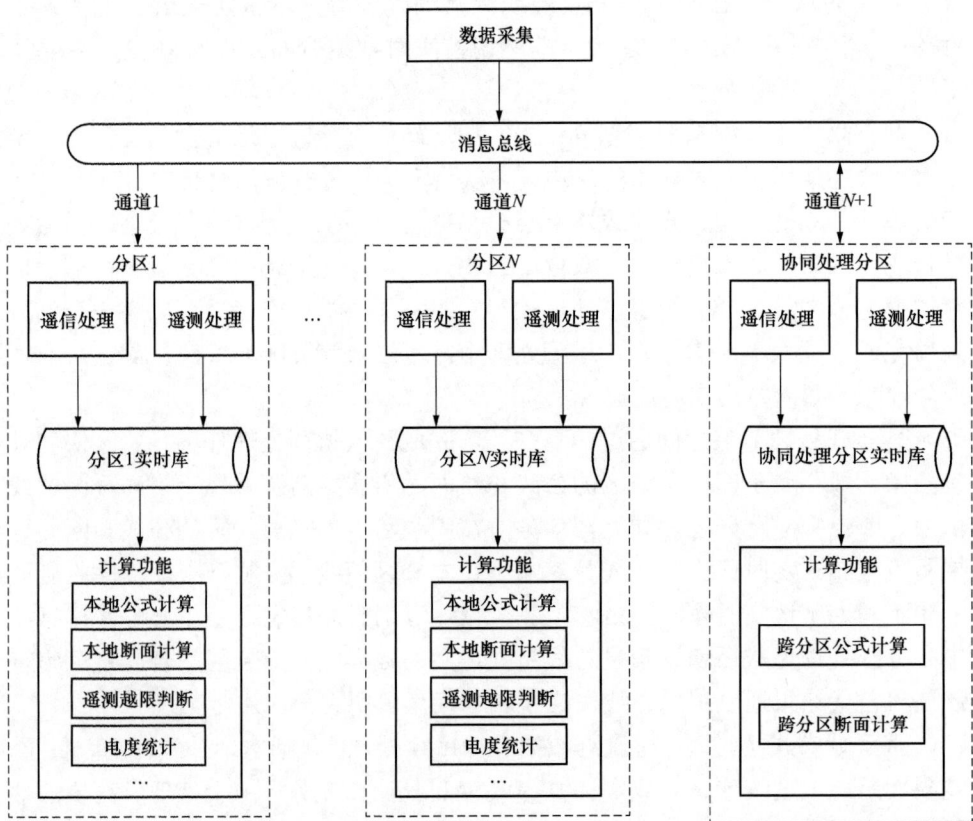

图 2-36 电网调控实时数据分布式处理流程图

（1）分片建模。

1）模型分片。分布式 SCADA 架构下，需利用分片算法将全网模型划分成多个数据集（分片）。数据集划分是分布式 SCADA 系统架构的基础，合理的数据集划分可以使得每个节点上的数据相对独立于其他节点，从而减少不必要的通信开销，提高整个系统的处理速度和效率。对于配网模型，分片划分的最小粒度应为馈线，划分方案为：①服从主网模型分片，主网模型以厂站为单位进行分片划分，配网则按照主网 10kV 负荷所属变电站的分片划分模型；②根据模型所属责任区进行模型划分；③根据配网单元格进行模型划分。

2）数据分片。分布式 SCADA 系统中，为了实现数据的分布式存储和处理，对实时数据进行了分片。分片采用水平分片和导出分片两种方式，水平分片方式下，实时数据管理根据数据表的关键字对数据进行划分；导出分片方式下，实时数据管理根据数据表的外键，对数据进行划分。

以图 2-37 所示的分片过程为例，馈线表采用水平分片方式，8 个不同馈线的记录被划入 4 个分片，开关表采用的是导出分片方式，以开关的所属馈线作为外键，属于不同馈线的开关记录被划入对应馈线所属的分片。

40

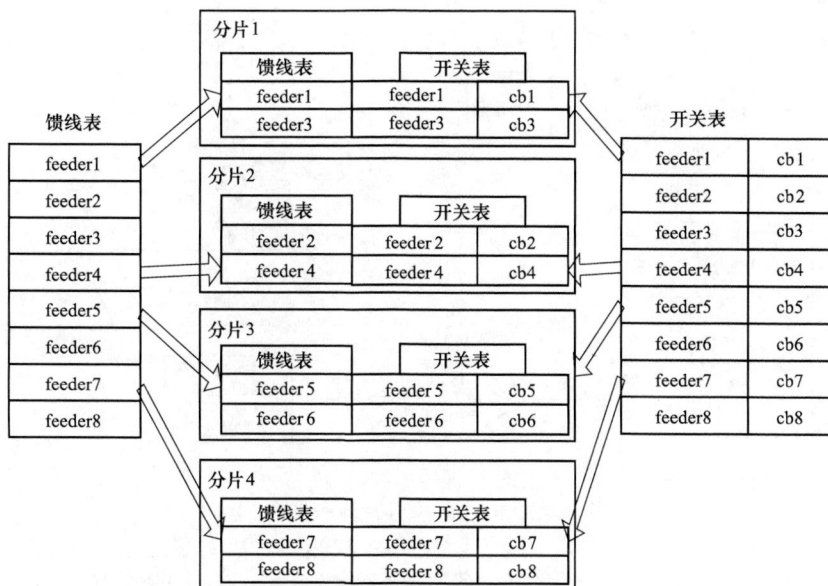

图 2-37　实时数据分片示例

（2）配网模型分片需要考虑的原则。

1）以馈线为最小单位：馈线是配网设备模型的容器，以馈线为最小单位进行模型分片能够覆盖所有的配网模型。

2）各分片规模接近，负载均衡：系统模型应尽可能平均分配给每一个分片，尽量保证分片之间的负载均衡。

3）分片内设备连接紧密，分片间连接稀疏：为满足拓扑分析等应用的实际需要，应将拓扑连接关系紧密的模型划分在同一分片内，以减少分布式计算时的通信开销。

（3）模型分片方法。为满足上述原则，考虑采用"联通区域拆分合并"方案。

联通区域拆分方法：将同一变电站连接的馈线作为集合，以相邻集合之间相连的馈线段为边界，形成以集合为端点，边界馈线段为边的拓扑图；基于此拓扑图，利用社团算法，将图划分成指定数量的分片，当分区规模超过均值或分区 Q 值下降，该分区不再变动。模型分片流程如图 2-38 所示。

（4）分布式拓扑分析算法。分布式多岛并行协同计算，基于自动化系统分布式计算框架，首先将全网模型进行拆分，形成分区电网模型，各计算节点只对分布式模型并行地完成一次局部计算，得到初步电气岛分析结果，而后将各计算节点结果进行交互共享，协同完成一次联合计算，得到最终的电气岛分析结果。该算法可以解决大电网模型拓扑结构分析非常缓慢的问题，通过对各分布式计算节点电网拓扑结构并行协同计算，完成电网统一的拓扑分析，包括电气岛带电与接地情况分析、逻辑母线数量分析，实现了大规模电网模型下的快速拓扑计算，提高了系统运算效率。

分布式多岛并行协同计算的电网拓扑结构分析算法数据流程图如图 2-39 所示，由图可见整个算法分为分布式独立并行计算、统一协同计算两个层次进行，以"分布式电气

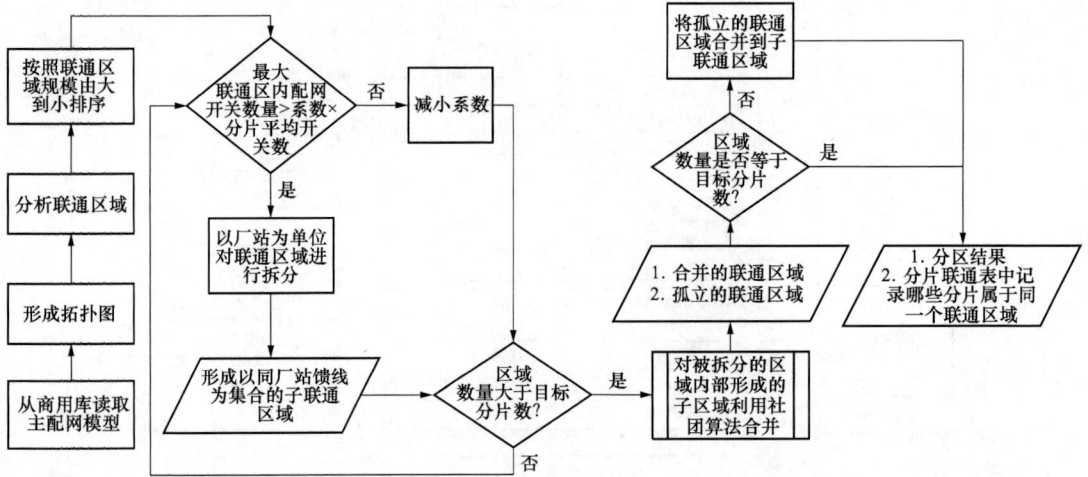

图 2-38　模型分片流程图

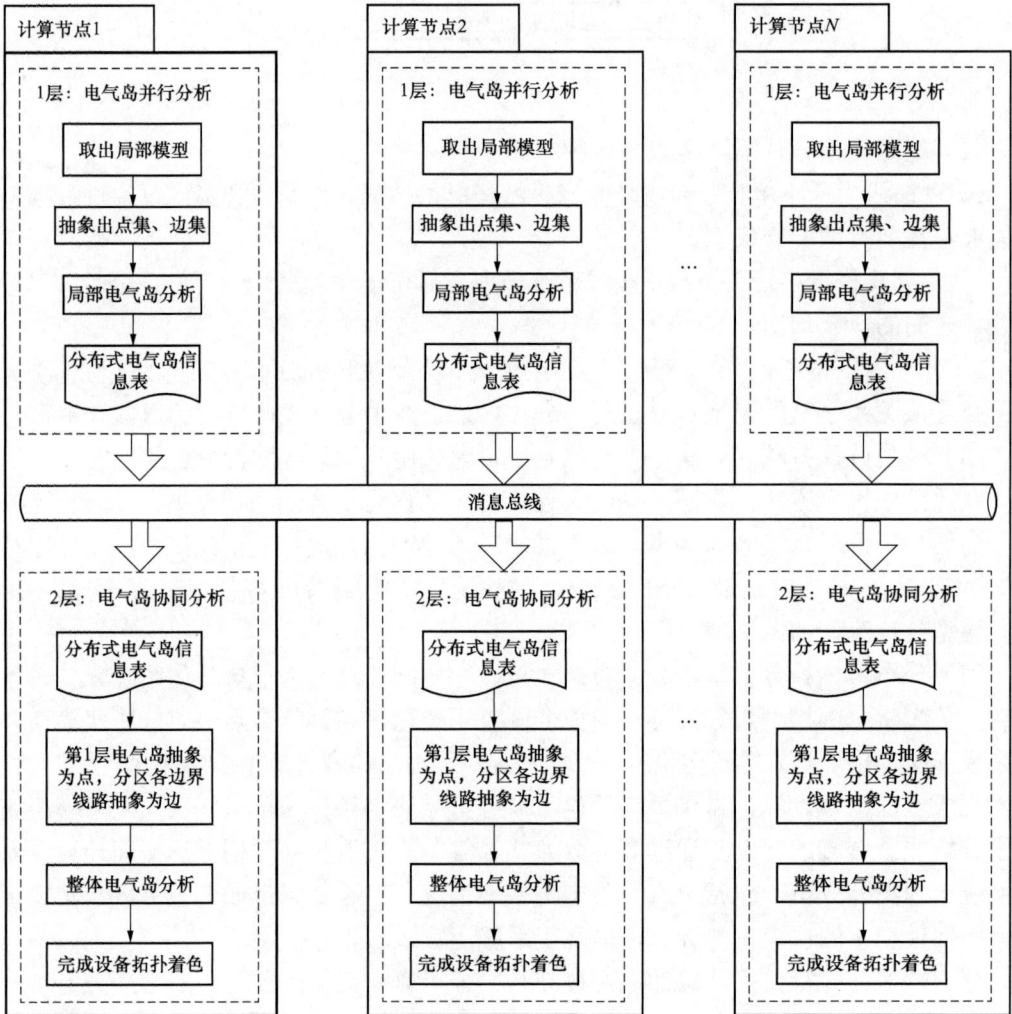

图 2-39　分布式电网拓扑结构分析算法数据流程图

岛信息表"为中间结果，该表中存储了所有计算节点的初步电气岛计算结果，属于本节点的结果由本节点进行维护，其余节点的结果通过消息总线接收后进行存储。在第 1 层中，各计算节点均对本地模型建模，完成局部电气岛分析，包括各岛逻辑母线数、是否带电、是否接地、边界线路等，结果存储在分布式电气岛信息表中。通过消息总线完成信息交换后，开始第 2 层计算，对各节点的第 1 层计算结果中形成的电气岛及其边界线路进行点边建模，完成联合电气岛的协同分析，为本节点各设备分配最终电气岛号，完成统一拓扑着色。

在第 1 层计算中，若计算后结果与计算前未发生显著变化，则不需要进行信息交换及 2 层计算，可简化拓扑分析流程。

分布式拓扑系统中，边界线路数量较少，对边界线路实施小范围的冗余建模，以分布式电网拓扑计算结果为基础，提出了快速、准确、实用的设备状态分析方法，该技术方法的实现能够集中式拓扑造成的设备状态分析效率较低问题，同时通过分布式电网局部拓扑计算降低电网局部运行方式变化对全局数据的影响，提高了设备状态分析的实时性，为电网安全运行提供有力的技术支撑。

2.4　配电网运行监控大区主要功能

2.4.1　数据采集处理

（1）数据采集功能：采集接收处理各种数据类型，采集的全部数据带有完整的表示数据状态的质量标志和来源标志。对所有接入系统的终端数据进行周期性的查询采集，以保持数据库的实时性。

（2）状态显示功能：用特定的颜色或样式动态地显示一次设备的运行状态，包括事故遥信变位和正常操作遥信变位、标识牌信息、通信通道状态等。

（3）远方控制功能：发送主站系统的控制命令至远方终端设备，实现远方终端设备的遥控控制操作；通过配电主站实现对变电所 10kV 开关的遥控操作。具备双席监控、"五防"的防误闭锁、校时等功能，并能存储及查询遥控操作过程中的系统信息或操作信息。

（4）交互操作功能：提供方便、直观和快速的操作方法，具有多窗口、多界面显示、菜单驱动等优势，操作简单、屏幕显示信息准确；操作员可根据需要设置、闭锁各种类型的数据，并有人工置数的符号或颜色标志区分。在人机界面实现遥控、人工置位、报警确认、挂牌、临时跳接线等操作，并具备相应的"五防"的防误闭锁条件。

（5）事件告警功能：对数据进行有效性检查和数据过滤，并有明显的告警提示；事件告警具有分区分流功能，按照责任区的划分进行信息分流，具备对各自责任区的事项及告警进行确认的功能。当有越限告警时，可通过报警窗口显示，并可根据需要打印记录；告警信息具备按条件（如时间段和描述）进行分类及模糊查询的功能。

（6）事件顺序记录：可以按需查询系统中的事件顺序记录，能实时自动和召唤打印事件顺序记录。

（7）事故追忆功能：能记录追忆触发时间前 1min 至后 5min 内全站的模拟量。

（8）数据统计功能：显示 24h 实时负荷曲线及报表，并自动统计最大值、最小值、平均值；可以负荷曲线及报表方式分别展示。

（9）报表打印功能：采用通用的电子报表工具。可生成各种格式的报表，并可在表中插图，如曲线、棒图、饼图及其他图形，具有灵活的报表处理功能，可进行表格内的各种数学运算，运算公式可在线设置和修改，可在报表上对报表数据进行修改。

（10）配电网络工况监视功能：能显示全系统各部分的工作状态及显示各工作站的 CPU 负荷率、硬盘剩余空间等信息。

（11）计算机网络互联及二次系统安全防护功能：参照《电网二次系统安全防护方案（调度系统）》技术框架，保障配电主站系统的控制安全、信息安全和应用系统安全，同时满足配电主站系统对相关应用系统的信息需求。

2.4.2 操作与控制

操作和控制应能实现人工置数、标识牌操作、闭锁和解锁操作、远方控制与调节功能，应有相应的权限控制。

（1）人工置数。

1）人工置数的数据类型包括状态量、模拟量、计算量。

2）人工置数的数据应进行有效性检查。

（2）标识牌操作。

（3）闭锁和解锁操作。

1）应提供闭锁功能用于禁止对所选对象进行特定的处理，包括闭锁数据采集、告警处理和远方操作等。

2）闭锁功能和解锁功能应成对提供。

3）所有的闭锁和解锁操作应进行存档记录。

（4）远方控制与调节。具体包括开关的分合；投/切远方控制装置（就地或远方模式）；成组控制：可预定义控制序列，实际控制时可按预定义顺序执行或由调度员逐步执行，控制过程中每一步的校验、控制流程、操作记录等与单点控制采用同样的处理方式。

（5）防误闭锁。应提供多种类型的远方控制自动防误闭锁功能，包括基于预定义规则的常规防误闭锁和基于拓扑分析的防误闭锁功能。

1）常规防误闭锁，应支持在数据库中针对每个控制对象预定义遥控操作时的闭锁条件，如相关状态量的状态、相关模拟量的量测值等，并支持多种闭锁条件的组合；实际操作时，应按预定义的闭锁条件进行防误校验，校验不通过应禁止操作并提示出错原因。

2）拓扑防误闭锁，不依赖于人工定义，通过网络拓扑分析设备运行状态，约束调度员安全操作；具备开关操作的防误闭锁功能：合环提示、挂牌提示、负荷失电提示、带接地合开关提示等；具备接地刀闸操作的防误闭锁功能：带电合接地刀闸提示、带刀闸合接地刀闸提示等；具有挂牌闭锁功能。

2.4.3 拓扑分析应用

（1）网络拓扑分析可以根据电网连接关系和设备的运行状态进行动态分析，分析结果可以应用于配电监控、安全约束等，主要功能如下：

1）适用于任何形式的配电网络接线方式。

2）电气岛分析，分析电网设备的带电状态，按设备的拓扑连接关系和带电状态划分电气岛。

3）电源点分析，分析电网设备的供电路径及供电电源。

4）支持人工设置的运行状态。

5）支持设备挂牌、临时跳接等操作对网络拓扑的影响。

6）支持实时态、研究态、未来态网络模型的拓扑分析。

（2）拓扑着色可根据配网开关的实时状态，确定系统中各种电气设备的带电状态，分析供电源点和各点供电路径，并将结果在人机界面上用不同的颜色表示出来。主要功能如下：

1）电网运行状态着色。

2）依据电网拓扑分析的结果，应用不同颜色表示电网元件的运行状态（带电、停电、接地等）。

3）供电范围及供电路径着色。

4）依据电网拓扑分析的结果，显示配电线路的供电范围及供电路径。

5）动态电源着色。

6）依据电网拓扑分析的结果，动态显示不同电源点的供电区域。

7）负荷转供着色。

8）依据负荷转供分析结果，显示负荷转供的所有路径。

9）故障区域着色。

10）依据故障分析结果，对故障区域进行着色显示。

11）变电站供电范围着色。

12）依据电网拓扑分析的结果，显示不同变电站的供电范围。

13）线路合环着色。

14）依据电网拓扑分析的结果，显示处于合环状态的线路。

2.4.4　综合告警分析

综合告警分析实现告警信息在线综合处理、显示，可支持汇集和处理各类告警信息，对大量告警信息进行分类管理和综合分析，并利用形象直观的方式提供全面综合的告警提示。主要功能如下：

（1）告警信息分类。应对告警信息进行分类处理，告警信息主要包括电力系统运行异常告警、二次设备异常告警、网络分析预警三大类；可实现对由同一原因引起的多个告警信息进行合并处理。

（2）告警智能推理。可实现告警信息的统计和分析，对频繁出现的告警信息（如开关位置抖动、保护信号动作复归等），应提供时间周期（一般取 24h）内重复出现的次数，可给出故障发生的可能原因和准确、及时、简练的告警提示。

（3）信息分区监管及分级通告。应包括责任区的设置和管理、数据分类的设置和管理，根据责任区以及应用数据的类型进行相应的信息分层分类采集、处理和信息分流等功能；可对配电网事故类型进行分等级定义，在紧急事件发生的情况下，系统除了传统告警动作，比如推画面、语音等，还可依据信息分级通报的原则采用短信、手机 App 等方式迅速通告。

（4）告警智能显示。应提供告警等级自定义手段，可以按告警类型、告警对象等多种条件配置；工作站应提供多页面的综合告警显示界面，也可支持手机 App 综合告警显示，采用多种策略实现自动滤除多余和不必要的告警。

2.4.5 故障处理

配网故障处理流程如图 2-40 所示。

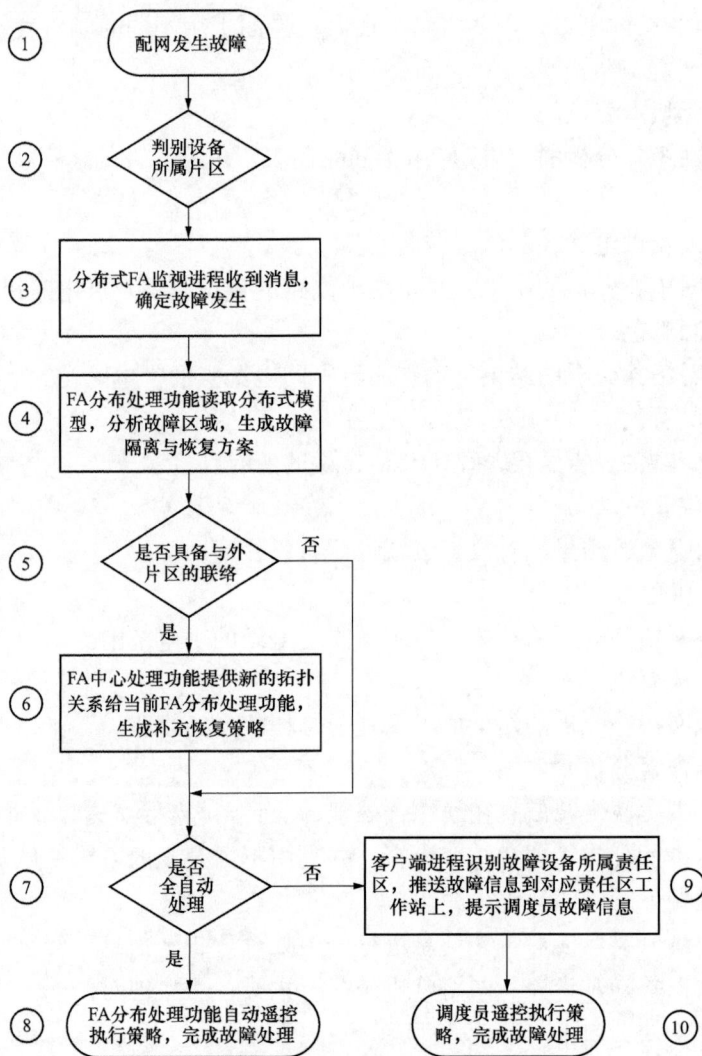

图 2-40 FA 故障处理流程图

（1）配网发生故障。

（2）判别故障设备所属片区。

（3）FA 分布式监视进程收到信息，确认故障发生。

（4）FA 分布式处理功能，完成读取分布式模型，分析故障区域，定位故障，并提供相应故障处理策略。

（5）检查是否具备与外关片区的联络关系。

（6）如果具备，则请求给 FA 中心处理功能获取与外片区的联络关系，补充生成相应恢复策略。如果不具备，则跳过本步。

（7）判定故障执行方式。

（8）采用全自动方式执行，则直接由 FA 分布处理功能自动遥控执行策略，完成故障处理。

（9）采用交互方式执行，则由客户端进程识别故障设备所属区域，推送故障信息到对区域工作站。

（10）调度员根据人机交互界面提供的处理策略，逐一遥控，完成故障处理。

系统馈线自动化软件以网络拓扑为基础，支持各种拓扑结构的故障分析，电网的运行方式发生改变对馈线自动化的处理不造成影响。馈线自动化模块的主要功能是建立整个配电网络的实时拓扑模型，在此基础上根据 FTU 传上来的故障电流信号，实现故障区隔离，负荷转供及恢复供电。在配电网中，若发生永久性故障，通过开关设备的顺序动作实现故障区隔离；在环网运行或环网结构、开环运行的配电网中实现负荷转供，恢复供电。这一过程是自动进行的。在发生瞬时性故障时，通常因切断故障电流后，故障自动消失，可以由开关自动重合而恢复对负荷的供电。

1. 故障定位分析

系统根据配电终端传送的故障信息，快速自动定位故障区段，并在调度员工作站显示器上自动调出该信息点的接线图，以醒目方式显示故障发生点及相关信息（如特殊的颜色或闪烁）。

除利用终端上送信息定位故障外，系统还可以使用故障报修（客户服务）系统传递过来的信息进行故障定位。在大量电话报修发生时，可以定位故障发生涉及的区域及可能发生故障的上级设备，并在地理图上进行明显显示。

2. 故障隔离分析

配电网通常的运行方式是网状结构开环运行，因此，如果从变电站 10kV 出口断路器的下方看，可以将配电网划分为若干个独立的分区，分区内的设备在电气上相互连接在一起，分区的边界是一些处于分闸状态的开关和刀闸，当发生故障时，故障的定位、隔离都限定在某一分区的内部，和其他分区无关，但在故障恢复时则与故障分区及其周围分区的内部无关，而与它们的边界及分隔区的设备有关。

3. 故障恢复策略

（1）操作路径生成。在搜索潜在的供电电源时，首先在失电区的边界点开关的对端加一设定高度的脉冲信号，结合局部拓扑和广度优先技术进行该脉冲信号的广播发送，记录下所有被广播信号感染的相关的开关、刀闸、馈线等设备，以及它们接收到广播信号时的感知方向（从左到右或从右到左），当广播信号触及电源着色区域的边界设备时，该支路方向上的广播信号停止传播，同时记录下反射点的位置。等到发射点的信号传播完毕之后开始反射点信号的传播，原理与发射点信号传播相同。所有在正反两次信号广播过程中感知方向不相同的设备皆为操作路径中的关联设备，而感知方向相同的设备则是非路径设备，操作路径中关联设备的反射点信号的传播顺序则和其对应的实际现场操作顺序相一致。

（2）转供电源搜索及转供方案生成。当被转供区域的负荷存在多个潜在的供电电源时，除了被转供区域的负荷分别由各个供电电源点带动的单电源方案外，还有多个供电电源点共同瓜分被转供区域负荷的多电源方案。这在单电源方案不能满足要求及出于平衡负载的目的时显得尤其重要。

（3）多电源同时瓜分被转供区域负荷的原则是：①被转供区域负荷不失电原则；②多电源之间各自的辐射状运行（非合环运行）原则。

双电源以上的瓜分方案通常是将它们分解为双电源的排列组合，由于实际的多电源很少有超过 4 个的，而且双电源以上的方案以无解为绝对多数，因此，实际分解后的恢复方案并不多，在处理时效上也很快。

（4）甩负荷策略。当不存在满足不越限条件的负荷转供方案时（即所有的负荷转供方案皆越限），将启动甩负荷方案自动生成模块。甩负荷的目标是负荷的损失量最小；甩负荷的原则是先甩优先级低的负荷，再甩优先级高的负荷。由于负荷大小是离散量，具体负荷的状态只有带电和不带电两种形式，不存在甩某一负荷的一部分数值的情况。在实际的甩负荷操作中，其操作的对象不是负荷本身，而是与其关联的开关刀闸，因此可将甩负荷的模式转换为甩越限支路下方所有开关刀闸的方式，其开关刀闸的集合将既包括负荷开关，也包括馈线开关。

（5）拓扑潮流计算。在转供负荷时，将引起原供电电源区域的潮流变化，为了保证电网运行的安全性，有必要进行潮流计算，以检验相关支路的潮流其有功、无功、电流的数值及母线电压是否越限。由于当前配网自动化处于初始阶段，实际用户提供完整的配电网设备参数比较困难，如馈线上配电变压器的具体位置及各个分段的长度、阻抗等，另外三相不对称参数的获取也比较困难，如果一味追求精确性，有可能使得现场工作的开展难以进行，鉴于此，拓扑潮流是一个比较好的解决方案，其基本的思路是：忽略设备参数及负荷的三相不对称性，以及设备阻抗的大小，仅仅根据网络的拓扑连接关系进行潮流由下而上的推算，其过程类似于实际现场调度运行人员的推理过程。拓扑潮流实施的基础是基于配电网辐射型的运行结构，同时与潮流数值相比，馈线设备的损耗所占比例很小，忽略以后仍然可以满足工程应用的需要。

拓扑潮流计算在方案选择时非常重要，负载率的比较是方案优劣的一个重要条件。获取最小的消除越限的甩负荷量。

（6）方案比较。方案之间比较的参考项目主要有三点：①操作开关总数；②方案中设备的最大负载率；③甩负荷的数量。

首先，在所有的方案中选择不越限的，排除越限的；其次，在不越限的方案中优选操作开关总数和最大负载率综合最优的，如最大负载率小于 80%，以操作开关总数最少为优，如最大负载率大于 80%，则以最大负载率最小为优；另外，如果所有的方案皆越限，则以甩负荷量最小为最优。

4. 故障处理控制方式

系统故障处理方式完整，能够根据不同的线路、设备情况可任意选择不同的处理方式即集中式或就地型故障处理方式。

如果设置为主站集中控制模式，则由主站故障处理软件进行故障定位、隔离、恢复。

如果设置为就地型故障处理模式，则主站故障处理软件作为智能分布式故障处理的后备。故障处理完成后，主站实现故障信息的显示和保存，并监视智能分布式故障处理结果，如处理结果不一致，则报警。就地型故障处理的运行工况异常时，在主站端与终端通信正常的情况下，主站集中型馈线故障处理能够自动接管相应区域的线路故障处理。

此外还支持设置为集中式+智能分布式模式，终端只进行故障隔离，则主站故障处理软件进行监视并分析故障隔离的正确性，然后根据各类信息进行故障恢复。

5. 多重故障辅助决策

配电网发生多处故障，故障处理程序能够同时进行分析处理，并对故障的重要程度进行优先级划分，使得调度员能够优先进行处理严重故障。对于近距离相干的故障点，故障处理程序能够协调它们的目标电源区域，确保不发生冲突，保证结果的正确、合理。

短时间内，配电网如果发生多处故障，故障处理程序能够同时进行分析处理，并对故障的重要程度进行优先级划分，使得调度员能够优先进行处理严重故障。对于近距离相干的故障点，故障处理程序能够协调它们的目标电源区域，确保不发生冲突，保证结果的正确、合理。

6. 故障处理安全性约束

（1）故障处理的准确性。系统中采用完全基于局部拓扑处理的方法来进行配电网故障诊断、隔离及事故恢复，并且结合多电源方案生成甩负荷策略及拓扑潮流计算等功能，能够获取全空间的恢复方案最优解，避免恢复过程导致其他线路主变等设备过负荷。

（2）灵活设置故障处理闭锁条件。系统可以灵活设置故障处理闭锁条件，包括保护调试、设备检修等人为操作的挂牌处理；也支持人为设置馈线自动化覆盖线路。

（3）必备的安全闭锁措施。针对配电自动化运行中可能出现的终端不在线、通信故障、一次设备故障，具备通信故障闭锁、设备状态异常闭锁等必要的安全闭锁措施，保证故障处理过程不受其他操作干扰。

（4）辅助功能措施。系统辅助的馈线自动化功能措施如下。

1）人工预设：支持故障预案管理，可以事先设定故障处理方式，当故障发生时将按照事前设定的故障处理策略逐步执行预设定操作；

2）人工选择：对于多联络多分段的配电网络，发生故障后系统能够退出 2 个或多个故障处理策略，调度人员能够根据配电网实际情况与特殊考虑，自行选择合适的处理方案进行执行；

3）优化处理：在存在多个故障处理方案时，系统给出各种处理方式下的潮流影响，智能比较各种方案下的操作开关总数、方案中设备的最大负载率、甩负荷的数量等，建议采用最优处理策略。首先，在所有的方案中选择不越限的，排除越限的；其次，在不越限的方案中优选操作开关总数和最大负载率综合最优的，如最大负载率小于80%，以操作开关总数最少为优，如最大负载率大于80%，则以最大负载率最小为优；另外，如果所有的方案皆越限，则以甩负荷量最小为最优。

4）人工调整：对于系统提供的故障处理策略，支持人工调整相关操作顺序、操控设备等，灵活适应配电网运行实际需要。

7. 基于故障指示器信息的配电网快速故障定位分析决策

采用故障指示器来加快故障定位，提高配电线路的故障处理效率，缩短停电时间是提高城郊及农村配电网的供电可靠性的有效手段，也是目前投入少见效快的手段之一，技术推广速度较快。

整套故障指示器分为"故障采集器"和"信号集中器"两个部分。故障采集器通过卡圈直接挂接在架空导线上，通过感应导线中电流的大小，判断挂接点是否发生过流。信号集中器收集本杆上故障采集器的信号，并将该信号上送给配网主站系统。由于故障指示器采用无线公网的通信方式，故障信息是从外网接入到自动化系统中的，因此需要通过安全Ⅳ区的公网前置对这部分信息进行采集。先由故障指示器信号收集系统将故障指示器信息以国网标准104协议传输给配电自动化系统Ⅳ区公网前置，再通过物理隔离装置进入调度Ⅰ区。

（1）故障指示器信息接入。配网主站与规约转换器间约定：数据交换IEC104规约；同时要求：①规约转换器需向配网主站提供故障指示器在线状态信息；②规约转换器需开放多个端口，每个端口接入的故障指示器数，以总遥测量和遥信量均不超过4000为基础；③新接入集中器时，配网主站指定故障指示器地址及其所对应的规约转换器端口，以文件形式保存在配网主站Ⅳ区公网前置服务器指定目录，规约转换器定期扫描并实时更新；④配网主站以共线方式接入故障指示器"两遥"数据。

配网主站数据总召以广播形式发送给规约转换器，规约转换器负责轮询总召故障指示器数据并上送配网主站。

（2）故障指示器故障处理模式。系统针对故障指示器调整了配网故障处理运行模式，为用户提供"一遥故障处理，二遥故障处理，三遥故障处理"的模式选择。

1）一遥故障处理。针对挂接普通故障指示器的架空线路，可采用该处理模式，在故障处理过程中，突出故障区域的地理图定位及交互处理。

2）二遥故障处理。针对安装二遥功能的FTU、DTU或具备负荷电流量测功能的故障指示器的线路，可采用该处理模式，在故障处理过程中，突出故障区域的地理图定位及交互处理过程中的负荷转供辅助决策。

3）三遥故障处理。针对安装三遥功能的FTU、DTU，可采用该处理模式，在整个故障处理中，突出故障处理方案的辅助决策作用，能够在图形上准确表达故障处理方案，清晰直观的指示调度员操作对应的开关，并给出操作之后的结果提示。

（3）故障区域框定图形展示。针对架空故障指示器，可能出现故障区域中只有一个节点，因此在对故障区间内设备的判断时，要将边界节点所连馈线段都包含在内。

故障区域框定图形展示如图 2-41 所示，将故障区域节点所连的两个馈线段都进行着色。

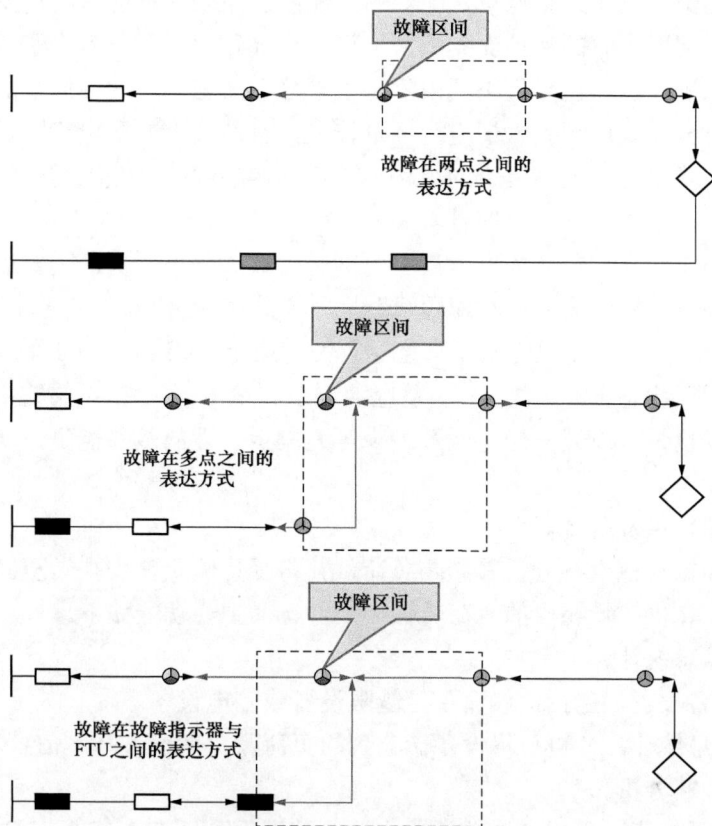

图 2-41　故障区域框定图形展示

并且以故障指示器、开关为设备边界，使用虚框将故障区域框定起来。

（4）故障分析结果展示方式。故障指示器信息上送到配网自动化主站系统之后，需要依据故障信息启动故障分析，并将故障分析结果采用地理图定位、智能告警、可视化互动操作的方式提供给配调人员。

1）地理图快速定位。针对供电距离较长的架空线路，故障定位以地理图的方式显示，让配调人员快速得知是哪个地理位置发生故障，定位时直接报出故障指示器所在杆塔，方便调度员与抢修人员进行沟通。

2）智能告警。系统根据故障所在线路的责任区，自动向该责任区管理人员发送短信报警信息。

3）可视化互动操作。在发生配电网故障时，配网主站系统将针对故障指示器所在位置，对故障区段进行框定，并为调度员提供画面操作的互动手段，方便调度员进行故障快速隔离及负荷转代的策略选择。

8. 含分布式电源的故障处理

故障监听程序负责监听配网中所有的遥信变位信息，根据启动条件筛选其中可能存在的故障信号，一旦捕捉到故障，即启动故障分析。故障分析程序根据下游保护信号进行故障定位，并通过交互界面或自动执行方式完成故障隔离与故障恢复。

（1）故障定位。分布式电源接入配网后，配网由原来的辐射状结构变成一个多源网络结构，从而使配网原有的保护受到威胁，可能会导致故障误判，为了实现含分布式电源的配网故障准确定位，在分析不同故障场景下分布式电源对配网影响的基础上，得出以下结论：针对分布式电源接入配电网容量较大，且被接入的配电线路供电半径较长，故障情况下分布式电源对配网提供的短路电流容易影响线路开关上过流信号动作。要求加装方向保护，为主站上送方向信号。

（2）故障隔离。根据负荷失电量最小原则进行故障隔离分析，需要进行隔离范围最小化分析。这种方式控制简单，对配网线路运行方式影响最小。

（3）故障恢复。在保证电力系统安全运行的前提下，OPEN-5200 系统控制层结合分布式电源当前运行状态（如光伏出力、蓄电池剩余容量等），根据不同约束条件和目标函数（如负荷恢复量最大或开关操作次数最少等）制定合理的故障恢复策略，并下发给协调控制层执行。

2.4.6 负荷转供及解合环分析

负荷转供根据目标设备分析其影响负荷，并将受影响负荷安全转至新电源点，提出包括转供路径、转供容量在内的负荷转供操作方案。主要功能如下。

（1）负荷信息统计。

1）目标设备设置，包括检修设备、越限设备或停电设备。

2）负荷信息统计，分析目标设备影响到的负荷及负荷设备基本信息。

（2）转供策略分析。

1）转供路径搜索，采用拓扑分析的方法，搜索得到所有合理的负荷转供路径。

2）转供容量分析，结合拓扑分析和潮流计算的结果，对转供负荷容量以及转供路径的可转供容量进行分析。

3）转供客户分析：采用拓扑分析方法，对双电源供电客户转供结果进行分析。

（3）转供策略模拟。

1）支持模拟条件下的方案生成及展示。

2）模拟运行方式设置。

3）转供方案报告。

4）转供过程展示。

（4）转供策略执行：依据转供策略分析的结果，采用自动或人工介入的方式对负荷进行转移，实现消除缺陷、减少停电时间等目标。

为了在负荷转供过程中避免停电，负荷转供往往需要结合线路的解合环分析功能开展。解合环分析与电网调度控制系统进行信息交互，获取端口阻抗、潮流计算等计算结果，对指定方式下的解合环操作进行计算分析，结合计算分析结果对该解合环操作进行风险评估，主要功能包括：①可基于实时态、研究态电网模型进行解合环分析。②能够实现解合环路径自动搜索。③对于模型参数完备，相关量测采集齐全的环路，能够计算合环稳态电流值、合环电流时域特性、合环最大冲击电流值。④能够分析解合环操作对环路上其他设备的影响。⑤能够提供解合环前后潮流值比较。

2.4.7　图模管理

（1）10kV 电网模型数据导入。分布式图模导入：针对地县一体化模式用户需求，在原有图模导入程序的基础上增加了并发机制。分布式图模导入程序支持市公司和各县公司同时进行图模导入工作。PMS2.0 发布图模异动消息后，系统收到图模异动消息后，以 CIM/SVG 方式获取异动图模。图模导入程序按照分区的方式将配网图模文件存放于对应的市县公司目录中，导入数据分区存储于市公司数据库上，并推送消息至对应图模维护工作站提示进行图模异动。

市县公司图模维护工作站启动图模导入功能，向服务端发送导入请求，数据库会分配临时数据空间给该请求，数据校验通过后，在服务器端后台完成数据导入，市县公司工作站对导入过程全程可观可控。

配电调控一体化系统通过 GIS 系统获取 10kV 配网图模数据，把配电调度图形系统中的电网模型和图形，按照 IEC 61968 的消息格式，基于统一数据模型基础上构建新的数据交换格式，采用 CIM XML/RDF 格式的模型数据和 SVG 的图形数据，通过配置在通信接口服务器上的适配器发送到信息交换总线，配电自动化主站通过总线获取图模数据并完成数据模型和图形的更新。

（2）上级电网模型数据导入。变电站内模型由调度 EMS 系统的主站维护人员在 EMS 上通过作图工具和数据库维护工具建立电网模型，然后通过与调度 EMS 系统的接口转换到配电调控一体化系统中。

（3）电网数据模型拼接。配电自动化主站系统通过配电调度图形系统数据交换流程获取 10kV 配网图模数据，通过上级 EMS 系统数据交换流程获取了主网图模数据，然后在图模库一体化平台上实现馈线模型与站内模型拼接，从而在配电调配一体化系统中可以得到 10～110kV 完整的配电网络模型，为配网调度的指挥管理准备完整的电网模型及拓扑资料。

（4）配电网络模型动态变化处理机制。针对配网建设和改造频繁的情况，配电网络模型动态变化处理机制（又称红黑图机制）解决现实模型（黑图）和未来模型（红图）的实时切换和调度问题。

能够用红黑图机制反映配电网模型的动态变化过程和追忆。实现用黑图、黑拓扑及黑模型反映现实模型，红图、红拓扑及红模型反映未来模型。

设立实时、黑图模拟操作和红图模拟操作三个模式。模式之间可以随意切换，以满足对现实和未来模型的运行方式研究需要以及图形开票的需要。

实现投运、未运行、退役全过程的设备生命周期管理。

设备由红图到黑图（或由黑图到红图），配电自动化主站系统与 PMS 应通过流程确认机制，保证两个系统的设备状态一致性。支持红图投运、设备投运操作方式。

2.5 配电网运行管理大区主要功能

2.5.1 数据采集和处理

1. 整体功能描述

数据采集与处理功能实现对各类监测终端的采集任务配置与管理，Ⅰ区终端采集数据的同步，实现终端自动装接调试的任务主动配置，管理各类终端上报的遥测、遥信数据。并对历史采集数据进行基础数据处理，形成能直接用于各类业务的基础支撑数据。整体功能框架图、整体结构及流程分别如图 2-42、图 2-43 所示。

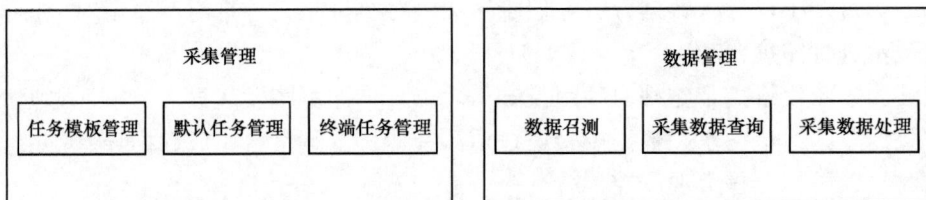

图 2-42 数据采集和处理整体功能框架图

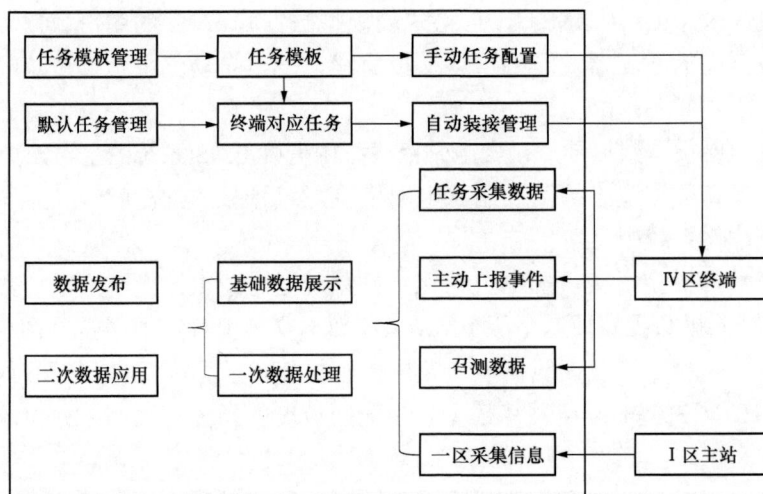

图 2-43 数据采集和处理整体结构及流程

2. 功能描述

（1）采集任务模板管理。配置适用各类终端的采集任务模板，制定各类采集任务，包括数据采集项、采集间隔、数据上报间隔等信息的管理与配置。

（2）终端默认采集任务配置。配置各类终端的默认对应采集任务，用于对采集终端自动装接调试时自动配置终端的默认采集任务。

（3）终端采集任务配置。为各类终端手工下发、召测、修改终端采集任务，通过选择采集采集任务模板、对应监测点实现对终端、监测点的采集任务手工配置。

（4）Ⅰ区采集数据同步。在Ⅰ区建立数据采集服务器，实现Ⅰ区各类终端采集数据向四区同步，并与四区终端采集数据一并进行数据管理。

（5）数据实时召测。实现对终端数据实时召测，召测方式包括单终端、单监测点数据召测与数据批量召测，召测内容包括实时遥测数据、当前遥信状态、历史遥测数据、历史遥信数据、当前运行状态等信息。

（6）采集数据查询。实现对来自Ⅰ区、Ⅳ区终端的历史采集的遥测、遥信数据保存与展示，包括单对象数据查询展示与批量数据查询与展示。

（7）采集数据处理。实现采集数据基础处理，包括对负荷类数据进行最大、最小、平均值计算，对电量类数据进行按线路、区域、单位总加处理，对三相电压、电流进行平衡率计算，实现曲线绘制等。

2.5.2　故障综合研判与处理

1. 整体功能描述

配网故障综合研判与处理实现对配电线路、配变、低压线路的故障在线监测与分析定位，汇总Ⅰ区遥测遥信数据、Ⅳ区采集数据等多维数据源对故障现象进行综合研判与分析，展示故障位置与影响范围。整体功能框架图、整体结构及流程分别见图2-44、图2-45。

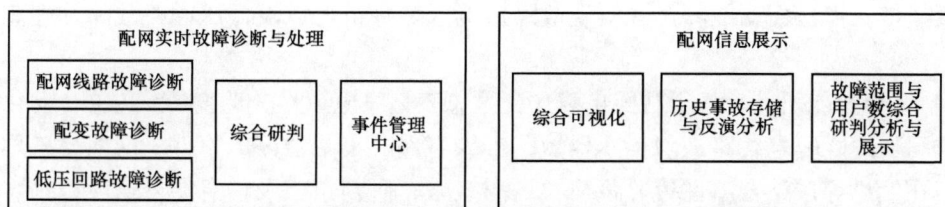

图 2-44　配网故障综合研判与处理整体功能框架图

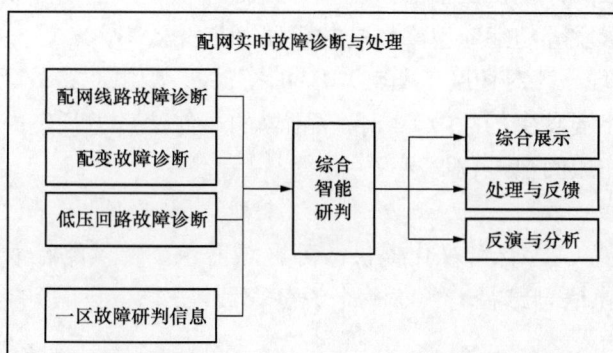

图 2-45　配网故障综合研判与处理整体结构及流程

2. 功能描述

（1）配网实时故障诊断与处理。

1）配电线路故障诊断。配电线路实时故障诊断可以处理的故障类型为：相间短路、单相接地和智能开关保护动作。

短路故障诊断基于Ⅰ区主动传送的遥信信号、故障定位信息、开关变位信息，结合Ⅳ区接入的故障指示器信息、智能开关动作信息、配变终端停电信息综合分析评价，缩小故障巡视范围，提高故障点定位精度，减少巡线检修时间，提高供电可靠性。

接地故障诊断分为三种模式，一是利用Ⅰ区的接地信号，触发信息管理大区的智能电流放大装置投切信号，等待并接收故障指示器上报接地翻牌信号，依据线路其他状态信息量确诊接地事件，并进行接地故障选线和定位，最后根据拓扑信息分析接地故障位置；二是利用故障指示器的故障录波功能，在线路工况波动时进行主动录波并上传主站进行分析，结合Ⅰ区传送的母线失压等信息，确诊接地故障以及定位故障区段；三是利用智能开关的接地保护动作信号，依据线路其他状态信息确诊接地事件并研判接地故障位置。

2）配电变压器故障诊断。根据智能公变终端采集数据与故障告警信号分析配变运行故障，包括利用公变终端停电告警信号，同时召测台区下电表电压分析有效停电事件，再结合计划停电清单区分变压器非计划停电；通过分析智能公变终端采集三相电压曲线数据，与令克跌落典型电压特征进行比对分析，实现令克跌落故障判断。

3）低压回路故障诊断。根据智能漏保采集数据与事件信息分析低压回路运行故障，主要包括利用智能漏保闭锁、拒动信号，结合智能漏保运行数据确诊低压回路剩余电流越限故障与保护器拒动故障，并实现故障影响区域分析，以及低压回路故障处理流程化跟踪。

4）综合智能研判。基于智能电表（台区总表）停电事件、调度（配电）自动化开关故障跳闸事件、配电线路故障指示器短路告警事件、集中器停电事件、配网设备地理信息和拓扑信息等，结合事件校验策略、过滤策略、研判策略及信息源可信度级别，开展基于动态数据驱动的故障综合智能研判，通过对现场故障情况的快速仿真，实现故障设备位置初步定位、故障停电范围信息（区域、设备、用户）自动生成，停电信息自动报送、抢修工单主动派发等功能应用，提高故障研判指挥效率。

5）事件中心管理。针对调度（配电）自动化开关、配电线路故障指示器、配变、总保等各类监测设备终端发生的故障、异常、预警的事件信息进行集中管理，实时跟踪事件从发生、处理、完成的全过程信息。

（2）配网信息展示。

1）故障全景展示。综合可视化提供故障区域着色、转供路径着色、负载显示、接地故障导致电压变化信息路径着色、单个设备曲线波形显示、影响负荷统计及着色等功能。

2）历史事故存储与反演分析功能。历史事故分析与反演主要用于针对已经发生的历史事故进行事后分析，发生事故时，系统会自动记录关于事故以及操作的全部信息，并将信息存入历史数据库中，用户可以根据界面查看历史事故，并可以进行历史事故的反演操作。

3）故障处理结果推送。对涉及Ⅰ区故障信号推送的故障事件，在故障处理结束后，主动通过数据总线向Ⅰ区故障处理结果信息，实现故障信息闭环流转。

2.5.3　运行趋势分析

1.　整体功能描述

配电网运行趋势分析利用配电自动化数据，对配电设备运行异常进行预警，对配网运行态势进行趋势分析。整体功能框架图见图 2-46。

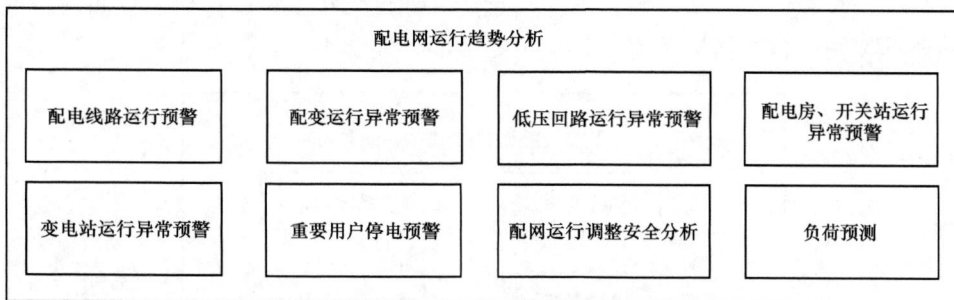

图 2-46　配电网运价趋势分析整体功能框架图

2.　功能描述

（1）配电线路运行异常预警。根据采集数据分析配电线路运行异常预警，对除接地故障、短路故障以外的运行异常进行分析，包括线路运行重过载、三相电流不平衡、电缆温度越限等运行异常预警。推送线路运行预警信号及研判结果。

（2）配变运行异常预警。分析配电变压器运行异常，主要包括：变压器运行缺相、变压器超载、油温异常、无功过补偿、无功欠补偿、台区低电压等，实现变压器运行异常预警，包括：配变重载、三相不平衡、谐波含量越限、频繁停电、温差异常等。分析影响区域，实现对外推送预警信息。

（3）低压回路运行异常预警。分析低压回路运行异常，主要包括：剩余电流越限、漏保跳闸、退运、频繁动作等故障；实现低压回路运行预警包括：低压回路三相不平衡、剩余电流波动异常等。

（4）配电房、开闭所运行异常预警。实现配电房、开闭所运行异常预警，如分析配电房环境温度、湿度、烟雾、水淹状态、SF_6 气体越限等。

（5）变电站运行异常预警。实现变电运行异常预警，利用Ⅰ区采集数据分析变电站运行情况，如烟雾、温湿度异常、SF_6 气体、门禁异常等。

（6）负荷预测。负荷统计与分析功能，主要针对故障线路上的负荷进行统计，统计负荷大小，负荷等级等信息，并统计重要负荷的相关信息。

监测配变、线路负荷，对重载/轻载的变压器和线路提供智能预警，可根据用户的类型以及时间季节变化分析重/轻载原因，并提供可能发生重载/轻载线路和变压器的预测分析，提供预防控制解决策略。

（7）重要用户停电预警。重要用户丢失电源或电源重载等安全运行预警。系统从营配贯通中获取重要用户数据，从用户采集系统中获取用户的停电、负载数据，并进行预警。

（8）配网运行调整安全分析。配电网运行方式调整时的供电安全分析与预警。根据月度和周停电计划对电网失电、超载等风险因素进行预警提示。

2.5.4　数据质量管控

1.　整体功能描述

数据质量管控功能实现对采集数据完整性、合理性进行检查，对漏点数据进行补招，对缺失数据进行补全，对错误数据进行筛选，并通过采集质量统计展示页面进行展示。整体功能框架图、整体结构及流程分别见图 2-47、图 2-48。

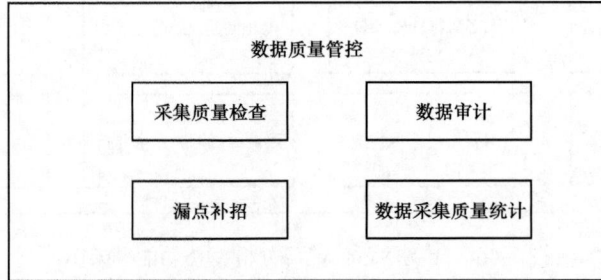

图 2-47　数据质量管控整体功能框架图

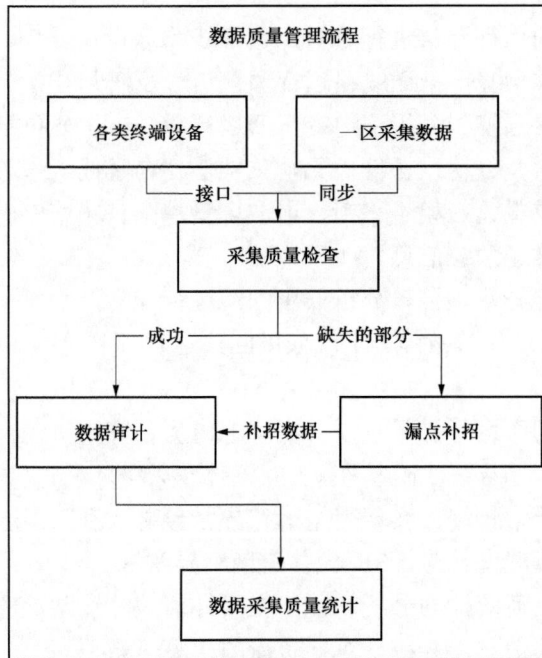

图 2-48　数据质量管控整体结构及流程

2.　功能描述

（1）采集质量检查。检查采集任务的执行情况，对采集数据进行分析，发现采集任务失败和采集数据异常时，记录详细信息。统计数据采集成功情况、采集数据完整情况，能够根据配电终端配置的任务自动审计配电终端每日的应有数据点数统计漏点信息。

对Ⅰ区采集的数据按基础数据项进行采集质量检查。对漏点的Ⅰ区数据进行统计和展示。

（2）漏点补招。对发现的漏点数据，依据设置的补召策略（如：补召时间、补召次数等）自动进行补召，并支持手动补召，在自动补招失败，或终端故障消缺后进行手工补招。

对于Ⅰ区的漏点数据，通过信息交互总线向Ⅰ区发布数据补招请求，并在补招过后再提取数据。

（3）数据审计。对采集到的数据进行数据完整性、数据合法性、数据有效性、数据准确性等做统一审计。提供两种审计模式：在线实时单点数据审计、事后集中批量审计。对审计出的问题记录日志，能够自动修正的数据，依据算法自动修正，无法自动修复的数据通过提供界面人工修正，并利用修正的数据替换问题数据。

（4）数据采集质量统计。按省、市、县、供电所等单位范围、日期/月份、厂家统计已安装配电终端的数据采集情况，计算数据采集完整率指标，漏点的明细列表。

2.5.5 配电终端管理

1. 整体功能描述

根据采购需求生成设备资产条码，通过规范设备选购、验收、检验、安装、拆除、报废流程，实现对设备全生命周期管理；通过出入库管理、库房盘点和库存预警等方面实现对备品配件的业务支撑。可接入 PMS2.0 设备台账数据，实现配网自动化终端和PMS2.0 二次设备的数据同步。配电终端管理整体功能框架图、整体结构及流程分别见图2-49、图 2-50。

图 2-49 配电终端管理整体功能框架图

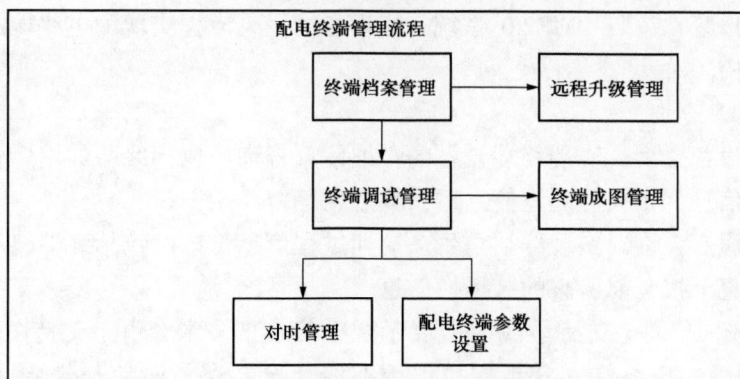

图 2-50 配电终端管理整体结构及流程

2. 功能描述

（1）设备档案管理。依据电力公司的配电终端的条码管理规范，可根据招标批次编号建立条码库，新增设备条码段和条码明细，可对设备条码进行领用、出入库、注销等管理。

（2）终端设备管理。

1）可根据不同类型的配电终端实现资产的批量入库、查询、增加、资料修改、报废功能。

2）可按不同的节点实现查询该资源树下的信息、配电终端和 SIM 卡等之间的关联信息。提供单个或批量的遍历查询。

3）可实现不同纬度下的批量档案查询，可按不同的角色、不同的节点、状态等条件查询系统中配电终端资源、设备资产信息；也可按不同的角色、不同的节点、状态等条件查询系统中一次设备的监测点信息。

4）实现配电终端的安装覆盖统计，涉及开关站、配电房、配电线路、公用变压器和总保，可根据不同的纬度和统计口径实现柱状图展示各单位安装覆盖率。

（3）SIM 卡管理。配电终端的通信 SIM 卡资产及对应移营商的 IP 地址的档案管理，实现对 SIM 卡资产批量导入/导出、新增、编辑、删除、查询等功能。

3. 终端调试管理

可实现不同配电终端的装接、参数主动设置、终端更换、终端拆除功能，实现配电终端接入配电主站的全过程管控。

（1）终端调试。实现配电终端的安装功能，建立配电终端与安装点、监测点与监测设备和配电终端与 SIM 卡之间的关联关系。调试主站与配电终端的通信信情况及下发统一定义的参数、任务给配电终端，实现配电终端的自动装接。

实现装接查询、装接统计功能。

（2）终端更换。支持配电终端的设备更换功能，可根据配电终端的改造方案更换终端与安装点、监测点与监测设备和配电终端与 SIM 卡的关联关系。

（3）终端拆除。根据一次设备的调整方案，拆除关联一次的配电终端，并删除关联的档案，配电终端资产和 SIM 卡资产自动修改为库存。

（4）终端报废。按照 PMS2.0 系统一次设备的报废流程实现配电终端的报废，实现设备的报废管控。

4. 终端信息查询

（1）终端设备查询。实现终端设备的详细信息查询，包括终端的出厂资料、检验资料、装接位置信息、相关监测点信息、参数信息等。

（2）终端履历查询。实现终端全生命周期过程信息查询，包括终端出厂、检验、调拨履历，以及直至报废前所有的装拆换信息。

（3）资源成图管理。支持单线图上展示配电终端的安装结果，支持图上安装档案、修改档案、删除配电终端，实现配电终端在线情况、有效覆盖与告警区域的可视化展示。

5. 终端远程管理

（1）终端参数管理。按照不同维度进行配电终端参数查询（召测）和设置（下发）功能，设置的内容参考设备通信规约。

按终端类型和型号设置标准终端参数模板，在终端安装调试流程中首次通信时下发给终端，确保终端参数与主站保持同步。

（2）终端校时管理。为提高故障判断的精度，对量测数据增加统一的时戳非常关键，因此需要引进对所有配电终端的对时。参照国网远传通信终端对时规则，采用终端定时主动向主站请求时间方式对时，根据国际标准 NTP 对时规则及算法，对数据采集终端通信协议进行扩展，利用参数设置帧格式下发时间，最大限度地减少主站和终端的时间误差。

交互方式和算法原则如图 2-51 所示。

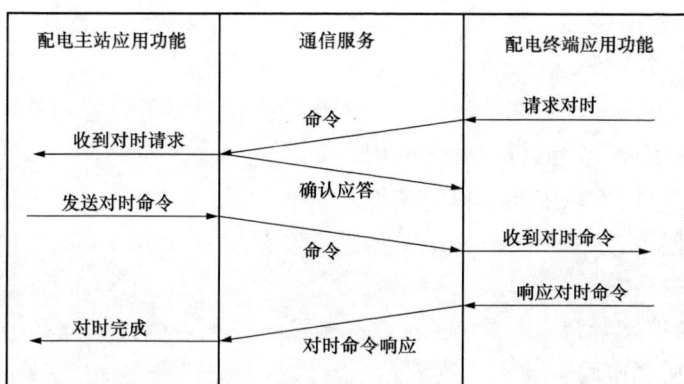

图 2-51　交互方式和算法原则

（3）终端版本召测。为了统一管理终端版本，实现终端版本召测功能，通过轮召方式定期对终端软硬件版本进行召测，并在主站侧记录。对低版本的终端提供查询界面，并提供远程升级链接。

（4）远程升级管理。支持终端远程升级管理，提供手动终端版本召测功能、任务文件申请与审批、任务执行与结果查询。

6. PMS2.0 设备同步

为了保证终端和 PMS2.0 二次设备的数据一致性，提高数据准确性，减少维护工作量。系统支持 PMS2.0 数据同步接口，获取 PMS2.0 中设备类型及二次设备台账信息，建立终端和二次设备的关联，实现 PMS2.0 设备新增、报废后对终端的同步处理。

2.5.6　配电终端缺陷分析

1. 整体功能描述

支持对配电终端时钟异常、通信异常、指示器通信异常、任务异常等信息的查询，并进行处理；支持统计装接档案中的异常，并提供处理；支持统计配电终端异常处理情况；支持配电终端缺陷分析与展示。支持配电终端的健康状况诊断。配电终端缺陷分析整体功能框架图、整体结构及流程分别见图 2-52 和图 2-53。

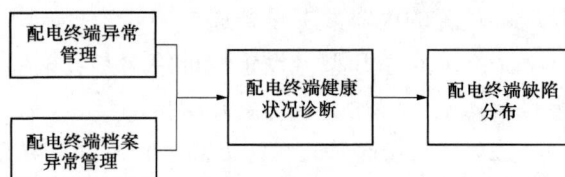

图 2-52 配电终端缺陷分析整体
功能框架图

图 2-53 配电终端缺陷分析整体
结构及流程

2. 功能描述

（1）配电终端异常管理。

1）查询统计配电终端无通信、任务异常、时钟异常数量，并支持配电终端设备运行异常分析和运行异常预警功能。

2）支持数据不平衡、数据缺漏异常、采集数据值异常等预警异常。

3）支持设备运行异常流程化处理应用。

4）支持针对已消除缺陷自动校验功能。

5）支持各种配电网异常信息、故障信息主动推送、展示。

（2）配电终端档案异常管理。

1）统计各类档案异常，主要包括：设备档案与监测点档案单位不一致；终端所属电网资源与监测点所属电网资源不一致等。

2）统计各类终端与电网资源的对应关系丢失。

3）统计由于一次设备的变更调整导致的配电终端与监测点信息对应关系错误。

（3）配电终端健康状况诊断。通过终端设备的实时监测诊断数据，通过大数据分析设备的健康状态水平，甄别设备异常的严重程度，为日常运维管理提供支持。

（4）配电终端缺陷分布。利用主站分析的配电终端信息，分析配电终端存在的缺陷按照厂家、类型等信息展示。配电自动化缺陷分析具体内容如下：

1）支持配电自动化缺陷分类及自动分析告警。

2）具备与 PMS2.0、配网运维管控平台的缺陷管理功能进行数据交互。

3）具备针对已消除缺陷自动校验功能。

4）对各厂家设备质量、告警误报分析。

2.5.7 信息共享与发布

1. 整体功能描述

基于配电终端的基础数据实现系统的所有信息共享与发布，可实现配电网实时运行状态、历史数据、统计分析结果、故障分析结果等信息 Web 发布功能，支持在对终端实时运行工况、报文等运维信息的查询、统计、分析，支持对配电终端进行参数远程设置等管理。信息共享与发布整体功能框架图如图 2-54 所示。

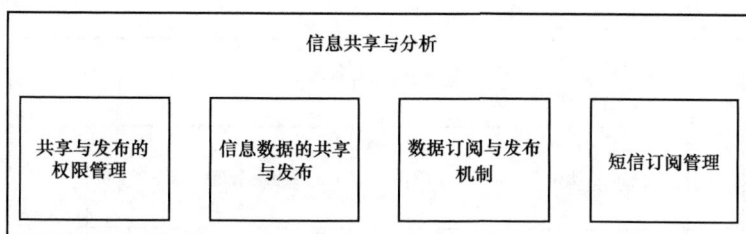

图 2-54 信息共享与发布整体功能框架图

2．功能描述

（1）共享与发布的权限管理。系统发布与共享应进行严格的权限限制，限制不同角色、账号的数据访问范围，保证数据的安全性。

（2）信息数据的共享与发布。信息数据的共享：配电网模型、系统各类接线图、配电网实时运行数据、配电网历史采样数据、故障处理等应用分析结果、电网分析等应用分析计算服务、系统各类报表和配电主站运行工况等。

支持配电网实时运行状态、历史数据、统计分析结果、故障分析结果等信息 Web 发布功能，具体要求如下：

1）支持各类画面浏览，支持对配电网图形的画面显示功能，包含全图显示、纵横比例显示、全图放大缩小、区域放大、图形拖放等功能。

2）支持配电网实时数据及历史数据的查询、统计，支持对故障信息的查询、统计、分析。

3）支持报表浏览，发布功能应当包含报表生成功能，当对指定厂站、馈线、开关站、环网柜、配网设备等电力设备进行报表操作时，应当能够及时根据指定的报表格式生成相应的系统报表。

4）支持配电终端的数据管理，支持在对终端实时运行工况、报文等运维信息的查询、统计、分析，支持对配电终端进行参数远程设置等管理。

对主站需要发布的信息进行发布，包括说明书下载、发布计划、停机检修计划、更新说明、操作手册、操作提示等。

提供系统各单位日\月\季度登陆人次统计，支持图形和列表形式展示统计结果。

（3）数据订阅与发布机制。应支持基于服务的数据订阅/发布机制，接口遵循 IEC 61970/6196 标准的数据格式规范及服务规范。

（4）短信订阅管理。为相关抢修人员、线路班组、客服中心、运检专职等提供配电线路的各类告警、停电事件、预警事件、开关保护动作、小电流放大装置投切信号事件等短信订阅与配置，支撑配电网的供抢服务。

2.5.8 配电主站指标分析

1．整体功能描述

支持不同纬度与口径综合分析配电运检专业配网智能化管理指标，建立国网指标自动上报机制，从而实现国网与省公司指标的过程管控。配电主站指标分析整体功能框架图如图 2-55 所示。

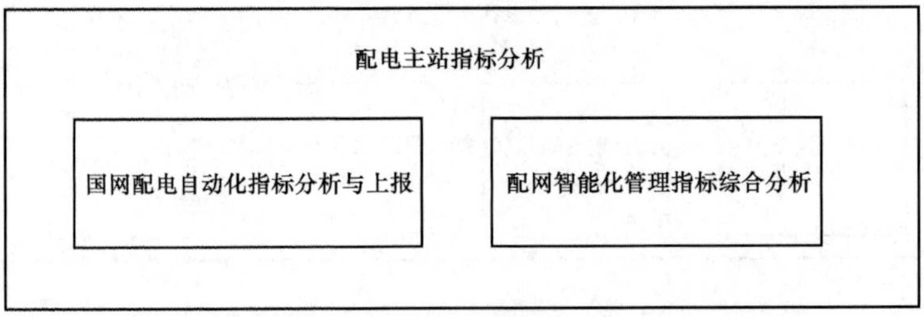

图 2-55　配电主站指标分析整体功能框架图

2．功能描述

（1）国网配电自动化指标分析与上报。可依不同维度与口径实现国网配电自动化指标数据的查询与上报。配电自动化运行监视分析各项具体功能如下：

1）提供计算参与国网考核范围内的四项指标功能：终端在线率、遥控正确率、遥控使用率和遥信动作正确率。

2）对于各项指标的查询起始时间和终止之间，提供按小时、日、周、月、年各周期进行快速设置，方便直接使用查询。

3）对于导出的 Excel 文件将添加起始时间和终止时间标识，并添加导出的内容标题。

4）针对国网考核的四项指标，增加通过终端、线路或者厂站来分类统计各项指标。

5）对于不参与国网统计的终端单独分析，分析时间段由人工选择，在人工确定时间段内按照终端分类进行统计的各项指标都达标的前提下，由用户选择确认将该终端转为国网统计。

6）通道频繁投退统计功能新增加通道退出总时长、通道在线总时长的统计。

7）遥信频繁变位功能新增加按照终端进行分类统计，统计遥信变位数量、每个遥信信号变位的总次数。可以列出每个终端分类的详细列表。可以按照遥信变位告警详细类型进行筛选统计。

（2）配网智能化管理指标综合分析。可依不同维度与口径实现运检专业配网智能化管理指标的报表设计、汇总与明细查询、Excel 导出和打印等，提供计算与展示各种单项指标与综合指标如下：

1）配电自动化覆盖率指标：含配电自动化覆盖率、配电自动化终端平均在线率、遥控成功率、遥信动作正确率和馈线自动化成功率。

2）配电终端运维率指标：配电终端消缺及时率、配电终端更换率、配电终端缺陷率和配电终端接入率。

3）主线平均故障恢复时长指标：主线跳闸停电总时长和故障跳闸条次。

2.5.9　设备（环境）状态监测

1．整体功能描述

对监控设备运行工况及环境状态进行实时监测及直观展示，有效发现隐患并进行故障预警，对综合提升配网设备管控能力及故障抢修具有重要意义。设备（环境）状态监测整体功能框架图见图 2-56。

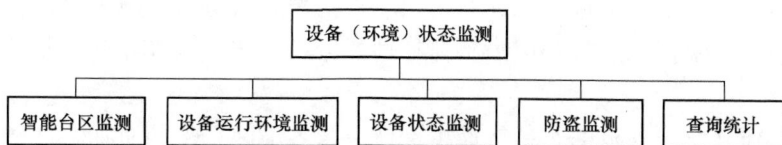

图 2-56　设备（环境）状态监测整体功能框架图

2. 功能描述

（1）设备状态监测。实现配网设备温度信息的实时监测，并进行预警和报警提示。配网设备温度在正常、预警、告警区间范围以不同的颜色显示，当设备的监测温度达到预警阈值时，系统进行预警提示。

（2）设备运行环境监测。支持柜内温湿度和水浸状态、环境温湿度在线监测。系统于配网设备的平面图上展示监测点的最新环境温湿度数据和水浸状态数据，当温湿度数据达到相应阈值或当水浸传感器感知到浸水状态时，系统进行预警。

（3）防盗监测。实现配网门开关监测。用户可实时查看配网门开关状态，被监测设备包括开闭所、配电室、开关柜、环网柜、电缆分支箱等。若门非正常打开则进行告警。

（4）查询统计。支持历史监测数据查询，包括温度、湿度、水浸、震动、烟感等数据，并将查询结果进行图形展示、导出或打印。

支持配网环境、设备数据的综合分析，并以多样化方式进行结果展现，展现形式包括曲线图、饼状图、柱状图和趋势图等。

（5）智能台区监测。智能型一体化配电台区，以配电终端为数据采集主单元，利用已安装的漏电保护设备、智能电容器、换相开关设备、环境及油温监测、水浸烟感监测、门禁管理等监测设备，在主站上对智能配电台区统一展示、运维和交互，进一步提升用户服务和配网精益化管理水平。

1）台区全景态势。以 GIS 地图显示当前区域的智能台区分布情况，选择单个台区后，分别显示台区的当日负荷曲线，停电告警，配变异常，功率因数情况，三相不平衡度，环境温度及变压器油温，门禁及烟感水浸情况等。

2）台区运行分析。对台区运行情况进行综合展示，主要有配变精益化指标，台区负载率，台区线损率，台区供电可靠性，台区电能质量，谐波电压和谐波电流。

3）台区全景分析。以单线图的方式进行台区全景分析，包括台区设备健康度，设备预警及告警信息，台区设备总数、正常设备数、异常设备数、停电设备数。

对台区设备进行状态评估，评估结果根据由差到好显示。实现台区下低压用户的相位识别。

实现本台区的所有低压用户及停电的情况的管控，实现该台区低压业扩工程管控，包括未完成工程项目数，及未完成状态分布情况分析，实现台区配变设备缺陷管控、检修管控、巡视管控。

4）台区设备管控。实现设备设备控制，包括配变智能电容器、换相开关的投切方案等。

2.5.10　负荷特性分析

为更好地了解市场、掌握市场、开拓市场，为电力规划、市场营销、经营决策和负荷预测提供信息和依据，应加强电力负荷特性的分析。电力负荷特性分析的难度较大，主要原因如下：

（1）尚未建立统一规范的负荷特性指标体系，各地区采用的负荷特性指标各异。

（2）典型日选取没有统一的规定，使得典型日负荷特性指标不便进行横向比较。

（3）以往计划经济体制下和低技术水平下确定的一些特性指标，需要进一步发展和调整。如原先以小时为间隔的将随着调度自动化系统的升级而逐步缩小为 15 分钟或分钟间隔的指标，以便更好地反映负荷的真实情况。

（4）指标的选用没有充分考虑参考国外有关负荷特性指标的选用，不便于进行国际比较。

针对以上问题，迫切需要建立规范、统一和适合电网实际情况的负荷特性指标体系。结合实际电网的实际情况，建立科学、全面和规范的多口径负荷特性指标体系，并从中得到了实际电网负荷特性的变化趋势和规律，为负荷预测准确率的提高提供了理论支持。

负荷分析是把握负荷变化规律的基础手段，同时也是负荷预测分析管理系统的重要功能。通过对日、周、月、季、年各种负荷曲线的展示和负荷特性的分析反映负荷的变化规律和影响因素。从而更好地支持负荷预测专家的工作。负荷分析主要包括如下分析指标：

1.　日负荷特性

日最大（小）负荷：为每日 96 点（15min 间隔）中的最大（小）值。

日平均负荷：日电量除以 24h，可用每日 96 点负荷的平均值近似。

日负荷率：日平均负荷与日最大负荷的百分比。

日最小负荷率：日最小负荷与日最大负荷比值。

日负荷曲线：按照时间顺序以 15min 为间隔表示的负荷曲线。

日峰谷差：日最大负荷与最小负荷之差。

日峰谷差率：日峰谷差与日最大负荷的百分比值。

日负荷概率：在当日内某负荷（范围）出现的时间与总时间比值。

2.　周负荷特性

周负荷曲线：每周按时间顺序逐日负荷曲线。

周最大小负荷：每周内出现的最大小负荷值。

周平均负荷：每周日平均负荷的平均值。

周负荷率：周平均日电量与周最大日电量的比值。

周最小负荷率：周最小负荷日的负荷率。

周最大（小）峰谷差：周内每日峰谷差中的最大（小）值。

周最大（小）峰谷差率：每周日峰谷差率的最大（小）值。

周平均日峰谷差：每周日峰谷差的平均值。

周平均日峰谷差率：每周日峰谷差率的平均值。

3. 月负荷特性

月最大（小）负荷：每月最大（小）负荷日的最大（小）负荷。

月平均负荷：每月日平均负荷的平均值。

月平均日负荷率：每月日负荷率的平均值。

月负荷率：又称为月不均衡率，每月平均日电量与最大日电量的比值。

月最小负荷率：每月日最小负荷率的最小值。

月最大（小）峰谷差：每月日峰谷差最大（小）值。

月最大（小）峰谷差率：每月日峰各差率的最大（小）值。

月平均日峰谷差：每月日峰谷差的平均值。

月平均日峰谷差率：每月日峰谷差率的平均值。

4. 年负荷特性

年最大（小）负荷：全年 12 个月最大（小）负荷的最大（小）值。

年平均日负荷：全年月平均日负荷的平均值。

年平均日负荷率：全年月平均日负荷率的平均值。

年平均月负荷率：全年各月平均负荷之和与各月最大负荷日平均负荷之和的比值。

季负荷率：又称季不均衡系数，全年各月最大负荷日的最大负荷之和的平均值与年最大负荷的比值。

年负荷率：全年平均小时电量与年最大负荷的比值。

年最小负荷率：全年日最小负荷率的最小值。

年最大峰谷差：全年日峰谷差的最大值。

年最大峰谷差率：全年日峰谷差率的最大值。

年平均日峰谷差：全年日峰谷差的平均值。

年平均日峰谷差率：全年日峰谷差率的平均值。

年持续负荷曲线：按全年中系统负荷的数值大小及其持续小时数顺序绘制的曲线。

年负荷曲线：按全年中逐月最大负荷绘制的曲线。

年负荷概率：全年某负荷或负荷范围出现的时间与总时间比值。

2.5.11　专题图生成

专题图生成应用是以导入的全网模型为基础，应用拓扑分析技术进行局部抽取并做适当简化，生成相关电气图形。主要功能如下：

（1）支持配网 CIM 模型识别以及 SVG 图形生成和导出。

（2）应用拓扑分析技术支持多类图形的自动生成，包括：变电站索引图、区域联络图、供电范围图、单线图、开关站图。

（3）支持自动布局增量变化，已有模型发生增减，新生成的图形中原有模型内容布局效果保持不变。

（4）支持对自动生成的衍生电气图进行编辑和修改，可人工干预专题图生成的展示效果。

第3章

终 端 接 入 管 理

3.1 配 电 终 端 概 述

3.1.1 配电终端分类

1. 配电终端按应用场合分类

（1）馈线自动化终端（FTU），是自动化系统与一次设备联结的接口，主要用于配电系统变压器、断路器、重合器、分段器、柱上负荷开关等的监视与控制，与自动化主站通信，提供配电系统运行及管理所需的数据，执行主站给出的对配电设备控制调节指令，以实现馈线自动化的各项功能。FTU 按照功能分为"三遥"终端和"二遥"终端，"二遥"终端又可分为基本型终端、标准型终端和动作型终端，其中基本型终端是指用于采集线路故障信息，并具备故障报警信息上传功能的配电终端；标准型终端用于配电架空线路遥测、遥信及故障信息的监测，实现本地报警并通过无线公网等通信方式上传的配电终端；动作型终端用于配电线路遥测、遥信及故障信息的监测，能实现就地故障自动隔离，并通过无线公网、无线专网等通信方式上传的配电终端。"三遥"终端是在"二遥"终端的功能基础上增加遥控功能，即能通过系统主站，远程下发遥控分闸或合闸命令，终端按照主站下发的指令，控制一次开关动作。目前，现场常用的终端为"三遥"终端，罩式馈线自动化终端如图 3-1。

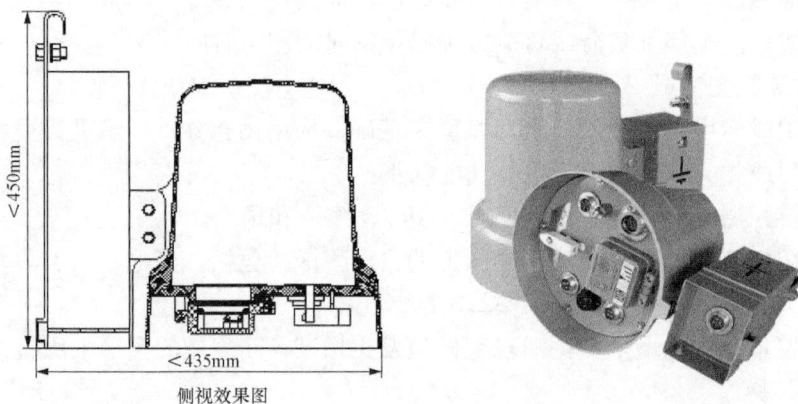

侧视效果图

图 3-1 罩式馈线自动化终端

（2）站所终端（DTU），可分为集中式 DTU 和分布式 DTU，其核心为测控单元，主要完成信号的采集与计算、故障检测与故障信号记录、控制量输出、通信、当地控制与远方控制等功能。除此之外，集中式 DTU 还包含开关操作回路、操作面板、后备电源、通信终端以及机箱等。户外立式"三遥"DTU 结构组成图如图 3-2 所示。

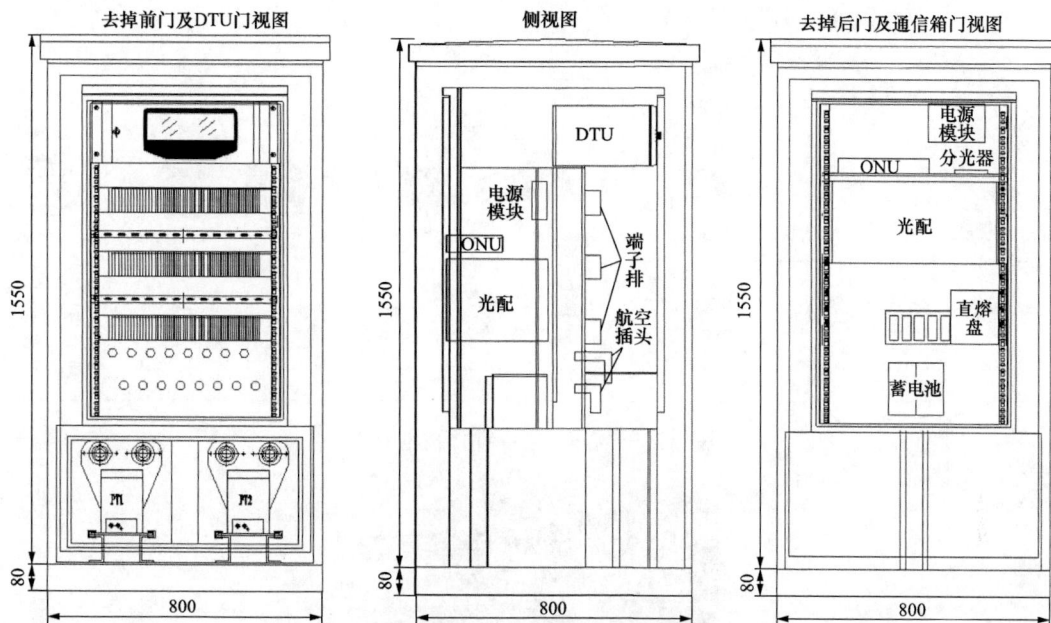

图 3-2 户外立式"三遥"DTU 结构组成图

分布式 DTU 由一个公共单元及若干个间隔单元组成，DTU 公共单元通过以太网交换机可与其他的 DTU 间隔单元进行通信，采集 DTU 间隔单元的实时电气数据、定值参数、历史文件和波形文件，并可实现对所有 DTU 间隔单元进行遥控操作、定值修改和文件升级。分布式 DTU 公共单元与主站之间可以通过 4G/5G 无线通信方式或者光纤通信方式进行通信，将实时采集的环网柜电气状态、设备状态和环境状态发送给主站，并可响应主站的遥控、定值参数读写、历史文件和波形文件召唤、远程程序升级等命令。分布式 DTU 公共单元具备边缘计算能力，可实现对采集的数据进行就地分析。而 DTU 间隔单元，负责本间隔的电气量采集和计算、继电保护、故障录波和分布式 FA 功能。分布式 DTU 整体技术架构如图 3-3 所示。

（3）智能融合终端，是从配变终端（TTU）演化而来，经历了多次迭代，已经实现营销配自主站双接入，其主要功能有数据采集、数据处理、数据传输、参数配置、事件上报、控制、运行维护等基本功能，同时具有支撑台区智能监测、电能质量分析、台区质量管理、故障研判及上报、通信网络管理、无功补偿、分布式电源电能信息采集与监控及多元化负荷管理等功能。智能融合终端能够实现低压配电台区全息感知，可指导制定灵活和经济的配电网规划投资方案，实现配电设备资产检测、运行缺陷信息全环节集成共享，提升设备质量和物资运营能力，助推资产精益管理水平和运行效益。智能融合终端外观图见图 3-4 所示。

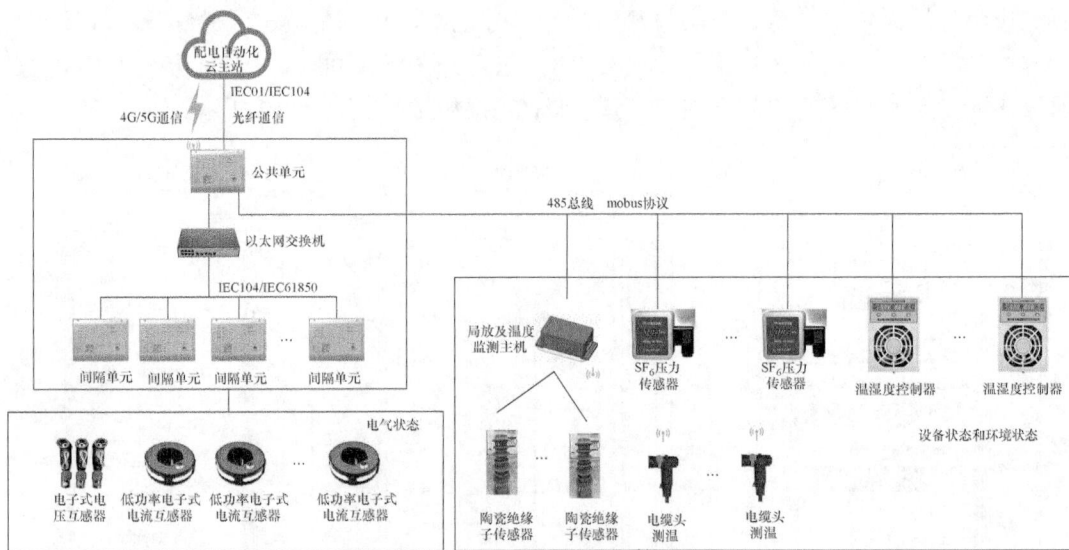

图 3-3　分布式 DTU 整体技术架构

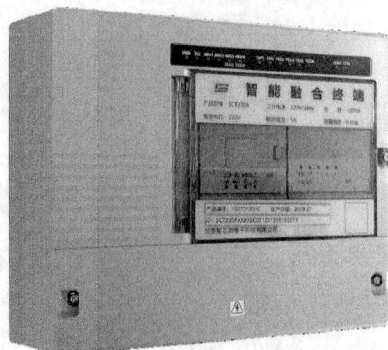

图 3-4　智能融合终端外观图

（4）故障指示器，用来检测短路及接地故障的设备，通过就地故障闪灯和翻牌指示故障，运维人员可以根据此指示器的报警信号迅速定位故障，大大缩短了故障查找时间，为快速排除故障、恢复正常供电，提供了有力保障。故障指示器外观如图 3-5 所示。

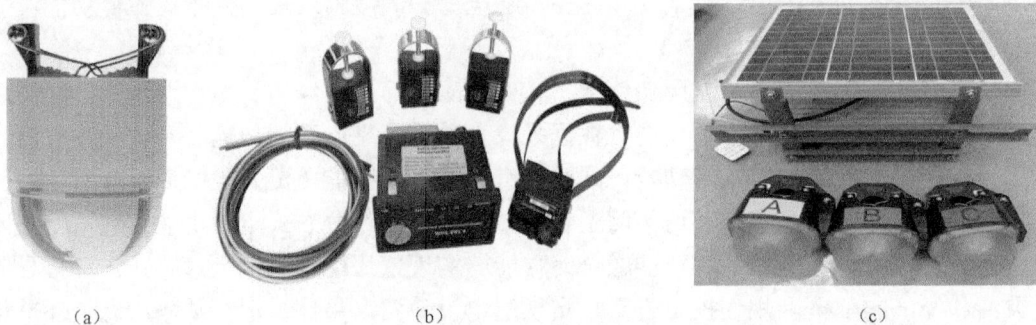

（a）　　　　　　　　　　（b）　　　　　　　　　　（c）

图 3-5　故障指示器

（a）架空型故障指示器；（b）电缆型故障指示器；（c）暂态录波型故障指示器

　　根据《配电线路故障指示器技术规范》，按照适用线路类型分为架空型与电缆型 2 类；按照是否具备远程通信能力分为远传型与就地型 2 类；根据对单相接地故障检测原理的不同分为外施信号型、暂态特征型、暂态录波型和稳态特征型等 4 类。

　　基于上述不同分类维度，对配电线路故障指示器共计分为 9 类，即架空外施信号型远传故障指示器、架空暂态特征型远传故障指示器、架空暂态录波型远传故障指示器、架空外施信号型就地故障指示器、架空暂态特征型就地故障指示器、电缆外施信号型远传故障指示器、电缆稳态特征型远传故障指示器、电缆外施信号型就地故障指示器、电缆稳态特征型就地故障指示器。故障指示器分类见表 3-1。

表 3-1　　　　　　　　　　　　　　故 障 指 示 器 分 类

适用线路类型	是否具备远程通信能力	单相接地故障检测方法	故障指示器类型	主要特征
架空线路	是	外施信号	架空外施信号型远传故障指示器	需安装专用的信号发生装置连续产生电流特征信号序列，判断与故障回路负荷电流叠加后特征
		暂态特征	架空暂态特征型远传故障指示器	线路对地通过接地点放电形成的暂态电流和暂态电压有特定关系
		暂态录波	架空暂态录波型远传故障指示器	根据接地故障时零序电流暂态特征并结合线路拓扑综合研判
		稳态特征	—	单独具备该方法应用范围较窄，且在外施信号、暂态特征和暂态录波型故障指示器中均已包含
	否	外施信号	架空外施信号型就地故障指示器	需安装专用的信号发生装置连续产生电流特征信号序列，判断与故障回路负荷电流叠加后特征
		暂态特征	架空暂态特征型就地故障指示器	线路对地通过接地点放电形成的暂态电流和暂态电压有特定关系
		暂态录波	—	就地型无通信，目前暂无此类
		稳态特征	—	单独具备该方法应用范围较窄，且在外施信号、暂态特征和暂态录波型故障指示器中均已包含此方法
电缆线路	是	外施信号	电缆外施信号型远传故障指示器	需安装专用的信号发生装置连续产生电流特征信号序列，判断与故障回路负荷电流叠加后特征
		暂态特征	—	电缆型电场信号采集困难，目前暂无此类
		暂态录波	—	电缆型电场信号采集困难，目前暂无此类
		稳态特征	电缆稳态特征型远传故障指示器	检测线路的零序电流是否超过设定阈值

适用线路类型	是否具备远程通信能力	单相接地故障检测方法	故障指示器类型	主要特征
电缆线路	否	外施信号	电缆外施信号型就地故障指示器	需安装专用的信号发生装置连续产生电流特征信号序列，判断与故障回路负荷电流叠加后特征
		暂态特征	—	就地型无通信，且电缆型电场信号采集困难，目前暂无此类
		暂态录波	—	就地型无通信，且电缆型电场信号采集困难，目前暂无此类
		稳态特征	电缆稳态特征型就地故障指示器	检测线路的零序电流是否超过设定阈值

2. 配电终端按结构体系分类

（1）分散式配电终端。类似变电站自动化监控单元，以一次开关设备为对象进行设计，配电监控单元可分散在线路开关柜上安装，亦可集中组屏。每个监控单元独立工作，单元之间通过工业现场总线与通信管理单元连接，通信管理单元完成通信协议转换、远动机配电 SCADA 功能。分散式配电终端用于开闭所和大容量环网柜。

（2）集中式配电终端。硬件设计按功能划分不同模块，每个模块可以集中测量或控制几条线路。

1）遥测模块：每个模块可交流采集 4 条线路；

2）遥信模块：每个模块由 16 路遥信信号输入；

3）遥控模块：每个模块由 8 路遥控输出。

加上主 CPU 板和通信接口、电源板、机箱等组成一个配电终端，根据客户端容量大小配置相应数量的模件板。集中式配电终端主要用于开闭所或大型环网箱。

3. 配电终端按功能分类

（1）电流型配电终端。故障处理的判据是故障电流，配电终端主要检测的对象是电流，同时，终端驻留有相应电流型故障自动处理软件。

（2）电压型配电终端。与电压型一次设备开关配套使用。所谓电压型，即故障处理的主要判据是馈线是否有压。当馈线失压时，分段开关依次断开；当馈线来电时，分段开关依次延时闭合。若开关闭合后，在故障探测时间内，馈线又失电，该分段开关就闭锁。

（3）电压/电流兼容型配电终端。终端软件设计满足电流型或电压型功能需求，既可用于电压型分段开关，亦可用于电流型。

3.1.2 配电终端基本功能

配电自动化终端可分为"三遥""二遥"终端，其功能大多类似，下面以三遥 DTU、三遥 FTU、暂态录波型故障指示器为例进行功能介绍，不同类型配电自动化终端功能可以参考国家和电力行业相关标准规范。"三遥" DTU 功能介绍见表 3-2。"三遥" FTU 功能介绍见表 3-3。暂态录波型故障指示器功能介绍见表 3-4。

表 3-2　　　　　　　　　　　　　　　　"三遥" DTU 功能介绍

必备功能	具备就地采集至少 4 路开关的模拟量和状态量以及控制开关分合闸功能，具备测量数据、状态数据的远传和远方控制功能，可实现监控开关数量的灵活扩展
	具备就地/远方切换开关和控制出口硬压板，支持控制出口软压板功能
	具备线损计算功能
	具备对遥测死区范围设置功能
	具备故障检测及故障判别功能
	具备故障指示手动复归、自动复归和主站远程复归功能，能根据设定时间或线路恢复正常供电后自动复归，也能根据故障性质（瞬时性或永久性）自动选择复归方式
	具备双位置遥信处理功能，支持遥信变位优先传送
	具备负荷越限告警上送功能
	具备线路有压鉴别功能
	具备串行口和以太网通信接口
	具备同时为通信设备、开关分合闸提供配套电源的能力
	具备双路电源输入和自动切换功能，宜采用 TV 取电
	具备后备电源自动充放电管理功能；蓄电池作为后备电源时，应具备定时、手动、远方活化功能，低电压报警和保护功能，报警信号上传主站功能
	具备接收状态监测、备自投等其他装置数据功能
选配功能	可与其他终端配合完成就地式智能分布式馈线自动化功能
	可具备检测开关两侧相位及电压差功能
	可具备单相接地故障选段功能
	可具备配电线路闭环运行和分布式电源接入情况下的故障方向检测功能

表 3-3　　　　　　　　　　　　　　　　"三遥" FTU 功能介绍

必备功能	具备就地采集模拟量和状态量，控制开关分合闸，数据远传及远方控制功能
	具备线损计算功能
	具备就地/远方切换开关和控制出口硬压板，支持控制出口软压板功能
	具备对遥测死区范围设置功能
	具备故障检测及故障判别功能
	具备故障指示手动复归、自动复归和主站远程复归功能，能根据设定时间或线路恢复正常供电后自动复归，也能根据故障性质（瞬时性或永久性）自动选择复归方式
	具备双位置遥信处理功能，支持遥信变位优先传送
	具备负荷越限告警上送功能
	具备线路有压鉴别功能
	具备串行口和以太网通信接口

必备功能	具备同时为通信设备、开关分合闸提供配套电源的能力
	具备双路电源输入和自动切换功能，宜采用 TV 取电
	配备后备电源，当主电源供电不足或消失时，能自动无缝投入
	具备后备电源自动充放电管理功能；蓄电池作为后备电源时，应具备定时、手动、远方活化功能，低电压报警和保护功能，报警信号上传主站功能
选配功能	可具备同时监测控制同杆架设的两条配电线路及相应开关设备的功能
	可判别过流、过负荷故障，实现故障隔离功能
	可具备单相接地故障检测功能，可与开关配套实现单相接地故障隔离功能
	可具备配电线路闭环运行和分布式电源接入情况下的故障方向检测功能
	可具备检测开关两侧相位及电压差功能
	可具备单相接地故障选段功能

表 3-4　　　　　　　　　　　暂态录波型故障指示器功能介绍

必备功能	具备短路和接地故障识别功能，指示器短路故障判别应自适应负荷电流大小；当线路发生故障后，采集单元应能正确识别故障类型，并能根据故障类型选择复位形式
	具备故障录波功能，故障发生时，采集单元应能实现三相同步录波，并上送至汇集单元合成零序电流波形，用于故障的判断
	具备防误报警功能，负荷波动不应误报警；大负荷投切不应误报警；合闸（含重合闸）涌流不应误报警；采集单元、悬挂安装的汇集单元带电安装拆卸不应误报警
	具备数据存储功能，汇集单元可循环存储每组采集单元至少 31 天的电流、相电场强度定点数据、64 条故障事件记录和 64 次故障录波数据，且断电可保存，定点数据固定为 1 天 96 个点；支持采集单元和汇集单元参数的存储及修改，断电可保存；具备日志记录及远程查询召录功能
	支持远程配置和就地维护功能

3.1.3　配电终端回路原理

配电终端二次回路是配电自动化终端设备通过电流互感器和电压互感器的二次绕组的出线以及直流回路，按一定的要求连接在一起构成的电路，同时也是连接一次设备和二次设备的桥梁，是配电自动化系统实现监视、控制等功能的基础。它主要由互感器的次级绕组、测量设备、保护设备、自动化设备、开关跳合闸线圈、控制电缆等部分组成。

1. 遥测回路

电压采集从 TV 二次侧经空开进装置，UA1 接在 U1 的极性端，UB1 接在 U1 的非极性端，则 U1 采集到的为 UAB 线电压。电流采集从 TA 二次侧经电流实验型端子进装置，电流实验型端子是为了方便现场实验加量。遥测回路二次接线展开接线图如图 3-6所示。

遥测回路二次接线展开接线图的特点：①继电器和每一个小的逻辑回路的作用都在展开图的右侧注明。②继电器和各种电气元件的文字符号和相应原理接线图中的文字符号一致。③继电器的触点和电气元件之间的连接线段都有数字编号（称回路标号）。④继电器的文字符号与其本身触点的文字符号相同。⑤各种小母线和辅助小母线都有标号。⑥对于展开图中个别的继电器，或该继电器的触点在另一张图中表示，或在其他安装单位中有表示，都在图纸上说明去向，对任何引进触点或回路也说明来处。⑦交流回路的标号除用三位数外，前面加注文字符号，交流电流回路使用的数字范围是 400～599，电压回路为 600～799；其中个位数字表示不同的回路；十位数字表示互感器的组数（即电流互感器或电压互感器的组数）。回路使用的标号组，要与互感器文字符号前的"数字序号"相对应。如：U（A）相电流互感器 1TA 的回路标号是 U411～U419；U（A）相电压互感器 2TV 的回路标号为 U621～U629。

　　展开图上与终端附柜有联系的回路编号，均应在端子排图上占据一个位置。需要将端子排图和展开图结合，分析二次回路连接关系。

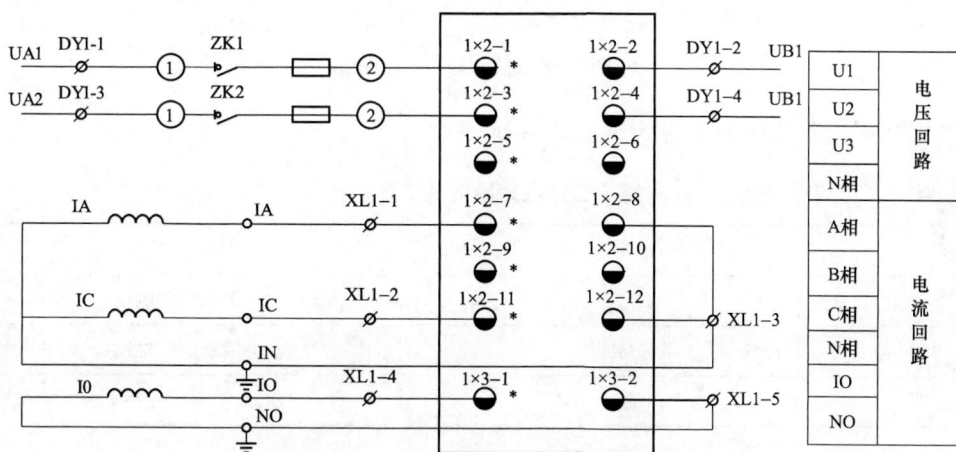

图 3-6　遥测回路二次接线展开接线图

2．遥控回路

遥控是指通过下发远程指令，对远程开关设备进行控制分合闸的行为。断路器、隔离开关、档位、蓄电池活化都可以成为遥控对象。

（1）遥控实现过程。遥控按照选择、返校、执行三步骤进行，遥控流程示意图如图 3-7 所示，首先是调度（后台机）下发遥控选择命令，终端装置正确接收后上送遥控返校报文，然后调度（后台机）正确接受返校信息后下发遥控执行，被控设备动作，最后终端把开关位置遥信送到调度（后台机），遥控结束。

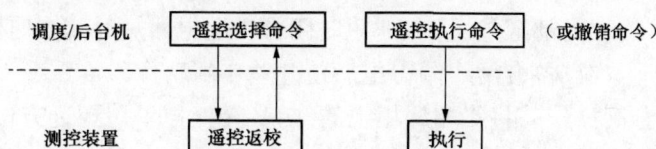

图 3-7　遥控流程示意图

（2）遥控回路原理。某配电终端遥控板上的遥控回路原理图如图 3-8 所示，其中合闸线圈及分闸线圈为一次设备内部线圈，其余均为二次设备。KM+、KM−为遥控回路操作电源，目前常用的遥控操作电源电压有 DC 24V，DC 48V、DC 110V、AC 220V 等。

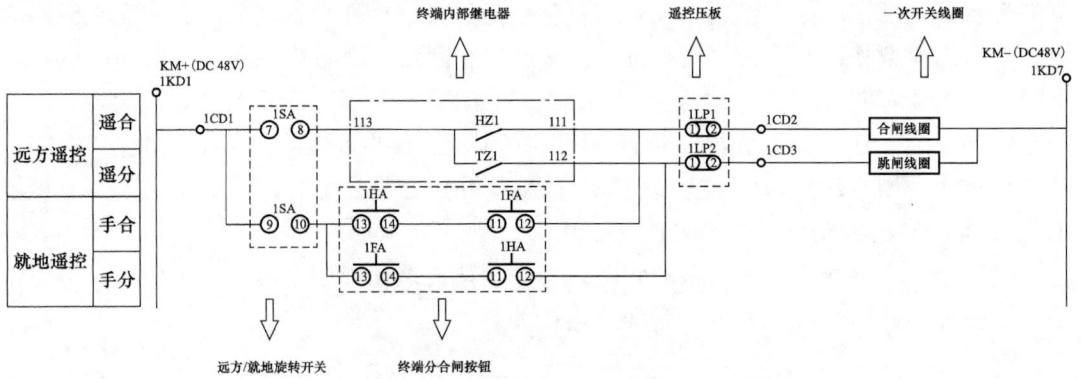

图 3-8 遥控接入原理图

遥控回路原理图关键节点定义见表 3-5。

表 3-5　　　　　　　　　　　　　遥控回路原理图关键节点定义

序　号	关　键　节　点	含　义
1	KM+	控制回路电压+
2	KM−	控制回路电压−
3	1SA	远方/就地转换把手
4	1HA	手合按钮
5	1FA	手分按钮
6	1LP1	合闸压板
7	1LP2	分闸压板
8	HZ1	合闸继电器节点
9	TZ1	分闸继电器节点
10	1CD1～1CD6	终端屏柜内端子排编号

1）远方遥控合闸操作。将终端屏柜上的 1SA 转换把手切至远方位置，即图 3-8 中 1SA 的"7、8"导通。将压板 1LP1 切至闭合状态，即 1LP1 的"1、2"导通。主站进行遥控合闸操作时，终端内部继电器 HZ1 短时闭合（继电器短时闭合时间可调），整个遥控合闸回路导通，一次设备合闸线圈得电后使开关合闸动作。

2）远方遥控分闸操作。将终端屏柜上的 1SA 转换把手切至远方位置，即原理图中 1SA 的"7、8"导通。将压板 1LP2 切至闭合状态，即 1LP2 的"1、2"导通。主站进行遥控分闸操作时，终端内部继电器 TZ1 短时闭合（继电器短时闭合时间可调），整个遥控分闸回路导通，一次设备分闸线圈得电后使开关分闸动作。

3）就地合闸操作。将终端屏柜上的 1SA 转换把手切至就地位置，即原理图中 1SA 的"9、10"导通。将压板 1LP1 切至闭合状态，即 1LP1 的"1、2"导通。在终端屏柜上按动合闸按钮，即 1HA 的"13、14"导通（同时就地分闸回路中的 1HA 的"11、12"断开），整个就地合闸回路导通，一次设备合闸线圈得电后使开关合闸动作。

4）就地分闸操作。将终端屏柜上的 1SA 转换把手切至就地位置，即原理图中 1SA 的"9、10"导通。将压板 1LP2 切至闭合状态，即 1LP2 的"1、2"导通。在终端屏柜上按动分闸按钮，即 1FA 的"13、14"导通（同时就地合闸回路中的 1FA 的"11、12"断开），整个就地分闸回路导通，一次设备分闸线圈得电后使开关分闸动作。

3. 遥信回路

信号回路是用来采集、指示一次电路设备运行状态的二次回路，它包括预告信号、位置信号、事故信号、配电终端及自动装置的启动、动作、告警信号等。

在配电系统中，信号回路主要作用是反映设备正常和非正常的运行状况，为及时发现与分析故障，配合配电主站迅速消除和处理事故提供有力的支持。

配电系统常规信号开入回路图如图 3-9 所示，信号回路是通过辅助接点的开、闭来反映其状态的，信号采集原理是在辅助接点的一端接入信号采集正电，另一端接入终端采集的开入点，当辅助接点闭合时，终端开入点采集到正电，终端显示为"1"，反之为"0"。

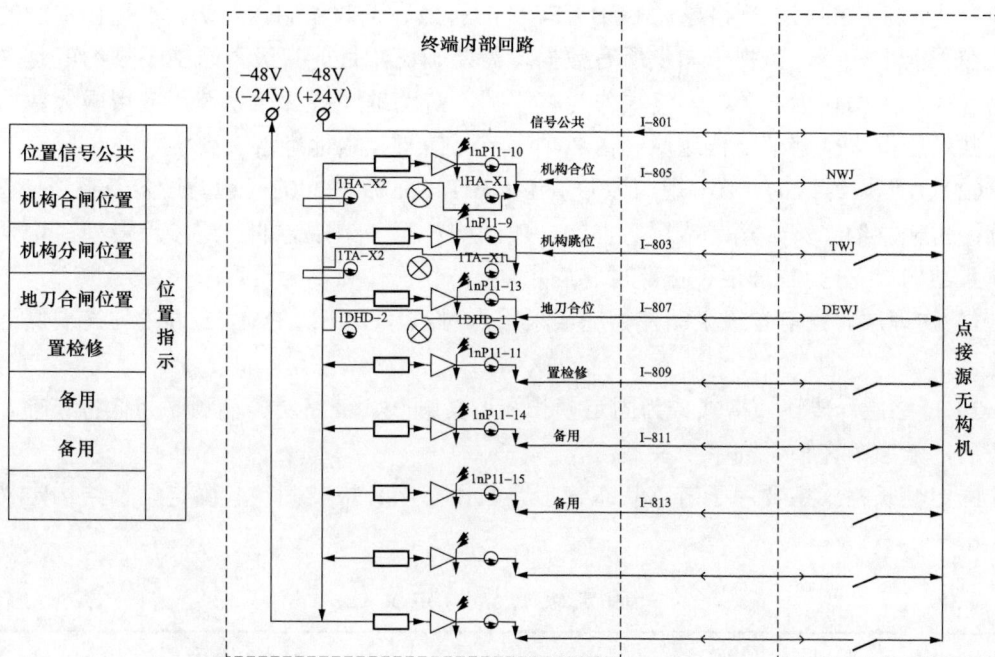

图 3-9 配电系统常规信号开入回路图

信号回路的电压等级通常有两种：弱电信号（24、48V）和强电信号（220V）。弱电信号回路的优点是电压低，安全性好，当工作人员误碰时，不会导致触电，但其缺点是，信号传输的距离有限，最好只在控制室范围内使用，如果传输距离过远，会导致信号发送的灵敏度不够，而使信号漏报，并且弱电信号回路不利于二次检修人员对回路完整性的检查，因其电压等级过低，检修人员不易通过万用表测电位的方法检查信号回路是否接线正确、回路是否完整。强电信号回路正是克服了弱电回路的上述缺点，当信号回路需从主控室引至开关机构距离较远时，也能保证信号传输稳定、灵敏，并且，二次检修人员也可以方便通过用万用表对地测电位的方法确定回路接线的正确性和完整性，但其缺点是，电压等级较高，如果不注意会导致检修人员的触电及接地故障。

3.1.4　通信规约

1. 规约、功能扩展

目前，一、二次成套设备运行过程中，配电自动化终端通过101、104通信规约与主站进行信息交互，实现功能拓展。通过485串口、网口实现通信连接，可召唤终端内部储存的录波文件、SOE文件、日志文件、极值文件、定点文件、电能量冻结文件，并且通过设置定值区，来查看终端固有参数、运行参数、定值参数，实现参数远程修改下发。通过扩展规约，可实现终端远程程序升级。

2. 远动传输规约 IEC 60870-5-101 的解析方法

（1）101规约介绍。101规约支持非平衡和平衡方式的信息传输。在配电自动化系统中，电力载波通信方式采用非平衡方式；无线公网通信方式采用平衡方式。通信报文固定帧长为6个字节，可变帧长的帧最大长度应是一个可变的参数。通信报文采用纵向和校验方式，通信的双方严格遵循FCB、FCV的有效、无效和翻转确认、不翻转重发的过程。在平衡方式下，监视方向上所有数据均需要确认，目前省级主站101规约就是采用平衡方式，主站作为服务端，终端作为客服端，链路地址占2个字节，应用服务数据单元公共地址占2个字节，传送原因占2个字节，信息元素地址占2个字节。

（2）101规约结构。101规约遵循基于GB/T 8657.3—2002《远动设备及系统　第5部分：传输规约　第3篇：应用数据的一般结构》第4节规定的三层参考模型"增强性能体系结构"，分为物理层、链路层和应用层。

1）物理层。目前省级主站在物理层采用点对点（GPRS/CDMA）方式与终端进行物理连接。

2）链路层。传输帧格式分为固定帧长和可变帧长。链路层传输顺序为低位在前，高位在后，低字节在前，高字节在后。

固定帧长格式主要用于链路状态管理、数据召唤、报文确认。固定帧长结构定义见表3-6。

表3-6　　　　　　　　　　　　固 定 帧 长 结 构 定 义

启动字符（10H）	1个字节
控制域 C	1个字节
地址域 A	2个字节
帧校验和 CS	1个字节
结束字符（16H）	1个字节

控制域 C：1 个字节，需要从 16 进制转换成二进制进行解析，省级主站采用平衡链路传输模式，平衡链路传输模式固定帧长控制域定义见表 3-7。

表 3-7 平衡链路传输模式固定帧长控制域定义

Bit	D7	D6	D5	D4	D3	D2	D1	D0
下行（主站）	DIR	PRM	FCB	FCV	链路功能码 FC			
上行（终端）	DIR	PRM	RES	DFC				

DIR：传输方向位。DIR=0 表示由主站发出的报文；DIR=1 表示由终端发出的报文。

RES：表示保留位，一般设置为 0。

PRM：启动标志位。PRM=1 表示由主站发出；PRM=0 表示由终端发出。

FCB：帧计数位。FCB=1 时，表示连续的发生/确认或者请求/响应服务的变化位，用来防止信息传输的丢失和重复。终端或主站 FCB 位从 0 开始翻转，即终端和主站发出的第一帧 FCB 有效的报文中 FCB=0。

FCV：帧计数有效位。FCV=1 表示有效；FCV=0 表示无效。

DFC：数据流控制位。DFC=1，表示终端不能接收后续报文；DFC=0 表示终端可以接收后续报文。

FC：链路功能码。计算时将二进制换算成十进制解析，平衡链路功能码定义见表 3-8。

表 3-8 平衡链路功能码定义

主站			终端	
功能码	服务	FCV 位状态	功能码	服务
0	复位远方链路	0	0	认可
			1	否定认可
2	发送/确认链路测试功能	0	0	认可
			1	否定认可
3	发送/确认用户数据	1	0	认可
			1	否定认可
4	发送/无回答用户数据	0	无回答	
9	请求/响应链路状态	0	11	响应链路状态

地址域 A：2 个字节，选址范围在 0001H～FFFFH（65535 个），其中 FFFFH 为广播地址，0000H 为无效地址，省级主站地址一般为 0001H。

帧校验和 CS：1 个字节，是控制域 C、地址域 A 字节的八位位组算术和，不考虑溢出位，即 CS=（C+A）MOD256。

固定帧长链路启动报文事例 1 见表 3-9。

表3-9　　　　　　　　　　　　固定帧长链路启动报文事例1

事例1		10 49 01 00 4A 16	
启动字符	1个字节	10	10：启动字符
控制域 C	1个字节	49	49：0100 1001（二进制） PRM：1（来自主站） DIR：0（主站下发） FC：9（请求链路状态）
地址域 A	2个字节	00 01	地址：1
帧校验和 CS	1个字节	4A	校验和：74
结束字符	1个字节	16	16：结束字符

可变帧长格式主要用户信息报文、控制命令传输，即作用在主站和终端之间的信息交换。可变帧长结构定义见表3-10。

表3-10　　　　　　　　　　　　可变帧长结构定义

启动字符（68H）	1个字节
报文长度 L	1个字节
报文长度 L	1个字节
启动字符（68H）	1个字节
控制域 C	1个字节
地址域 A	2个字节
应用服务数据单元 ASDU	长度可变
帧校验和 CS	1个字节
介绍字符（16H）	1个字节

报文长度 L：1个字节，从控制域到应用服务单元数据单元结束的字节总长度，第二个报文长度 L 与第一个报文长度 L 相同。

帧校验和 CS：1个字节，是控制域 C、地址域 A、应用服务数据单元 ASDU 的字节的八位位组算术和。

平衡传输模式下，配电主站、配电终端以问答方式进行通信，在特定情况下（突发SOE，突发遥测，终端就地初始化过程），配电终端可以主动发送报文。

3）应用层。应用服务数据单元 ASDU 由数据单元标识符和一个或多个信息对象组成。应用服务数据单元（ASDU）结构见表3-11所示。

表3-11　　　　　　　　　　　　应用服务数据单元（ASDU）结构

应用服务数据单元	数据单元标识符	类型标识 TI	数据单元类型
		可变结构限定词 VSQ	
		传送原因 COT	—
		ASDU 公共地址	—

续表

应用服务数据单元	信息对象 1	信息对象 1 地址	数据单元标识符
		信息对象 1 地址	
		信息元素集	—
		7 字节信息元素时标包含毫秒至年	时标根据具体应用确定
	信息对象 n	……	—

类型标识：1 个字节，它定义了后续信息对象的结构、类型和格式，信息对象是否带时标由标识类型来区分。常用类型标识见表 3-12。

表 3-12 配电自动化应用报文常用类型标识 TI

类型标识代码		定义	类型标识代码		定义
十六进制	十进制		十六进制	十进制	
1	1	单点信息	2D	45	单点命令
3	3	双点信息	2E	46	双点命令
9	9	归一化值	46	70	初始化结束
B	11	标度化值	64	100	总召唤命令
D	13	短浮点数	65	101	电能量召唤命令
1E	30	带时标的单点信息	67	103	始终同步命令
1F	31	带时标的双点信息	68	104	测试命令
2A	42	故障事件信息	69	105	复位进程命令
CE	206	累计量	C8	200	切换定值区
CF	207	带时标的累计量	C9	201	读定值区号
CA	202	读参数和定值	CB	203	写参数和定值
D2	210	文件传输	D3	211	软件升级

传送原因：3 个字节，常用的传送原因见表 3-13。

表 3-13 配电自动化应用报文常用传送原因 COT

传送原因代码		定义	传送原因代码		定义
十六进制	十进制		十六进制	十进制	
0	0	未用	1	1	周期、循环
2	2	背景扫描	3	3	突发
4	4	初始化	5	5	请求或被请求
6	6	激活	7	7	激活确认
8	8	停止激活	9	9	停止激活确认
A	10	激活终止	E	13	文件传输
14	20	响应站召唤	25	37	响应电能量召唤

传送原因代码		定义	传送原因代码		定义
十六进制	十进制		十六进制	十进制	
2C	44	未知的类型标识	2D	45	未知的传送原因
2E	46	未知的应用服务数据单元公共地址	2F	47	未知的信息对象地址
30	48	遥控执行软压板状态错误	31	49	遥控执行时间戳错误
32	50	遥控执行数字签名认证错误			

可变帧长结构事例 2 见表 3-14。

表 3-14 可变帧长结构事例 2

事例 2	68 13 13 68 D3 01 00 1E 01 03 00 01 00 0F 00 01 C8 9D 13 00 D7 01 15 AC 16		
启动字符	1 个字节	68	68：启动字符
报文长度	1 个字节	13	13：19
报文长度	1 个字节	13	13：19
启动字符	1 个字节	68	68：启动字符
控制域 C	1 个字节	D3	D3：1101 0011（二进制） PRM：1（来自终端） DIR：1（终端上送） FC：3（发送/确认用户数据）
地址域 A	2 个字节	00 01	地址：1
类型标识 TI	1 个字节	1E	1E：30（带时标的单点信息）
可变帧长限定词 VSQ	1 个字节	01	—
传送原因 COT	2 个字节	00 03	03：突变
ASDU 公共地址	2 个字节	00 01	地址：1
信息对象地址	2 个字节	00 0F	0F：14
带品质描述词的单点信息	1 个字节	01	01：合
时标	7 个字节	15 01 D7 00 13 9D C8	15：21 年 01：1 月 D7：23 号（星期六） 00：0 点 13：19 分 9D C8：40 秒 392 毫秒
帧校验和 CS	1 个字节	AC	校验和：172
结束字符	1 个字节	16	16：结束字符

（3）101 规约时标解析方法。时标在 101 规约中有这不可代替的作用，能帮助现场分析事故发生的第一时间，以最快速、最准确的定位故障发生时刻，常用的带时标的报文有 SOE、故障事件、电能量等。换算时标时间需要将十六进制的数值换算成二进制进

行计算，时标报文解析方法见表 3-15。

表 3-15　　　　　　　　　　　　　时标报文解析方法

位		D7	D6	D5	D4	D3	D2	D1	D0
时标	第一字节	毫秒（低八位）							
	第二字节	毫秒（高八位）							
	第三字节	0	0	分钟（0~59）					
	第四字节	0	0	0	小时（0~23）				
	第五字节	星期（1~7）			日（1~31）				
	第六字节	0	0	0	0	月（0~12）			
	第七字节	0	年（0~99）						

注　毫秒采用低前高后的算法进行秒、毫秒计算。

3. 远动传输规约 IEC 60870-5-104 的解析方法

（1）104 规约介绍。104 规约采用平衡方式传输，省级主站作为客户端，配电终端作为服务端，支持定时总召和手动召唤，回答总召时必须用（SQ=1）连续地址方式传送。一般采用光纤/网线连接，默认端口 2404，链路地址占 2 个字节，应用服务数据单元公共地址占 2 个字节，传送原因占 2 个字节，信息元素地址占 3 个字节。

（2）104 规约结构。104 规约分为 5 层，物理层、链路层、网络层、传输层和应用层。

1）应用层规约数据单元 APDU 组成。APDU 应用数据单元由 APCI 应用规约控制信息和 ASDU 应用服务数据单元组成。APDU 结构见表 3-16。

表 3-16　　　　　　　　　　　　　APDU　结　构

APDU 长度	启动字符 68H		APDU
	APDU 长度		
	控制域八位位组 1	APCI	
	控制域八位位组 1		
	控制域八位位组 1		
	控制域八位位组 1		
	IEC 60870-5-101 和 IEC 60870-5-104 定义的 ASDU	ASDU	

2）104 规约三种类型报文格式的控制域定义。控制域定义了保护报文不至丢失和重复传送的控制信息，报文传输启动/停止，以及传输连接的监视等。定义了编号的信息传输格式 I 帧，编号的监视功能格式 S 帧，不编号的控制功能格式 U 帧。

I 帧控制域标识：第一个八位位组的第一位等于 0，第三个八位位组的第一位等于 0，至少必须包含一个 ASDU。I 帧报文控制域信息见表 3-17。

表 3-17 I 帧报文控制域信息

D7	D6	D5	D4	D3	D2	D1	D0	八位位组
发送序列号 N（S）							0	八位位组 1
发送序列号 N（S）								八位位组 2
接收序列号 N（R）							0	八位位组 3
接收序列号 N（R）								八位位组 4

信息传输格式 I 帧报文事例 3 见表 3-18。

表 3-18 信息传输格式 I 帧报文事例 3

事例 3	68 0E 08 00 00 00 01 01 03 00 01 00 02 00 00 00		
启动字符	1 个字节	68	68：启动字符
APDU 长度	1 个字节	0E	0E：13
控制域八位位组 1	1 个字节	08	八位位组 1：0000 1000，第一位等于 0，表示此报文为 I 帧。
控制域八位位组 2	1 个字节	00	
控制域八位位组 3	1 个字节	00	八位位组 3：0000 0000，第一位等于 0，表示此报文为 I 帧
控制域八位位组 4	1 个字节	00	
类型标识 TI	1 个字节	01	01：1（不带时标的单点信息）
可变帧长限定词 VSQ	1 个字节	01	—
传送原因 COT	2 个字节	00 03	03：突变
ASDU 公共地址	2 个字节	00 01	地址：1
信息对象地址	3 个字节	00 00 02	02：2
带品质描述词的单点信息	1 个字节	00	00：分

S 帧控制域标志：第一个八位位组的第一位等于 1 且第二位等于 0，第三个八位位组第一位等于 0，只包含 APCI。S 帧报文控制域信息见表 3-19。

表 3-19 S 帧报文控制域信息

D7	D6	D5	D4	D3	D2	D1	D0	八位位组
0							1	八位位组 1
0								八位位组 2
接收序列号 N（R）							0	八位位组 3
接收序列号 N（R）								八位位组 4

监视功能格式 S 帧报文事例 4 见表 3-20。

表 3-20　　　　　　　　　　　　监视功能格式 S 帧报文事例 4

事例 4	68 04 01 00 0A 00		
启动字符	1 个字节	68	68：启动字符
APDU 长度	1 个字节	04	04：4
控制域八位位组 1	1 个字节	01	八位位组 1：0000 0001，第一位等于 1，第二位等于 0，表示此报文为 S 帧。
控制域八位位组 2	1 个字节	00	
控制域八位位组 3	1 个字节	0A	八位位组 3：0000 1010，第一位等于 0，表示此报文为 S 帧
控制域八位位组 4	1 个字节	00	

U 帧控制域标志：第一个八位位组的第一位等于 1 且第二位等于 1，第三个八位位组第一位等于 0，只包含 APCI。同一时刻，TESTFR（启动命令）、STOPDT（停止命令）或 STARTDT（测试命令）中只有一个功能可以被激活。U 帧报文控制域信息见表 3-21。

表 3-21　　　　　　　　　　　　　U 帧报文控制域信息

D7	D6	D5	D4	D3	D2	D1	D0	八位位组
TESTFR		STOPDT		STARTDT		1	1	八位位组 1
确认	命令	确认	命令	确认	命令			
0								八位位组 2
0							0	八位位组 3
0								八位位组 4

控制功能格式 U 帧报文事例 5 见表 3-22。

表 3-22　　　　　　　　　　　控制功能格式 U 帧报文事例 5

事例 5	68 04 07 00 00 00		
启动字符	1 个字节	68	68：启动字符
APDU 长度	1 个字节	04	04：4
控制域八位位组 1	1 个字节	07	八位位组 1：0000 0111，第一位等于 1，第二位等于 1，表示此报文为 U 帧。
控制域八位位组 2	1 个字节	00	
控制域八位位组 3	1 个字节	00	八位位组 3：0000 1010，第一位等于 0，表示此报文为 U 帧
控制域八位位组 4	1 个字节	00	

注　类型标识、传送原因等与 3.1.4 中的"远动传输规约 IEC60870-5-101"的解析方法中一致。

3.2　配电终端质量管控与接入流程

3.2.1　配电终端质量管控

1. 到货前质量管控

配电终端到货前质量管控包括七个步骤：项目申报、编制自动化项目配置要求、项目审批、编制技术规范及澄清、技术联络会、实验室测试、驻厂检测等。

（1）项目申报。省公司设备部负责组织开展智能配电设备项目审查、验收投运、运行维护等业务，市、县建管部门负责组织配电室、各县公司开展各类项目智能配电设备物资申报。

（2）编制自动化项目配置要求。电科院负责编制自动化项目配置要求。

（3）项目审批。省公司设备部负责审核地市公司项目需求表，电科院负责配合省公司设备部完成项目审批。

（4）编制技术规范及澄清。电科院负责编制一、二次成套设备和故障指示器技术规范书及澄清文件。

（5）技术联络会。协议库存设备中标公示后的一月内，由省公司设备部和电科院组织厂家召开智能配电设备相关技术联络会。其中管理职责方面，省公司设备部为职能管理部门，负责组织和协调；电科院为技术公关部门，负责协助设备部进行技术评估和技术答疑。

（6）实验室测试。中标厂家在召开技术联络会后的一个月内，由厂家发送实验室测试申请函到电科院，电科院根据发送的先后顺序进行测试时间安排（与驻厂检测不分先后），其中管理职责方面，电科院负责智能配电设备检测和评估，对测试设备进行规约测试和安全加密测试。

（7）驻厂检测。中标厂家在召开技术联络会后的一个月内，由厂家发送驻厂检测申请函到电科院，电科院根据发送的先后顺序进行测试时间安排（与驻厂检测不分先后），其中管理职责方面，电科院负责智能配电设备检测和评估，对测试设备进行功能测试、性能测试及相关技术标准测试。市公司运检部负责智能配电设备检测，配合电科院做好相关检测工作。

2. 到货全检

中标厂家在实验室检测和驻厂检测全部合格之后，方可进行设备全检。全检流程如下：

（1）物资匹配。由地市公司物资部门与中标厂商签订供货合同，并将供货信息反馈至地市公司运检部门。运检部门收到反馈信息 2 个工作日之内，在湖南省全检 App 录入供货信息（信息包含厂商名称、匹配数量和中标批次等）。地市公司运检部督促中标厂商进行设备全检，并要求在一个月之内发货至全检中心。

（2）设备出厂申请。中标厂商根据地市公司录入的供货需求信息，在全检 App 中进行设备全检出厂申请。

（3）出厂申请审批。各全检中心认真核对厂商提交的出厂申请，确认无误后提交到省电科院进行二级审批。

（4）设备到货。厂商发送的设备已到全检中心，全检中心核对设备批次、设备型号和设备生产厂商等信息，是否与 App 中一致。

（5）设备检测申请。供应商在设备到达全检中心后，在 App 中扫描二维码自动完成设备资产录入，信息可同步到主站，并发起检测申请。

（6）设备全检。申请通过后，电科院支撑全检中心开展设备功能与性能检测。

（7）设备出库申请。设备全检完成后，合格产品纳入库存，厂商按各地市需求申请设备出库。

（8）设备出库审批。地市公司综合评估属地容纳水平、需求数量和厂商名称，确认无误后提交到省电科院进行二级审批，通过后厂商发货至地市公司，纳入库存。

（9）到货验收。地市公司收到智能配电设备后，进行开箱验货，检查箱内具有检测报告并全部合格，方可签字验收，验收合格后下发至县公司。

（10）县公司在收到智能设备后，必须检查随到设备发货的检测报告，确认设备全部检测合格后方可签收，物资部门将到货明细与领用单发送至运检自动化项目相关人员。

3．现场安装

根据设备类型，分为故障指示器和一、二次成套设备两种情况。

（1）故障指示器。带电安装的现有安装流程：现场查勘选点→带电安装完成→发送安装台账至电科院→电科院完成通道配置→确认上线→主站图模挂接。

故障指示器带电安装优化后的安装流程如下。

1）现场查勘选点：市、县公司建管部门收到合格设备后，提前一周确定设备的安装位置。

2）图模导入：由市、县公司运检部导入该设备所在馈线的图模，安装前一天完成图模一致性校核。

3）配置正式通道：市、县公司运检部在配电自动化主站建立设备通道。

4）故障指示器安装：市、县公司建管部门组织相关人员扫描设备二维码，在 App 中填写现场安装杆号，安装完成后，由供电所设备主人向市、县供电服务指挥中心申请联调。

设备上线联调：供服中心负责与现场设备进行联调上线测试，确保设备正常上线，遥测、遥信数据正常。

5）安装验收：市、县公司运检部负责投运设备的验收工作。确保设备零缺陷投运，并在验收完成后在全检 App 中录入不少于 3 张安装图片（设备杆号、设备铭牌、设备全景）。

6）主站挂接：市、县公司运检部负责故障指示器在配电自动化主站图模上的关联及挂接。

（2）一、二次成套设备。停电安装的现有安装流程：现场查勘选点→停电安装一、二次成套设备→发送安装台账至电科院→图模导入→电科院配置通道及检查上线→主站图模挂接。

一、二次成套设备停电安装优化后的安装流程如下。

1）市（县）公司建管部门在收到全检合格的智能设备后，结合停电周计划，提前 1 周确定设备安装位置及收录设备信息（终端名称、终端 IP、端口号等），将终端设备信息报送至市（县）公司运检部，由市（县）公司运检部在 PMS2.0 系统建立台账及 GIS 系统图形绘制，将图形同步至图模中心，在图模中心优化图纸保存后发送自定义任务至配电自动化主站系统。

2）配置正式通道：市、县公司运检部在配电自动化主站建立设备通道。

3）一、二次成套设备安装：市、县公司建管部门组织相关人员扫描设备二维码，在App 中填写现场安装杆号或环网柜名称，安装完成后，由设备主人向市、县供电服务指挥中心申请联调。

4）设备上线联调：供服中心负责与现场设备进行联调上线测试，确保设备正常上线，遥测、遥信、遥控及遥脉数据正常。

5）保护参数校核：市、县配电室、县公司负责组织整定并下发保护定值。

6）安装验收：市、县公司运检部负责投运设备的验收工作。确保设备零缺陷投运，并在验收完成后在全检 App 中录入不少于 3 张安装图片（设备杆号、设备名牌、设备全景）。

7）主站挂接：市、县公司运检部负责一、二次成套设备在配电自动化主站图模上的关联及挂接。

8）异常信号处理：现场调试存在通信频繁抖动或掉线情况，设备主人应在第一时间联系电科院、供应商等专业技术人员远程指导消缺，遥信变位不正常的应及时与主站（供服）对点人员核查异常原因。对于暂时无法处理的缺陷安装后必须在 1 周内联系供应商到达现场消缺，对于确需停电的设备缺陷应结合下次计划停电同步安排消缺。

3.2.2 主站配电终端管理模块

终端管理功能是为了实现对配网环境按照 FTU、DTU、故障指示器、TTU 等终端进行设备接入、运行监控和数据分析等功能。主要包括故指接入、智能点号工具、运行工况、终端运行统计（正常、调试、缺陷）、基础信息、终端参数调阅、终端文件召唤、终端软件升级，终端对时、电池状态、通信流量等模块。省级主站配电终端管理模块界面如图 3-10 所示。

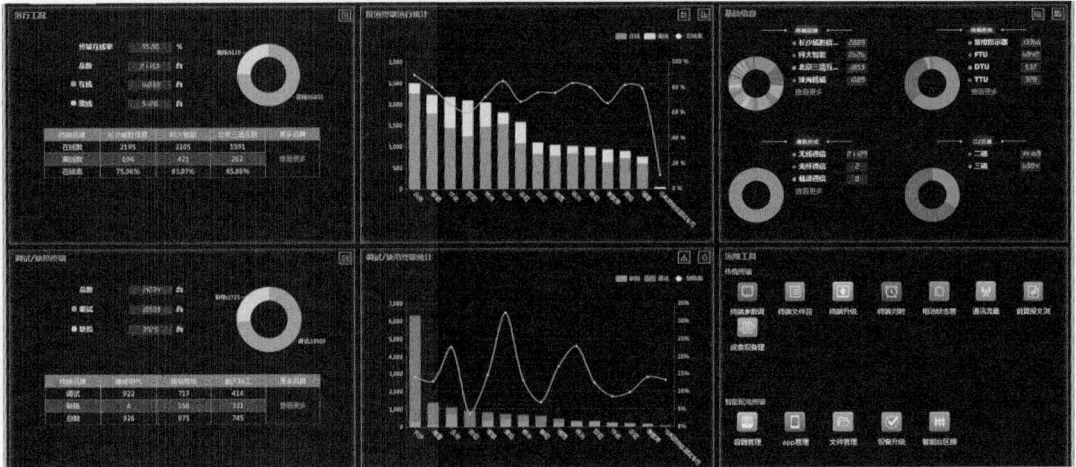

图 3-10　省级主站配电终端管理模块界面

1．运行工况

（1）终端台账明细。根据省、地市、区县组织或馈线展示所有终端台账信息列表。

1）导航树按省、地市、区县、供电所和馈线的结构组成，可以点击切换查询。

2）列表信息包括终端名称、类型、品牌、运行模式（颜色区分）、在线状态（颜色区分）、离线时长、统计时长、投退次数（投入/退出）、通信方式、开关类型、投运状态、电池电压、通道名称、通道类型、网络描述、端口号、通道工况、当前误码率、日正常运行时间、日运行率、日通信流量、RTU 地址、所属馈线、变电站、县公司、区域、设备缺陷、最新工况时间等详情信息并支持导出功能。

3）可以根据终端名称、品牌、类型、通信方式、在线状态、投退次数，在线/离线时长、在线率、缺陷类型、对时状态、运行模式进行搜索查询。

4）终端运行模式包含运行、缺陷、调试等三种状态，可根据设备运行情况选择不同的运行模式。

（2）配电终端运行工况。展示当前用户可以查看的所有终端实时在线情况，包括终端总数，在线数量，离线数量和在线率。

1）以饼图展示在线、离线终端数量占比。

2）展示当前用户可以查看的所有终端按终端品牌进行统计在线数，离线数，在线率等信息列表，列表按各个品牌的终端总数由多到少进行排序。

3）当终端品牌较多无法全部展示时，可以展示总数前三的品牌在线情况，其他品牌通过点击"查看更多"弹出窗口查看详情。终端在线、离线数量和饼图占比都可以直接点击弹窗查看详情。省级主站配电终端台账明细界面如图 3-11 所示。

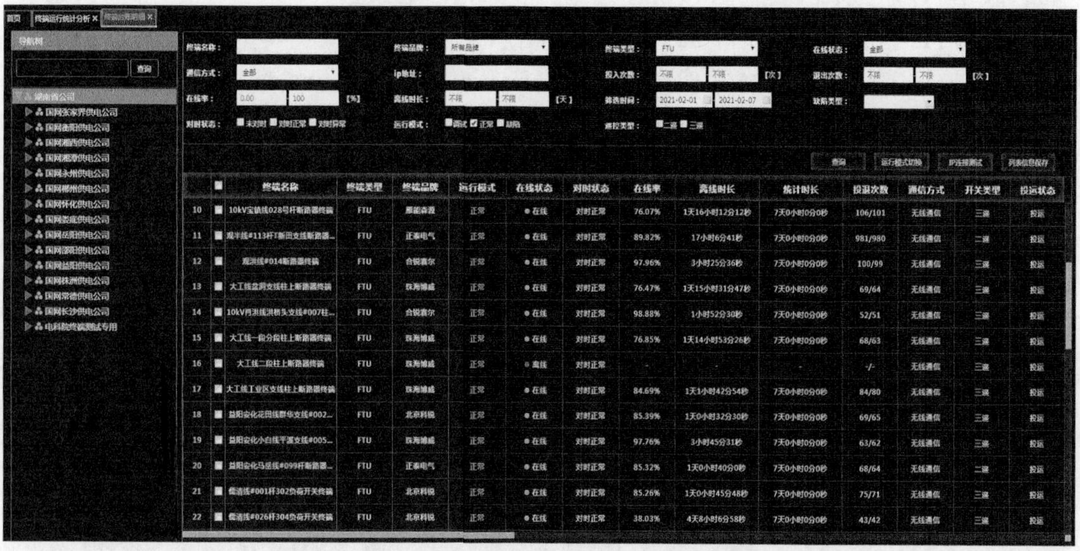

图 3-11　省级主站配电终端台账明细界面

2. 投运终端运行统计

（1）投运终端统计概况。

1）柱形图展示前用户对应组织的各下级组织的终端在线离线数量和在线率统计占比。

2）点击每个组织的统计图，柱形图展示该组织的各个下级组织的终端在线统计图。

省级主站配电终端投运统计概况如图 3-12 所示。

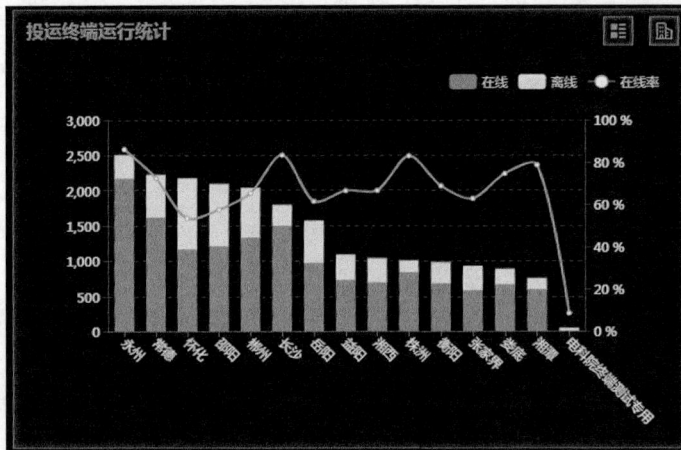

图 3-12　省级主站配电终端投运统计概况

（2）按品牌在线率统计页面。根据省、地市、区县组织或馈线展示所有品牌终端按类型的在线率统计列表。

1）导航树按用户组织下各级省地市组织结构，点击导航树接列表数据联动刷新。

2）点击各级组织，列表查询该组织下各个终端品牌的品牌名称、终端总数、在线率、在线数、DTU 总数、FTU 总数、TTU 总数、故障指示器总数、其他类型终端总数、DTU 在线数、FTU 在线数、TTU 在线数、故障指示器在线数、其他类型终端在线数、DTU 离线数、FTU 离线数、TTU 离线数、故障指示器离线数、其他类型终端离线数。

3）根据条件终端品牌、通信方式、终端厂家、运行模式等条件进行过滤查询和导出。

省级主站配电终端投运按品牌统计界面如图 3-13 所示。

	终端品牌	终端总数	实时在线率	在线总数	离线总数	故障指示器总数	DTU总数	FTU总数	TTU总数	其
1	西安兴汇	64	98.44%	63	1	0	0	64	0	
2	佳源科技	131	95.42%	125	6	131	0	0	0	
3	合锐赛尔	43	95.35%	41	2	0	0	43	0	
4	航天科工	761	94.74%	721	40	761	0	0	0	
5	山东金煜	575	91.30%	525	50	563	12	0	0	
6	山东鲁能	400	91.25%	365	35	371	0	29	0	
7	长高思瑞	67	89.55%	60	7	0	0	67	0	
8	合信瑞通	781	87.84%	686	95	762	0	19	0	
9	杭州天目	168	85.71%	144	24	166	0	2	0	
10	科大智能	2626	83.47%	2192	434	2361	2	187	75	
11	湘能智能	84	80.95%	68	16	0	0	84	0	
12	俊朗电气	45	80.00%	36	9	0	0	45	0	
13	北京三清互联	1855	78.27%	1452	403	1683	13	159	0	

图 3-13　省级主站配电终端投运按品牌统计界面

（3）按供电单位在线率统计页面。根据省、地市、区县组织或馈线展示所有品牌终端按类型的在线率统计列表。

1）导航树按省、地市、区县、供电所的结构组成，可以点击切换查询。

2）点击各级组织，列表查询该组织下各个下级组织的组织名称、终端总数、在线率、在线数、DTU 总数、FTU 总数、TTU 总数、故障指示器总数、其他类型终 端总数、DTU 在线数、FTU 在线数、TTU 在线数、故障指示器在线数、其他类型 终端在线数、DTU 离线数、FTU 离线数、TTU 离线数、故障指示器离线数、其他类型终端离线数。

3）根据条件终端品牌、通信方式、终端厂家、运行模式等条件进行过滤查询和导出。省级主站配电终端投运按供电单位统计界面如图 3-14 所示。

	单位名称	终端总数	实时在线率	在线总数	离线总数	故障指示器总数	DTU总数	FTU总数
1	国网冷水滩供电公司	398	85.93%	342	56	320	16	58
2	国网祁阳县供电公司	386	90.16%	348	38	262	0	124
3	国网永州市零陵区供电公司	312	86.54%	270	42	202	0	102
4	国网宁远县供电公司	302	88.08%	266	36	211	0	91
5	国网江华县供电公司	203	91.63%	186	17	155	0	48
6	国网蓝山县供电公司	202	85.64%	173	29	108	0	94
7	国网东安县供电公司	193	72.02%	139	54	130	0	63
8	国网道县供电公司	167	89.82%	150	17	80	0	87
9	国网江永县供电公司	164	84.76%	139	25	105	1	58
10	国网新田县供电公司	96	88.54%	85	11	67	0	29
11	国网双牌县供电公司	89	78.65%	70	19	66	0	23
12	总计	2512	86.31%	2168	344	1706	22	777

图 3-14　省级主站配电终端投运按供电单位统计界面

3. 调试/缺陷终端运行统计

（1）调试/缺陷终端运行统计概况。

1）展示当前用户可以查看的所有终端实时缺陷、调试情况，包括终端总数，调试数量，缺陷数量。

2）以饼图展示调试、缺陷终端数量占比。

3）展示当前用户可以查看的所有终端按品牌进行统计调试数、缺陷数，总数等信息列表，列表按各个品牌的终端总数由多到少进行排序。

4）当终端品牌较多无法全部展示时，可以展示总数前三的品牌在线情况，其他品牌通过点击"查看更多"弹出窗口查看详情。终端缺陷、调试数量和饼图占比都可以直接点击弹窗查看详情。省级主站调试/缺陷终端运行统计概况如图 3-15 所示。

（2）按品牌统计页面。

1）导航树展示用户组织下各级组织结构，点击组织节点列表数据联动刷新。

2）列表按终端品牌进行展示品牌名称、终端总数、缺陷率、正常总数、缺陷总数、调试总数、故障指示器总数、DTU 总数、FTU 总数、TTU 总数、其他类型总数、故障指示器正常数、故障指示器缺陷数、故障指示器调试数、DTU 正常数、DTU 缺陷数、DTU 调试数、FTU 正常数、FTU 缺陷数、FTU 调试数、TTU 正常数、TTU 缺陷数、TTU 调试数、其他类型正常数、其他类型缺陷数、其他类型调试数等信息。

终端品牌	博威电气	国电南瑞	航天科工	更多品牌
调试	922	717	414	查看更多
缺陷	4	158	331	
总数	926	875	745	

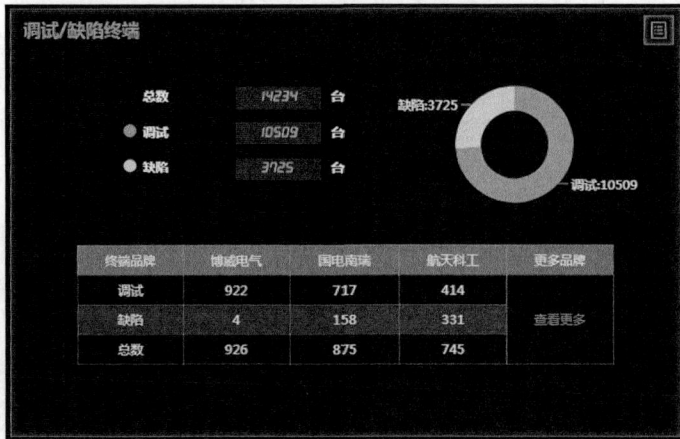

图 3-15　省级主站调试/缺陷终端运行统计概况

3）列表数据可以根据终端品牌，通信方式等条件过滤查询和导出。省级主站调试/缺陷终端按品牌统计界面如图 3-16 所示。

	终端品牌	终端总数	缺陷率	正常总数	缺陷总数	调试总数	故障指示器总数	DTU总数	FTU总数	TTU总数
1	长沙威胜信息	3605	18.60%	2889	660	56	3464	0	22	119
2	科大智能	3158	13.68%	2626	416	116	2881	5	196	75
3	北京三清互联	2444	14.28%	1855	309	280	2209	26	207	0
4	烟台东方电子	1697	14.99%	1021	180	496	767	386	544	0
5	珠海博威	1589	0.09%	1093	1	495	0	224	1364	0
6	航天科工	1506	30.31%	761	331	414	1506	0	0	0
7	国电南瑞	1752	15.27%	877	158	717	588	95	1067	2
8	保定毅格通信	1053	24.60%	714	233	106	1051	0	2	0
9	合信瑞通	942	13.80%	781	125	36	909	0	33	0
10	河北科林电气	963	21.54%	692	190	81	748	54	161	0
11	保定冀能	866	1.21%	732	9	125	0	0	866	0
12	水木源华	930	8.67%	664	63	203	450	0	480	0

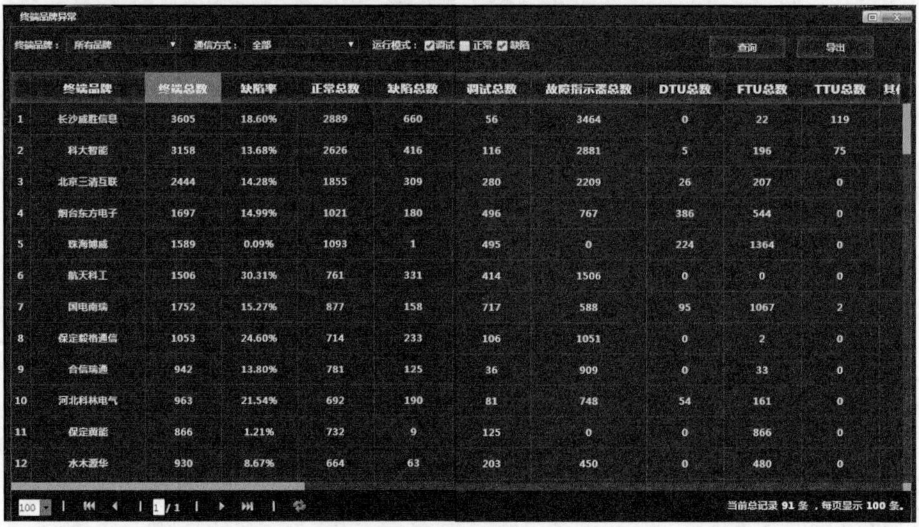

图 3-16　省级主站调试/缺陷终端按品牌统计界面

（3）按供电单位统计页面。

1）导航树展示用户组织下各级组织结构，点击组织节点列表数据联动刷新。

2）列表按用户组织 ID 的下级组织进行展示组织名称、终端总数、缺陷率、正常总数、缺陷总数、调试总数、故障指示器总数、DTU 总数、FTU 总数、TTU 总数、其他类型总数、故障指示器正常数、故障指示器缺陷数、故障指示器调试数、DTU 正常数、DTU 缺陷数、DTU 调试数、FTU 正常数、FTU 缺陷数、FTU 调试数、TTU 正常数、TTU 缺陷数、TTU 调试数、其他类型正常数、其他类型缺陷数、其他类型调试数等信息。

3）列表数据根源根据终端品牌，通信方式等条件过滤查询和导出。省级主站调试/缺陷终端按单位统计界面如图 3-17 所示。

	单位名称	终端总数	缺陷率	正常总数	缺陷总数	调试总数	故障指示器总数	DTU总数	FTU总数
1	国网岳阳开发区供电支…	280	6.18%	258	17	5	152	51	77
2	国网华容县供电公司	257	7.76%	226	19	12	173	0	84
3	国网岳阳县供电公司	251	18.07%	204	45	2	192	0	59
4	国网平江县供电公司	240	8.09%	216	19	5	163	0	77
5	国网岳阳市云溪区供电…	205	14.43%	172	29	4	165	0	40
6	国网汨罗市供电公司	133	12.78%	116	17	0	85	0	48
7	国网临湘市供电公司	129	8.66%	116	11	2	77	0	50
8	国网岳阳市君山区供电…	93	3.26%	89	3	1	60	0	33
9	国网湘阴县供电公司	85	4.71%	81	4	0	24	0	61
10	国网岳阳市屈原供电公司	75	4.00%	72	3	0	34	0	41
11	国网岳阳新港供电公司	27	11.11%	24	3	0	25	0	2

图 3-17 省级主站调试/缺陷终端按单位统计界面

4. 终端参数调阅

（1）参数规约绑定。

1）导航树按省—市—县—供电站—馈线层级展示，点击导航树任意节点，终端列表展示的节点下所有终端。

2）列表展示终端名称、终端类型、所属馈线、在线状态、终端品牌、当前规约名称等信息；可通过终端名称、终端品牌、规约名称、终端类型、在线状态进行过滤。

3）点击"实时召唤""批量召唤"可以跳转至的相应页面。

4）页面右侧当前规约下拉，可以查看对应规约配置终端参数信息（固有参数、运行参数、动作定值）。

5）勾选终端列表中单个或多个终端，点击"选中终端规约绑定"按钮，将对列表中勾选的终端绑定当前查看的规约。

6）点击"全部绑定"按钮，将列表终端中所有终端绑定当前查看规约参数模板。

（2）实时召唤。

1）导航树按省—市—县—供电站—馈线—终端进行展示，点击终端节点联动刷新右侧页面。

2）中间区域展示终端名称、终端类型、通信方式、终端品牌以及设备列表；其中设备列表包括二次终端设备本体，对应多个的开个间隔；如没有对应开关（故指），则只展示终端本体。

3）点击终端设备列表，展示相应设备固有参数、运行参数、动作定值列表信息。参数值为待召唤状态。

4）点击"召唤定值区"，从终端召唤当前使用的定值区的值。

5）点击"切换定值区"，弹出窗口展示当前定值区，最大定值区和最小定值区；修改定值区的值，点击修改按钮，可以切换终端的定值区。

6）点击"参数总召"按钮，从召唤召唤所有规约配置本体（固有参数、运行参数、动作定值）、开关间隔（运行参数、动作定值）对应的参数；切换设备列表可以查看各设备上的参数配置。

7）点击"参数设置"或右键相关参数选择"参数修改"（固有参数不支持修改）弹出参数修改窗口，修改对应参数值，点击"修改"，提示参数激活，点击确定，提示参数激活成功即完成参数的修改。

8）右键对应参数，选择"单个召唤"，可以完成对改终端单个参数的实时召唤。

（3）批量召唤。

1）导航树按省—市—县—供电所—馈线结构展示，点击导航树任意节点，列表待选终端列表刷新展示对应节点下所有终端。

2）列表展示终端名称、终端类型、在线状态、所属线路、终端品牌等信息，可按终端名称、终端品牌、终端类型、在线状态进行筛选。

3）勾选待选单个或多个待选终端点击"加入"可以将选择的终端添加到入选终端导航数据中，入选终端导航树选中终端点击"移除"可以从入选终端导航中删除。入选终端区域统计入选 FTU、DTU、TTU、故障指示器、馈线、开关站的数量。

4）点击"批量召唤"按钮，弹出窗口，展示入选终端的列表和相应的数量统计，点击"开始执行"对入选的每一台终端进行终端参数总找并召唤结果入库。

5）点击"批量修改"按钮，弹出窗口，展示对应入选终端的规约参数模板，对需要修改的参数添加新的值，点击"开始执行"，即可对选中的对应参数进行修改并更新入库。

（4）参数召唤任务。

1）导航树按年—月—任务名称的结构进行展示，点击任意召唤或修改任务右侧列表可以查看任务详情。

2）列表上方展示任务名称、执行人、入选 FTU 数、完成召唤（FTU）数、入选 DTU 数、完成召唤（DTU）数、入选故障指示器数、完成召唤（故障指示器）数、入选 TTU 数、完成召唤（TTU）数。

3）列表展示任务中终端名称、终端类型、任务类型、任务状态、创建时间、终端品牌等信息。

（5）参数召唤记录。

1）导航树按省—市—县—供电所—馈线的结构展示，点击导航树任意节点，终端列表刷新展示对应节点下所有终端。

2）列表展示终端名称、终端类型、在线状态、所属馈线、终端品牌等信息，可以按终端名称、终端品牌、在线状态、终端类型进行筛选查询。

3）单击列表终端信息，列表右侧区域展示列表选中终端的固有参数、运行参数、动作定值等信息的参数代码、参数名称、参数值。终端参数召唤界面如图 3-18 所示。

图 3-18　终端参数召唤界面

5. 终端文件召唤

（1）实时召唤。

1）导航树按省—市—县—供电站—馈线—终端层级展示，点击终端节点，条件区域终端信息联动更新。

2）选择召唤文件类型、文件时间段，点击"目录召唤"按钮，可以对终端进行实时的文件目录列表展示。

3）选择召唤到的文明列表中任意一个文件，点击"文件召唤"，可以将终端里的文件召唤到服务器端进行查看。

（2）文件召唤任务。

1）导航树按年—月—任务名的结构，点击导航树任务名称，右侧页面展示任务的相关信息。

2）列表上方展示任务名称、任务执行人、召唤文件类型（多个文件以逗号隔开）、入选 FTU 数量、完成召唤（FTU）数量、入选 DTU 数量、完成召唤（DTU）数量、入选故障指示器数量、完成召唤（故指）数量、入选 TTU 数量、完成召唤（TTU）数量、文件开始时间、文件结束时间等信息。

3）列表展示任务下终端名称、终端类型、终端品牌、所属馈线、录波文件（已召/总数）、冻结电度（已召/总数）、定点记录（已召/总数）、遥控记录（已召/总数）、SOE事件（已召/总数）、极值数据（已召/总数）、反向电能（已召/总数）、运行日志（已召/总数）等，列表支持导出。

4）双击任务终端，可以弹出窗口，可以查看该终端的任务相关文件列表，包括文件名、召唤状态（待召唤、召唤中、已召唤、召唤失败）。

5）点击"显示召唤文件"按钮，可以查看当前任务下所有的终端已召唤成功的文件列表，包括终端名、终端类型、终端品牌、文件名、文件类型、召唤时间等信息并支持导出。

（3）文件召唤记录。

1）导航树按省—市—县—供电站—馈线的结构展示，点击导航树任意节点，右侧列表联动刷新展示该节点下所有终端的各类文件召唤记录。

2）列表展示终端名称、终端类型、文件名称、文件类型、文件路径、执行人、召唤时间、操作等信息，可按文件名、终端类型、召唤时间范围、文件类型等进行筛选和导出。

3）列表中各终端文件记录中，点击"文件浏览"，弹出窗口展示各类文件内容。

4）列表中各终端文件记录中，点击"下载"，可以直接将文件下载到本地，其中录波文件分*.dat 和*.cfg 两种文件，分别提供 2 个下载链接。

5）点击"实时召唤"，"批量召唤"按钮可以跳转至相应的功能页面。

（4）各类终端文件浏览。

对终端召唤到主站的文件进行解析并展示。主站录波文件波形图如图 3-19 所示。

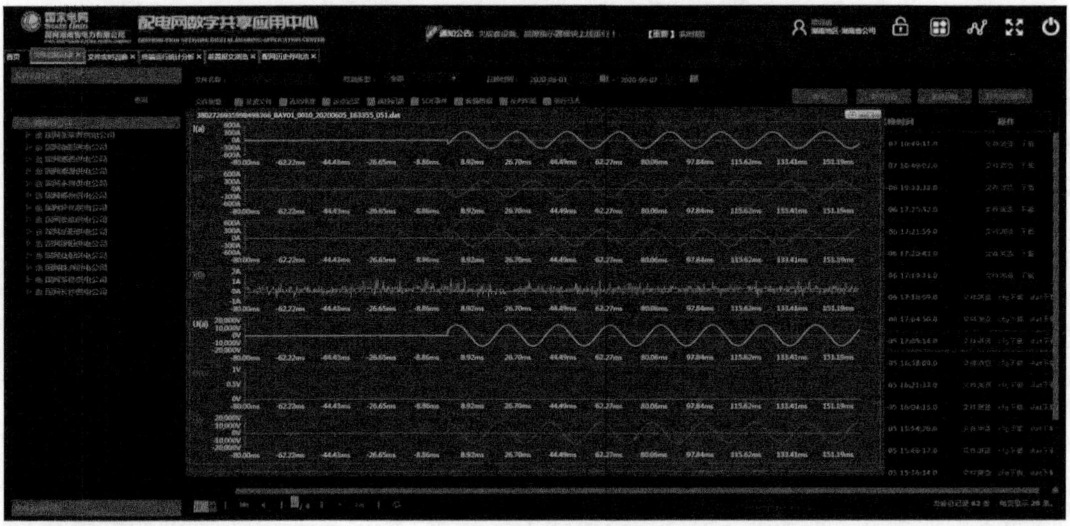

图 3-19　主站录波文件波形图

3.2.3　主站配电终端接入流程

目前，省级主站配电终端接入可以从数字应用共享中心录入台账，分为 FTU 和 DTU 两部分，下面分别介绍接入流程。

1. FTU 接入流程

（1）确认 FTU 终端所属馈线，并且单线图上有对应的开关。

（2）前往 Web 端智能点号工具。终端状态管理→成套设备建档。

（3）选择 FTU 然后在左侧输入开关名称进行搜索。

（4）点开馈线名称，找到需要创建通道的开关。

（5）点击开关名称，然后点击右侧配网开关一栏，所选开关就在配网开关一栏出现。如果选错了开关，可以点击"清空"按钮进行清除。

（6）根据终端信息在右侧录入对应数据，见表 3-23。

表 3-23　　　　　　　　　　　　FTU 终端信息对应数据录入表

填入信息	释义	附图
终端名称	自动带入，无须更改	
终端 IP 地址	填写终端 SIM 卡 IP	
通信端口	填写分配的端口号	
模板厂家	根据中标批次进行选择	
模板型号	根据中标批次进行选择	
通信规约	PH（JM）101	
分配模式	无须更改	
管理类型	无须更改	
运行模式	可以选择投运、调试	
状态统计	"是"代表正常、"否"代表缺陷	
所属厂家	填写一次设备厂家名称	
所属区域	选择地市公司	
所属系统	一组	

（7）点击提交，然后等待完成建档。

（8）关联保护信号。

1）进入省级主站 C 端，输入账号和密码。

2）在桌面打开一个 MATE 终端，输入指令 GExplorer —login 进入图形浏览，登录名及账号每个地市均有分配。

3）图形浏览器打开对应单线图。

4）点击窗口操作→新建编辑图形并找到对应的设备。

5）选中开关，点击"绘图参数"→"自动生成关联设置"。

6）选择关联域号为"A 相电流幅值（A）"的参数，点击自动生成，则自动生成动态数据。

7）点"改变平面"，点击"新增平面"，勾选"是否显示""是否当前页面""初始默认"（注：将保护图元放置另外一个平面，解决重新导图后保护图元消失问题）。

8）站外图元中找到"配网保护图元"，选择"保护闪灯"，放置到动态数据旁，然后点击选择箭头。

9）右击保护图元，点击检索器，弹出检索框。

10）在配网保护节点表查找栏输入馈线名称，然后敲回车，然后双击馈线名称。

11）找到短路事故总点号，域类型选择遥信，点击"值"拉至保护图元上，图元下方属性联库状态：图元已联库。

12）本地保存，然后网络保存。

2. DTU 接入流程

（1）前往智能点号工具，然后选择 DTU。

（2）左侧搜索线路名称，查看线路下的终端。

（3）双击线路名称，展开导航树，找到需要录入的环网柜。

（4）单机环网柜名称，确认终端名称一栏自动填入终端名称。

（5）双击配网开关一栏，然后选择开关点击确定。依次将 1、2、3、4、5、6 间隔的开关和接地刀闸数据放置表格。开关数量以现场为准。

（6）根据终端信息在右侧录入对应数据。见表 3-24。

表 3-24　　　　　　　　　　DTU 终端信息对应数据录入表

填入信息	释义	附图
终端名称	自动带入，无须更改	
终端 IP 地址	填写终端 SIM 卡 IP	
通信端口	填写分配的端口号	
模板厂家	根据中标批次进行选择	
模板型号	根据中标批次进行选择	
通信规约	PH（JM）101	
分配模式	无须更改	
管理类型	无须更改	
运行模式	可以选择投运、调试	
状态统计	"是"代表正常、"否"代表缺陷	
所属厂家	填写一次设备厂家名称	
所属区域	选择地市公司	
所属系统	一组	

（7）点击提交，等待提示创建成功。

（8）关联保护信号，详情见 FTU 建点。

3. 终端信息编辑/删除

（1）选择需要删除终端的线路。删除终端线路界面如图 3-20 所示。

（2）勾选需要编辑的终端，点击编辑。需要编辑的终端界面如图 3-21 所示。

（3）编辑需要修改的信息，点击确定。修改信息界面如图 3-22 所示。

（4）查看是否编辑成功。查看编辑成功界面如图 3-23 所示。

（5）选中需要删除的终端，点击删除，等待几秒提示删除成功。删除成功界面如图

3-24 所示。

图 3-20 删除终端线路界面

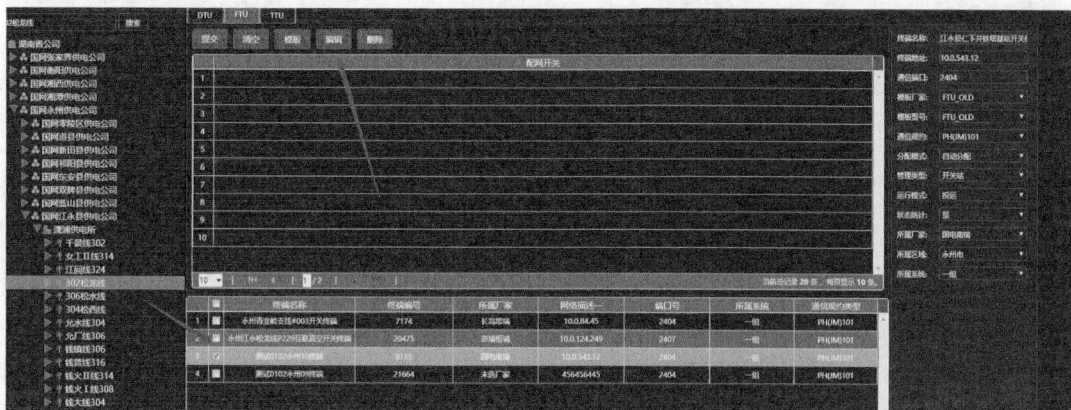

图 3-21 需要编辑的终端界面

图 3-22 修改信息界面

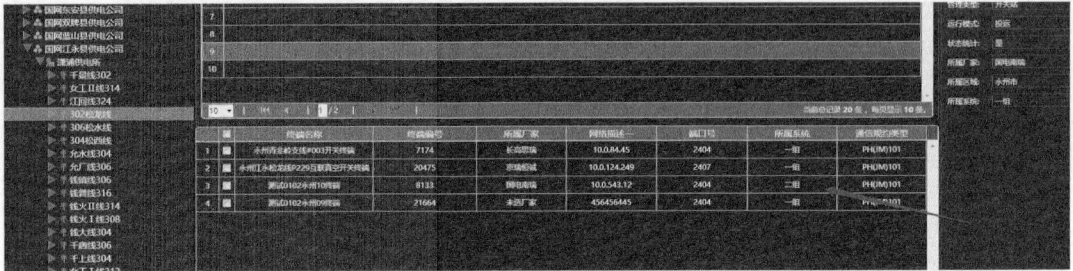

图 3-23　查看编辑成功界面

图 3-24　删除成功界面

3.2.4　工作要求

（1）地市公司建管部门应及时上报并在终端全检 App 录入每月智能设备物资匹配（申报）信息。

（2）地市公司物资部门应督促供应商按时发货，对供货不及时或存在严重质量问题的供应商组织约谈。

（3）地市公司建管部门在收到全检合格的终端后应组织相关人员及时安装，建立设备台账并录入终端全检 App 相关信息，故障指示器应在两周内完成现场安装并接入配电主站，其余类型终端根据停电计划及工程施工进度安排统一进行安装。无法按期完成安装的应向省公司设备部提交说明报告，超期未安装或未按照规范流程接入配电主站的，纳入公司同业对标考核。

（4）地市公司运检部应实时关注智能设备运行情况，开展终端在线情况、故障研判情况及告警情况的监测分析，及时记录登记缺陷并积极与供应商联系组织消缺工作。按月开展缺陷和运行情况统计分析，分析结果反馈给省电科院。针对运行、检测中发现的家族性缺陷，应及时向公司设备部及省电科院进行反馈。

（5）公司设备部将每双周统计终端全检 App 里面设备匹配、全检、到货、安装、上线数量，功能配电网工程管控系统项目竣工设备数量进行对比，对离线严重或主站系统投运数量与工程竣工数量严重偏差的单位将下发通报，连续两期出现终端投运数量与主站上线数量大幅偏差的单位将纳入公司季度同业对标指考核。

3.3　配电终端运行管理

3.3.1　主站侧管理

配电自动化主站的运维和技术管理工作由调度控制中心负责，具体要求如下。

（1）投入正式运行的配电自动化主站设备应统一管理，建立台账，未经自动化运维班及调控中心分管负责人同意，不得无故停用。

（2）建立完善的岗位负责制，明确专责维护人员，保证主站系统正常运行和信息的完整性、正确性。

（3）建立设备巡视制度，每天定时检查主站系统运行情况，填写巡视和故障记录单，发现异常及时处理。

（4）每天定时检查接入主站系统的终端设备的通信通道信息，填写巡视和故障记录单，发现异常及时通知相关人员处理；接到配网调控中心值班员或配电自动化终端维护人员的故障通知，应配合查明原因，立即处理。

（5）每月定时检查接入主站系统的终端设备的遥测、遥信、遥控、遥调正确性；若遥控、遥调、遥信误动或拒动，应会同终端和通信运维人员及时查明原因并处理。

（6）每季度进行配电自动化主站系统计算机操作系统及网络的安全性检查，做好可靠性及防病毒措施。计算机软件、硬件的日常维护应建立运行日记和设备缺陷、处理、测试数据等记录簿，完成缺陷处理工作流程，做好运行统计分析。配电网发生异常或障碍后，自动化运维人员和调控中心值班员应认真检查自动化主站系统对事故的反应是否正确，并进行详细记录和做出结论。

（7）一次系统的变更（如厂、站设备的增减、主结线变更、互感器变比改变等）需修改相应画面、数据库等内容，应以经调度控制中心批准后的图模数据资料为准，除此之外任何个人不得擅自更改，结合停电计划和带电作业计划每月检查配电自动化主站与PMS系统配电网络图的一致性。调控中心应每半年开展一次配电自动化主站系统信息正确性评估工作，确保配电自动化主站与网络模型提供系统（GIS及PMS）的接线、命名、编号一致，确保测点配置正确。

（8）配电自动化主站设备的报表应根据上级管理部门的要求，按月、季度、年度上报配电自动化主站的运行情况，主站系统运行记录和报表应至少保存两年，以备实用化复查。

（9）进行主站系统维护操作时，如有可能影响到系统正常使用，应提前通知相关部门、班组及人员，办理许可手续后方可进行。未经配电自动化主站专业运维人员同意，不得在运行的主站设备二次回路上工作和操作。

3.3.2　终端运维管理

对投运正式运行的配电终端应采用统一运维工具进行运维，该统一运维工具是用于维护配电自动化终端，终端需满足DL/T 634.5104—2009《配电自动化系统应用实施细则（试行）》及《关于湖南配电自动化终端参数的补充说明》，且投入本地网口或串口的后台运维软件，具备终端的遥测、遥信、遥脉、SOE及报文数据查看功能，并对终端进行遥控、对时及时钟获取、参数读取与修改、历史文件调阅及历史记录查询等操作命令。有效解决现场运维人员对终端运维难度大，不同厂家终端运维工具不一致等问题。

（1）IP 或串口设置。

用来运维电脑 IP 配置为：192.169.36.200，并通过网线连接 FTU 或 DTU 一号网口。如果用串口进行通信，使用串口转 USB 线连接运维电脑及终端。其完整界面如图 3-25 所示。

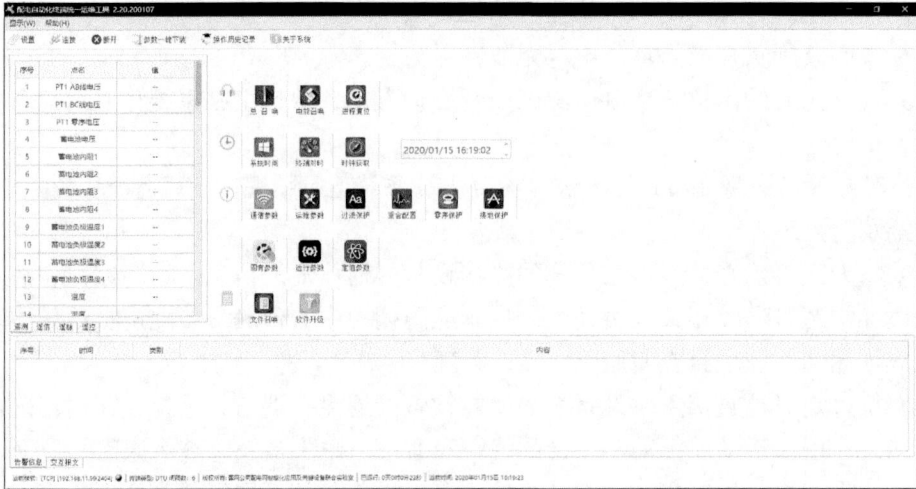

图 3-25　IP 或串口设置完整界面图

注意：当终端 IP 地址未配置为：192.169.36.128 时，需咨询终端供应商其 IP 地址和端口号。

（2）终端类型选择及连接。

1）如果目标终端是故障指示器，通过串口线连接运维电脑及终端；如果目标终端是 FTU 或 DTU，通过网线连接目标终端及运维电脑。

2）启动维护软件，点击工具栏"设置"选项，弹出配置管理界面，如图 3-26 所示。

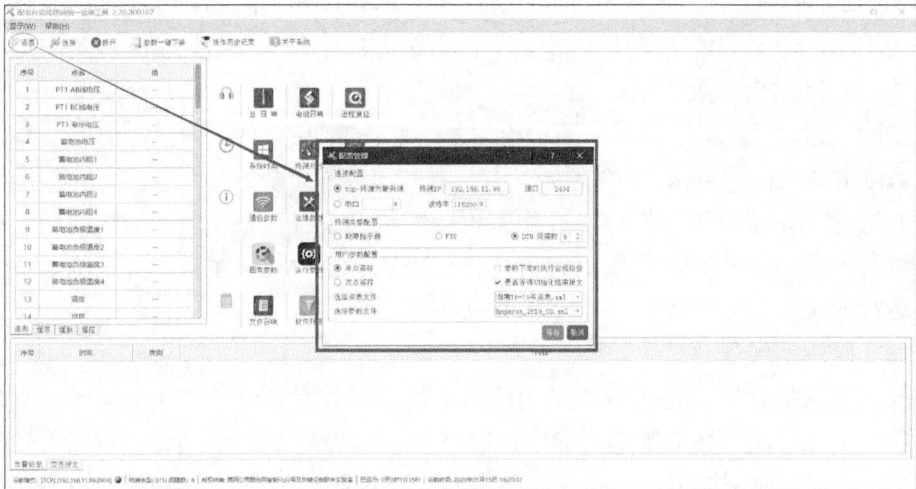

图 3-26　配置管理界面

3）根据通信方式（串口或者网线）选择串口或 TCP—终端为服务端，根据终端类型，选择故障指示器、FTU 或 DTU 及 DTU 间隔数。规约参数配置保持默认。如果终端遥控是双点遥控，选择双点遥控，否则选择单点遥控。点击保存。

4）点击工具栏选项"连接"，即可与目标终端建立连接。

若显示"请插入许可后再试"：请购买相关许可后，将许可插入电脑再重新启动该软件。

若显示"连接失败"：请咨询或查看终端 IP 地址是否为"192.169.36.128"，其端口是否为 2404，请填写正确，并确保电脑 IP 为该网段 IP。

（3）遥测、遥信、遥脉、SOE 及报文数据查看。

1）终端上线后，即可查看遥测、遥信及遥脉数据，也可通过"总召""电能量召唤"等按钮进行数据召唤。其按钮位置界面如图 3-27 所示。

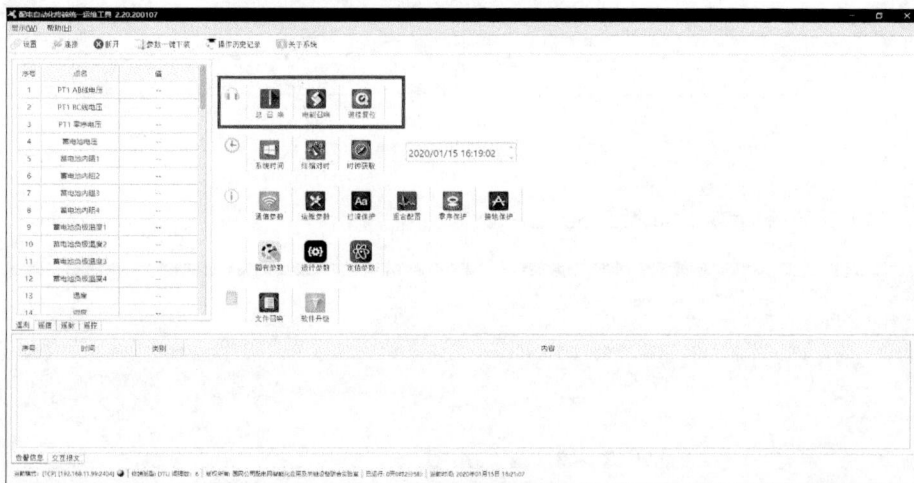

图 3-27　数据召唤界面

2）遥测、遥信及遥脉数据查看如图 3-28 所示（以 6 间隔 DTU 为例，后文不再特别说明）。

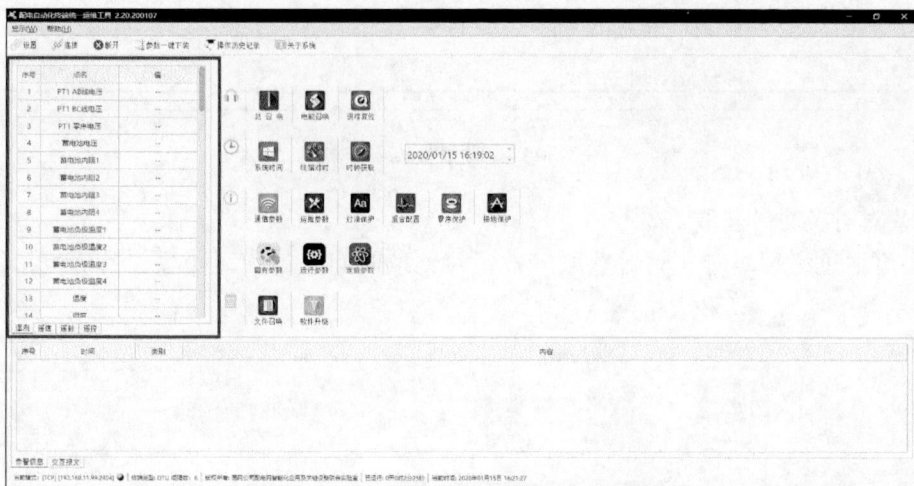

图 3-28　遥测、遥信及遥脉数据查看界面

103

3）实时告警记录查看方式如图 3-29 所示。

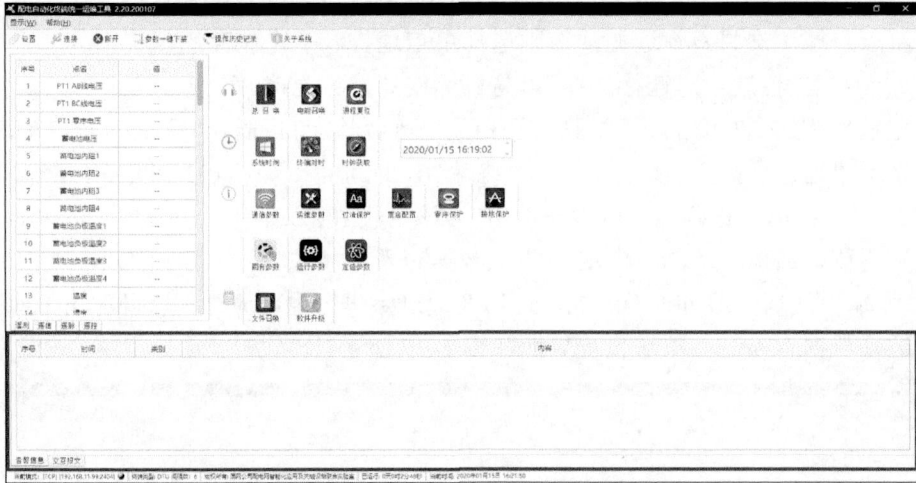

图 3-29　实时告警记录查看

4）实时报文查看方式如图 3-30 所示。

图 3-30　实时报文查看方式

（4）对时及时钟获取。

1）可通过终端对时、时钟获取等按钮对终端时间进行读写操作。其面板按钮如图 3-31 所示。

图 3-31　对时面板按钮

2）系统时间：将图 3-16 面板中时间控件所示时间同步为电脑当前时刻时间。

3）终端对时：将上图面板中时间控件所示时间与终端进行对时。

4）时钟获取：获取终端当前时间，并在上图面板中时间控件右方显示。

（5）遥控操作。

1）将左侧选项卡切换到遥控页面，如图 3-32 所示。

2）选择某个将要遥控的点，根据点号当前分-合位置，选择控分或控合，确保软件设置中遥控类别（双点/单点）与终端所支持的方式一致。

3）点击"遥控预置"，带预置成功后，可点击"遥控撤销"或"遥控执行"。

4）"遥控撤销"：撤销所进行的遥控预置。

5）"遥控执行"：执行所进行的遥控预置。

6）遥控执行完成后，可在告警信息窗口查看 SOE 记录及遥信窗口查看遥信变位情况。

（6）参数读取与修改。

1）根据参数类别，点击相应按钮，如图 3-33 所示，

序号	点名	值
1	电池活化	--
2	软压板	--
3	装置复归	--
4	1间隔-开关分合	
5	2间隔-开关分合	
6	3间隔-开关分合	
7	4间隔-开关分合	
8	5间隔-开关分合	

⦿ 遥控-分　　　　○ 遥控合

遥控预置　　遥控撤销　　遥控执行

遥测　遥信　遥脉　遥控

图 3-32　遥控页面

包括通信参数、运维参数、过流保护、重合配置、零序保护、接地保护、固有参数、运行参数及定值参数。

通信参数　运维参数　过流保护　重合配置　零序保护　接地保护

固有参数　运行参数　定值参数

图 3-33　参数读取界面

2）以通信参数为例，其参数配置界面如图 3-34 所示。

名称	地址	数据类型	值	单位	说明	修改进度
SIM卡IP地址	36865	字符串	--		只读	
本机网口1IP地址	36866	字符串			网口1IP地址，重启生效	
本机网口1端口号	36867	无符号整形			当规约为104，读参数才生效	
本机IP地址2	36868	字符串			网口2IP地址，重启生效	
本机端口号2	36869	无符号整形			当规约为104，读参数才生效	
APN	36870	字符串				
服务器IP地址	36871	字符串				
服务器端口号	36872	无符号整形				
服务器IP地址-备用	36873	字符串				
服务器端口号-备用	36874	无符号整形				
TCP重连时间间隔	36875	单精度浮点数		秒	重连10次失败后，休眠1小时，累计重连失败30次，终端重启	

图 3-34　参数配置界面

3）点击左上角"读取按钮"，读取全部参数。

4）将需要修改的值，在上表双击修改后，选中第一列需要修改项的选择框，点击"下装"，即可将待修改的值写入终端。

5）如果是保护定值，可根据实际情况，选择对应的间隔单元进行参数操作，如图3-35所示。

名称	地址	数据类型	值	单位	说明	修改进度
过流Ⅰ段保护告警	36910	布尔	--		1: 投入/0: 退出	
过流Ⅰ段保护动作	36911	布尔	--		1: 投入/0: 退出	
过流Ⅰ段定值	36912	单精度浮点数	--	A	0.1*In-10*In	
过流Ⅰ段延时	36913	单精度浮点数	--	秒	0.00-600.00	
过流Ⅱ段保护告警	36914	布尔	--		1: 投入/0: 退出	
过流Ⅱ段保护动作	36915	布尔	--		1: 投入/0: 退出	
过流Ⅱ段定值	36916	单精度浮点数	--	A	0.1*In-10*In	
过流Ⅱ段延时	36917	单精度浮点数	--	秒	0.00-600.00	

图 3-35　间隔单元参数操作

（7）历史文件调阅。

1）在操作面板上点击"文件召唤"按钮，如图3-36所示。

2）波形文件召唤面板如图3-37所示。

3）选择待召唤的文件类型：波形文件、SOE 事件文件等，以日志文件为例，如图3-38所示，选择日志文件后，点击"目录召唤"，待召唤成功，弹出"目录召唤完成"提示框。

图 3-36　操作面板

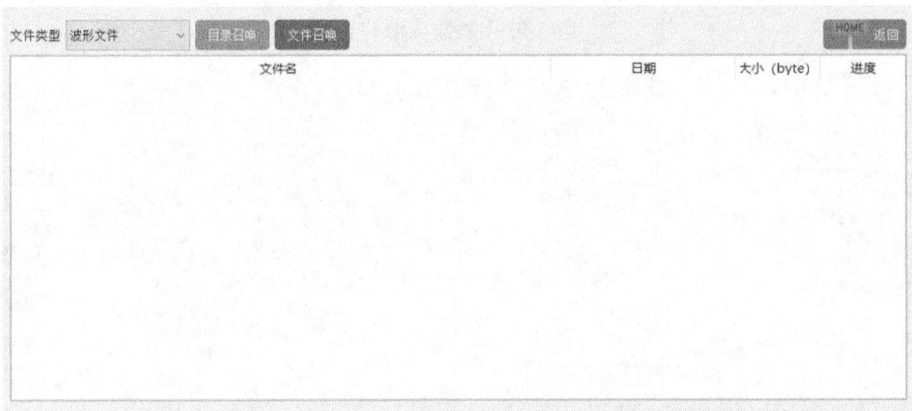

图 3-37　召唤面板

4）文件召唤。选择将要召唤的文件，点击"文件召唤"，待进度与大小一致即表示文件召唤完成。

图 3-38　日志文件界面

5）查看文件。可双击召唤成功的文件，当双击".cfg"后缀文件时，直接弹出界面显示波形信息；当选择其他格式文件时，将在右侧表格显示其内容。

（8）软件升级。

1）在操作面板上点击"软件升级"按钮，如图 3-39 所示。

图 3-39　"软件升级"按钮

2）软件升级操作面板如图 3-40 所示。

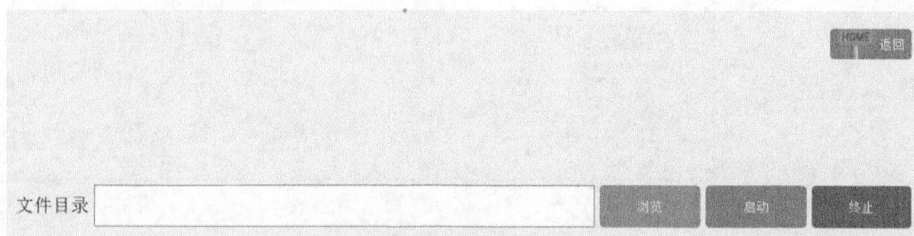

图 3-40　软件升级操作面板

3）点击"浏览"按钮，选择终端升级包。

4）点击"启动"按钮，可启动软件升级。

5）点击"终止"按钮，可将正在升级过程取消。

（9）历史记录查询。

1）操作记录查询，可在界面上点击"历史记录"，查看参数读写、遥控操作及软件升级记录。操作记录查询界面如图 3-41 所示。

2）历史报文。历史报文保存在软件目录"his\protocol"目录下，可根据日期进行查看。

3）历史文件召唤。所召唤的终端文件存储在"his\file"目录下。

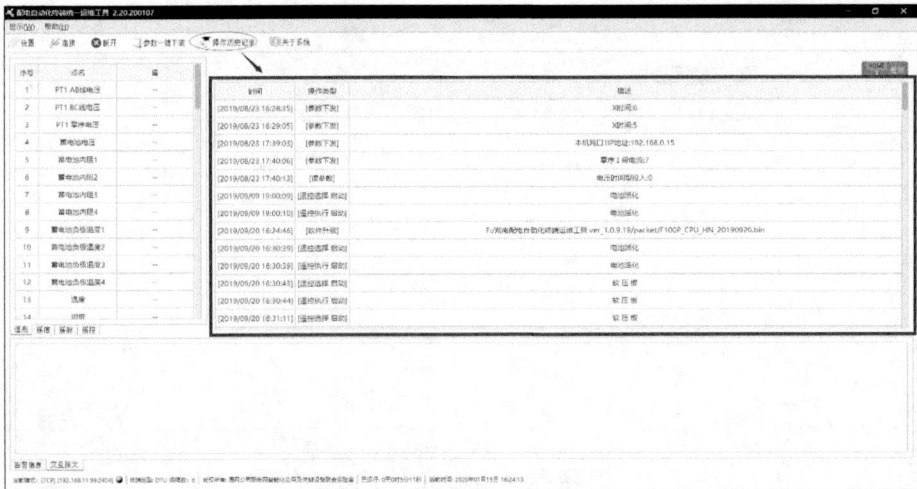

图 3-41　操作记录查询界面

（10）参数一键下装至终端。可配置及保存参数模板，加载所保存的参数模板，一键下装所有选定的参数。配置参数模板如图 3-42 所示。

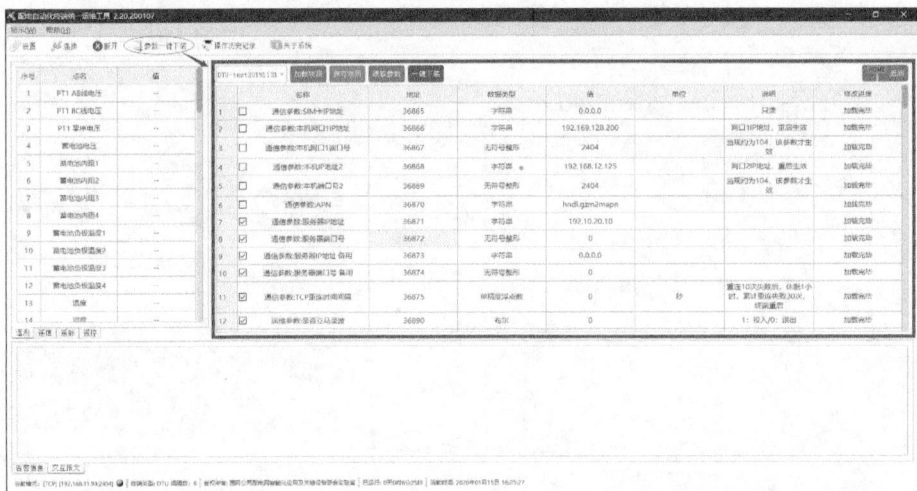

图 3-42　配置参数模板

3.3.3　现场消缺案例

1. 遥信案例

案例 1：10kV 湖景花园环网柜遥信抖动处理案例

（1）缺陷描述。××年××日××时，××供电公司配网调度员××在监控配电自动化系统时发现拉丝 N300 线湖景花园环网站湖景 G09 开关疑似发生不停分合现象，如图 3-43 所示。

拉丝N330线	2014年03月07日09时09分13秒	拉丝N330线 拉丝N330线 湖景花园环网站湖景CA003线G09负荷开关 分闸
拉丝N330线	2014年03月07日09时09分13秒	拉丝N330线 拉丝N330线 湖景花园环网站湖景CA003线G09负荷开关 合闸
拉丝N330线	2014年03月07日09时09分13秒	拉丝N330线 拉丝N330线 湖景花园环网站湖景CA003线G09负荷开关 分闸
拉丝N330线	2014年03月07日09时09分16秒	拉丝N330线 拉丝N330线 湖景花园环网站湖景CA003线G09负荷开关 合闸
拉丝N330线	2014年03月07日09时09分16秒	拉丝N330线 拉丝N330线 湖景花园环网站湖景CA003线G09负荷开关 分闸
拉丝N330线	2014年03月07日09时09分17秒	拉丝N330线 拉丝N330线 湖景花园环网站湖景CA003线G09负荷开关 合闸
拉丝N330线	2014年03月07日09时09分17秒	拉丝N330线 拉丝N330线 湖景花园环网站湖景CA003线G09负荷开关 分闸

图 3-43　遥信抖动现象

（2）缺陷发布。为保证用户可靠供电，调度员立即记录缺陷，并电话通知配电运检部门现场查勘抢修。配调班工作人员根据《××供电公司配电自动化运维管理规定》要求，对缺陷进行了统计，纳入缺陷管理流程，发布缺陷。

（3）缺陷分析。配电运检室接到电话通知后，根据缺陷描述作出如下分析。

湖景花园环网站湖景 G09 开关在自动化系统里不停地分合有下述几种可能。

1）湖景花园环网站湖景 G09 开关本体故障"跳跃"，实际确实在不停的分合。

2）湖景花园环网站湖景 G09 开关遥信二次回路问题，如配电自动化终端屏遥信开入端子接线处、开关机构端子排接线处，开关机构辅助节点接线处接触不良，不停抖动或开关机构本体辅助接点内部接触不良不停抖动。

3）湖景花园环网站配电自动化终端装置故障，不停上送错误遥信。

4）配电自动化主站系统问题。

以上是对故障现象的初步研判，涉及的设备问题需要到现场巡视检查后确定。

（4）案例 1 现场处缺步骤及标准（见表 3-25）。

（5）编制处缺报告。配电运检室工作人员回到单位后填写缺陷处理记录，并将缺陷处理结果回执调度，至此缺陷流程流转结束。

表 3-25　　　　　　　　　案例 1 现场处缺步骤及标准

阶段	作业程序	质量标准	危险点	图形解析
工作前准备	（1）有序进场，检查场地，核对线路名称，配电自动化设备名称，待处缺开关间隔，及运行方式	检查确认工作地点	防走错间隔	

阶段	作业程序	质量标准	危险点	图形解析
工作前准备	（2）全体工作人员列队，工作负责人宣读工作票，交代工作任务、危险点及预控措施，做好人员工作分配，必要时现场问答	工作人员精神状态良好，工作负责人交代任务、危险点及安全措施等清楚、明白	工作人员精神状态不佳，分工不明，任务不清	
	（3）布置工作现场，设置安全遮拦	待检查间隔一次设备及二次设备处已设置围栏，挂"在此工作"标识牌	防走错间隔	
	（4）工器具摆放整齐，检查安全防护用具和所有工器具是否完好	各种工器具均试验合格	工器具未经试验或试验方法不正确	
一次设备巡视检查一次设备巡视检查	（1）准备就绪，工作负责人接到工作许可人许可后开始工作	履行工作票许可手续	防止走错间隔	

阶段	作业程序	质量标准	危险点	图形解析
一次设备巡视检查一次设备巡视检查	（2）巡视检查一次设备	（1）现场一次设备开关运行正常。（2）现场开关有无"跳跃"分合现象。（3）现场一次设备有无异常响声	防止走错间隔	
		检查结论		一次设备运行正常，G09 开关在合闸位置，并未有连续分合闸"跳跃"现象
二次设备巡视检查	（1）巡视检查 DTU 及二次设备	（1）DTU 装置遥信板件是否异常，是否有焦糊味或明显形变。（2）DTU 装置"运行"指示灯是否正常。（3）DTU 装置是否有"花屏""死机"等现象	低压触电	
		检查结论		正常
	（2）通过后台软件进入 DTU 装置检查	（1）用笔记本电脑后台连接 DTU 装置（2）检查是否 DTU 装置有遥信抖动现象	低压触电	
		检查结论		G09 间隔遥信不停"分、合"抖动
	测试结论	从上述检查测试可初步判定，G09 开关间隔遥信抖动是因为 DTU 装置收到了遥信变位信号，下面进一步检查遥信二次回路		

续表

阶段	作业程序	质量标准	危险点	图形解析
遥信回路二次电缆检查研判	（1）检查 DTU 装置端子排二次接线	（1）检查确认工作地点。 （2）依据二次图纸检查 DTU 端子排处二次接线是否松动	防"误动"	
	（2）检查开关机构端子排二次接线	（1）核对操作间隔编号。 （2）依据二次图纸检查 G09 开关端子排处二次接线是否松动	防"误动"	
		检查结论	DTU 及开关机构二次端子排均接线正确牢固，无接触不良，松动现象	
	（3）测量 G09 开关遥信回路	（1）断开操作回路电源。 （2）根据设计图纸找到 G09 遥信回路二次接线端子。 （3）万用表设置在通断蜂鸣档。 （4）测量 G09 遥信回路公共端和合闸位置二次线	防"误动"	
		测试结论	万用表蜂鸣档指示 G09 合闸位置遥信时通时断，不断重复	
	测试结论		G02 开关机构本体（开关位置辅助接点）故障，需一次设备厂家配合消缺	

续表

阶段	作业程序	质量标准	危险点	图形解析
停电处理开关机构本体缺陷	（1）环网柜设备厂家停电处理缺陷	（1）检查核对开关间隔。 （2）停用 DTU 控制回路及遥信回路电源空气开关	防走错间隔	
		处理结果	开关机构辅助接点故障消除，具备送电条件	
	（2）测量 G09 开关遥信回路	（1）断开控制回路电源。 （2）根据设计图纸找到 G09 遥信回路二次接线端子。 （3）万用表设置在通断蜂鸣档。 （4）测量 G09 遥信回路公共端和合闸位置二次线	防"误动"	
		测试结论	万用表蜂鸣档指示 G09 合闸位置遥信正确无时通时断现象	
	（3）联系调度，G09 开关进行实际分合闸遥信试验	（1）合上 DTU 控制回路及遥信回路电源空气开关。 （2）确认缺陷间隔，实际分合开关进行遥信试验	防"误动"	
		测试结论	配电自动化主站系统显示 G09 开关分合闸位置正常，缺陷消除	
工作结束恢复原运行方式	（1）恢复所作安全措施，整理处缺工器具，整理打包，装车	（1）确认一次设备电动操作投入，远方/就地切换开关在远方位置。 （2）确认 DTU 装置电源，控制电源投入，远方/就地切换开关在远方位置。 （3）工器具要轻拿轻放，防止相碰损伤	（1）安全措施未能及时恢复，遗留缺陷隐患。 （2）工器具相碰损伤。	

阶段	作业程序	质量标准	危险点	图形解析
工作结束恢复原运行方式	（2）整理现场，检查是否有遗留物	现场整洁	现场杂乱，有遗留物	
	（3）列队，召开收工会，向调度汇报工作结束	对本次作业进行点评		
	（4）整体工作结束，撤离工作现场	现场整洁，无遗留物		

2. 遥控案例

案例 2：10kV 集品嘉园 2 号变电所开关柜遥控执行失败案例

（1）缺陷描述。××年××月××日××时××分××秒××供电公司电力调度控制中心配调班执行对集品嘉园 2 号变电所集一 2 号进线 102 开关由运行改冷备用操作时，采用遥控操作，在主站端预置成功，执行失败。

（2）缺陷发布。配调班工作人员根据《××供电公司配电自动化运维管理规定》要求，对缺陷进行了统计，纳入缺陷管理流程，发布缺陷。

（3）缺陷分析。配电运检室收到缺陷通知单后，根据缺陷描述作出如下分析。

1）预置返校成功，可初步判定终端和主站间通信良好，具体应到现场巡视检查后确定。

2）执行失败，可初步判定是装置遥控出口到一次设备联动之间设备或二次回路问题，具体要到现场巡视检查后确定。

（4）现场处缺步骤及标准（见表 3-26）。

表 3-26　　　　　　　　　　　　案例 2 现场处缺步骤及标准

阶段	作业程序	质量标准	危险点	图形解析
工作前准备	（1）有序进场，检查场地，核对线路名称，配电自动化设备名称，待处缺开关间隔，及运行方式	检查确认工作地点	防走错间隔	
	（2）全体工作人员列队，工作负责人宣读工作票，交代工作任务、危险点及预控措施，做好人员工作分配，必要时现场问答	工作人员精神状态良好，工作负责人交代任务、危险点及安全措施等清楚、明白	工作人员精神状态不佳，分工不明，任务不清	
	（3）布置工作现场，设置安全遮拦	待检查间隔一次设备及二次设备处已设置围栏，挂"在此工作"标识牌	防走错间隔	
	（4）工器具摆放整齐，检查安全防护用具和所有工器具是否完好	各种工器具均试验合格	工器具未经试验或试验方法不正确	

阶段	作业程序	质量标准	危险点	图形解析
一次设备（开关机构）、二次设备（DTU、ONU）检查	（1）准备就绪，工作负责人接到工作许可人许可后开始工作	履行工作票许可手续	防止走错间隔	
	（2）巡视检查通信系统设备	（1）DTU 通信灯闪烁；（2）ONU pon 灯常亮；（3）link 灯闪烁	低压触电	
		检查结论	正常	
	（3）巡视检查DTU及二次设备	（1）DTU 装置遥控板件是否异常，是否有焦糊味或明显形变；（2）控制电源空气开关是否投入；（3）遥控出口压板是否投入；（4）DTU 装置远方/就地切换把手是否在远方位置	低压触电	
		检查结论	正常	
	（4）巡视检查一次设备	（1）一次设备上是否有远方/就地切换把手，是否在远方位置；（2）一次设备上是否有电动/手动操作切换开关或按钮	低压触电	
		检查结论	电动操作切换开关为"关"	
	测试结论	集品嘉园 2 号变电所内环网柜为广西银河迪康设备，在环网柜电动分合闸按钮上方，有"开/关"旋钮，经测试，该"开/关"旋钮为电动操作"启用/停用"旋钮，原位置为"关"，是造成遥控分闸失败的一个原因		

阶段	作业程序	质量标准	危险点	图形解析
一次设备（开关机构）、二次设备（DTU、ONU）检查	（5）联系调度，对集一 2 号进线102开关进行遥控分闸试验	认清缺陷间隔，实际进行遥控试验的核对		
		测试结论	遥控分闸预置成功，执行成功，缺陷消除	
工作结束恢复原运行方式	（1）恢复所作安全措施，整理处缺工器具，整理打包，装车	（1）确认一次设备电动操作投入，远方/就地切换开关在远方位置；（2）确认 DTU 装置电源，控制电源投入，远方/就地切换开关在远方位置；（3）工器具要轻拿轻放，防止相碰损伤	（1）安全措施未能及时恢复，遗留缺陷隐患。（2）工器具相碰损伤	
	（2）整理现场，检查是否有遗留物	现场整洁	现场杂乱，有遗留物	
	（3）列队，召开收工会，向调度汇报工作结束	对本次作业进行点评		

阶段	作业程序	质量标准	危险点	图形解析
工作结束恢复原运行方式	（4）整体工作结束，撤离工作现场	现场整洁，无遗留物		
	（5）依据调度要求恢复原运行方式	履行操作票手续		

（5）编制处缺报告。

配电运检室工作人员回到单位后填写缺陷处理记录，并将缺陷处理结果回执调度，至此缺陷流程流转结束。

3. 遥测案例

案例3：10kV 金域蓝湾环网箱 DTU 遥测异常处缺案例

注：遥测异常缺陷处理的整体缺陷发布、缺陷处理前的准备及缺陷后恢复、现场安全措施等工作流程可参见案例一，不再赘述，本案例仅对缺陷描述、分析及现场处理的重要步骤做详细说明。

（1）缺陷描述。××年××月××日××时××分，××供电公司配网调度员××在监控配电自动化系统时发现金域蓝湾环网箱 1 号进线有功功率 $P_总=155kW$，1 号变出线有功功率 $P_1=74kW$，2 号变压器出线有功功率 $P_2=9.1kW$，有功负荷不平衡。

环网箱 1 号进线遥测电流 $I_总=9.94A$，1 号变出线遥测电流 $P_1=4.74A$，2 号变出线有功功率 $P_2=5.2A$。电流负荷平衡。母线电压 $U=10.6kV$。

（2）缺陷分析。理论上 $P_总=P_1+P_2$，现在有功负荷不平衡，理论上有下述几种可能。

1）遥测电流不平衡。

2）遥测电压缺失或不对应。

3）采样精度误差。

4）电流电压相序接反，正常情况正序应如图3-44所示。

5）TA 变比系数配置错误。根据缺陷描述上 $I_{总}$ $=I_1+I_2$，且相差不大，电压遥测正常，2 号变压器出线有功 P_2 理论上应和 1 号变压器出线有功功率 P_1 相近且略大于 P_1，故基本可以判定 2 号变出线电压电流相序错误。

理论上：$P_2=\sqrt{3}\times 3U_相 I_相$

$\cos\varphi=1.732\times 10.6\times 5.2\times 0.9=85.92kW$

以上是对故障现象的初步研判，涉及设备问题需要到现场巡视检查后确定。

（3）现场处缺步骤及标准见表 3-27。

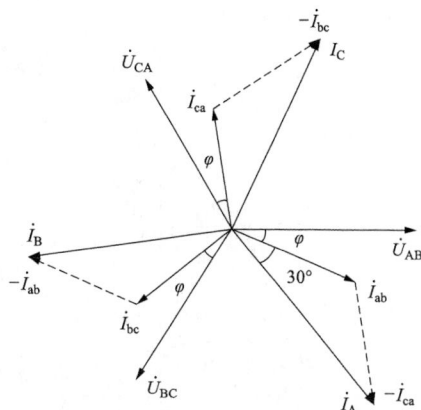

图 3-44　正序电压电流示意图

表 3-27　　　　　　　　　　　案例 3 现场处缺步骤及标准

阶段	作业程序	质量标准	危险点	图形解析
DTU 及二次设备巡视检查	巡视检查二次及通信系统设备	（1）DTU 运行灯、通信灯闪烁；（2）ONU pon 灯常亮；（3）ONU 1 ink 灯闪烁	低压触电	
		检查结论	测量电压空气开关在"投入"状态，DTU 装置 ONU 装置运行正常	
金域 2 号变压器出线遥测电压电流回路相位检查	（1）检查 DTU 金域 2 号变压器出线遥测电压、电流回路端子排及连接电缆二次接线	（1）检查确认工作地点；（2）依据二次图纸检查 DTU 屏端子排遥测电压、电流回路二次接线是否松动；（3）注意查遥测电压回路二次线时不要引起电压短路或电流回路开口	电压回路严禁短路　电流回路严禁开路	
		测试结论	遥测电压回路良好，接线紧固	

阶段	作业程序	质量标准	危险点	图形解析
金域 2 号变压器出线遥测电压电流回路相位检查	（2）使用电流电压相位表检查 DTU 金域 2 号变压器出线二次端子排处遥测电压电流输入相位	（1）核对二次遥测电压回路接线图纸； （2）相位表电压线插在电压二次端子排上，注意 ABC 相序，二次端子排相序； （3）电流二次夹钳夹在电流回路二次电缆上，注意 A、B、C 相序，二次端子排相序； （4）开关在运行中，注意测量时不要引起二次电压短路和电流回路开路	电压回路严禁短路 电流回路严禁开路	
		测试结论	测试发现，金域 2 号变压器出线二次电流回路负序，是导致功率不平衡的主要原因	
	（3）检查金域 2 号变出线 TV 二次回路	（1）核对二次电流回路接线图纸； （2）检查二次控制电缆接线线芯号码； （3）开关在运行中，不要引起二次电压短路和电流回路开路	电流回路严禁开路	
		测试结论	金域 2 号变压器出线二次电流回路 B、C 相电缆接反	
调整金域 2 号变压器出线二次电流回路接线方式	（1）金域 2 号变压器出线二次电流回路 B、C 相调整接线	（1）金域 2 号变压器出线开关停电； （2）金域 2 号变压器出线二次电流回路 B、C 相调整接线； （3）确认金域 2 号变压器出线二次电流回路 B、C 相接线良好； （4）金域 2 号变压器出线开关送电	走错间隔	

阶段	作业程序	质量标准	危险点	图形解析
调整金域2号变压器出线二次电流回路接线方式	（2）联系调度，核对DTU遥测功率是否平衡	确认装置已经完成"初始化"状态，进入运行状态	低压触电	
	测试结论	配电自动化主站系统显示金域蓝湾2号变电所金域2号变压器出线有功 $P_2=81.3\text{kW}$，P 总$=P_1+P_2$ 缺陷消除		

4. 电源异常案例

案例4：集品嘉园2号变电所DTU电源异常处缺案例

（1）缺陷描述。××年××月××日××时××分，××供电公司配网调度员××在监控配电自动化系统时发现集品嘉园2号变电所DTU装置离线，终端离线前，主站系统收到交流失电告警、电池欠压告警等告警信息。

（2）缺陷发布。配调班工作人员根据《××供电公司配电自动化运维管理规定》要求，对缺陷进行了统计，纳入缺陷管理流程，发布缺陷。

（3）缺陷分析。配电运检室收到缺陷通知单后，根据缺陷描述作出如下分析。配电自动化终端装置离线有下述几种可能。

1）主干通信光缆断或通信系统异常。此种故障现象明显，一般会有多个终端同时离线。

2）ONU装置损坏、死机或失电异常，或者从ONU至光纤配线架之间尾纤光缆断。

3）DTU装置损坏、死机或失电异常，或者从DTU至ONU之间网线断。

4）DTU或ONU通信配置信息错误。

以上是对故障现象的初步研判，涉及的设备问题需要到现场巡视检查后确定。

（4）现场处缺步骤及标准见表3-28。

表3-28　　　　　　　　　　　案例4现场处缺步骤及标准

阶段	作业程序	质量标准	危险点	图形解析
工作前准备	（1）有序进场，检查场地，核对线路名称，配电自动化设备名称，待处缺开关间隔，及运行方式	检查确认工作地点	防走错间隔	

续表

阶段	作业程序	质量标准	危险点	图形解析
	（2）全体工作人员列队，工作负责人宣读工作票，交代工作任务、危险点及预控措施，做好人员工作分配，必要时现场问答	工作人员精神状态良好，工作负责人交代任务、危险点及安全措施等清楚、明白	工作人员精神状态不佳，分工不明，任务不清	
工作前准备	（3）布置工作现场，设置安全遮拦	待检查间隔一次设备及二次设备处已设置围栏，挂"在此工作"标识牌	防走错间隔	
	（4）工器具摆放整齐，检查安全防护用具和所有工器具是否完好	各种工器具均试验合格	工器具未经试验或试验方法不正确	
二次设备巡视检查	（1）准备就绪，工作负责人接到工作许可人许可后开始工作	履行工作票许可手续	防止走错间隔	

阶段	作业程序	质量标准	危险点	图形解析
二次设备巡视检查	（2）巡视检查二次及通信系统设备	（1）所有电源空气开关全部合闸位置。 （2）DTU 运行灯、通信灯闪烁 （3）ONU pon 灯常亮 （4）ONU l ink 灯闪烁	低压触电	
		检查结论		所有空气开关全部在投入状态，DTU，ONU 设备全部无电，装置处于失电退出状态
	检查结论	从上述检查测试可初步判定，集品嘉园 2 号变电所 DTU 装置离线的主要原因是二次系统装置失电。下面进一步查找原因		
电源回路二次电缆检查研判	（1）检查 DTU 装置电源回路端子排及连接电缆二次接线	（1）检查确认工作地点。 （2）依据二次图纸检查 DTU 屏端子排电源回路二次接线是否松动。 （3）注意查电源回路二次线时不要引起电压短路	电源电压回路严禁短路	
		测试结论		电源回路良好，接线紧固
	（2）使用万用表检查 DTU 二次端子排处电源电压输出	（1）核对二次电源回路接线图纸 （2）万用表打到交流电压档，并切换至正确量程。 （3）注意测量二次回路熔丝是否熔断。 （4）开关在运行中，注意测量二次电压时不要引起电源电压短路	电源电压回路严禁短路	
		测试结论		DTU 端子排处二次电压熔丝并未熔断，万用表测量显示：DTU 端子排处交流电源电压 $AC_1=0.28V$，$AC_2=0.28V$

123

阶段	作业程序	质量标准	危险点	图形解析
电源回路二次电缆检查研判	（3）使用万用表检查 PT 开关柜二次端子排处电源电压输出（如果存在）	（1）核对二次电源回路接线图纸。 （2）万用表打到交流电压档，并切换至正确量程。 （3）注意测量二次回路熔丝是否熔断。 （4）开关在运行中，注意测量二次电压时不要引起电源电压短路	电源电压回路严禁短路	
		测试结论	开关柜端子排处二次电压熔丝并未熔断，万用表测量显示：开关柜端子排处交流电源电压 $AC_1=0.02V$，$AC_2=0.01V$	
	测试结论	以上测试可以初步判断，集品嘉园 2 号变电所 DTU 失电的原因是压变二次无 220V 电压输出，需停电检查压变是否损坏		
一次设备停电检查、处理	（1）电压互感器检查	（1）办理相关手续，停役电压互感器间隔开关，或停役电压互感器连接母线。 （2）确认电压互感器已停电后，打开 TV 仓门。 （3）检查电压互感器是否有烧毁，或焦糊味。 （4）拆除电压互感器高压电缆搭头，取出压变一次熔丝，测量熔丝是否爆管。 （5）断开电压互感器一次侧、二次侧电缆，对 TV 本体进行高压试验，确定压变是否本体损坏	防止触电	
		检查结论	经检查，电压互感器一次熔丝熔断，导致压变无二次侧电压输出，进而导致 DTU 装置失电。电压互感器本体绝缘、耐压、伏安特性等试验完全正常，仍可使用	
	（2）电源电压二次回路绝缘检查	（1）在电压互感器侧解开二次侧电缆搭头。 （2）用绝缘电阻对电压互感器二次侧电缆逐相、对地测量绝缘电阻。 ①在电压互感器本体处将已拆开的二次电缆线	拆二次电缆前，接线方式应记录在安全措施票中	

阶段	作业程序	质量标准	危险点	图形解析
	（2）电源电压二次回路绝缘检查	头用导线缠绕在一起。用 1000V 绝缘电阻表测试二次电缆线头与地之间的绝缘电阻。R>10MΩ 为合格。②解开二次电缆线缠绕线，分开二次线头，测量其间的绝缘电阻。R>10MΩ 为合格。③绝缘电阻表使用方法：用 1000V 绝缘电阻表测试回路的绝缘时，保持 120V/min 匀速转动	拆二次电缆前，接线方式应记录在安全措施票中	
	测试结论	二次电缆相间 R>10MΩ，相对地 R>10MΩ，二次回路绝缘良好，排除二次电缆短路引起的压变一次熔丝爆炸的可能		
一次设备停电检查、处理	（3）更换电压互感器一次熔丝，搭接一次电缆及二次电缆搭头	（1）更换前检查熔丝是否完好。（2）搭接二次电缆时按照安全措施票逐项恢复	防止触电	
	（4）一次设备送电	（1）送电前断开 DTU 屏上所有电源空气开关。（2）电压互感器间隔送电完成后，在 DTU 输入电源端子排处测量交流回路电源电压，正常应为 AC 220V 左右（3）测量电压正常后，投入 DTU 屏上所有电源空气开关	电源电压回路严禁短路	
	测量结论	DTU 端子排处交流电源电压 AC_1=233.98V，AC_2=233.98V		

续表

阶段	作业程序	质量标准	危险点	图形解析
一次设备停电检查、处理	（5）DTU、ONU 运行情况检查	（1）DTU 运行灯、通信灯闪烁。（2）ONU pon 灯常亮。（3）ONU l ink 灯闪烁	低压触电	
		检查结论	DTU、ONU 装置运行正常	
	（6）联系调度，核对 DTU 装置是否上线	确认装置已经完成"初始化"状态，进入运行状态	低压触电	
		测试结论	配电自动化主站系统显示集品嘉园 2 号变电所 DTU 装置上线，缺陷消除	
工作结束恢复原运行方式	（1）恢复所作安全措施，整理处缺工器具，整理打包，装车	（1）确认一次设备电动操作投入，远方/就地切换开关在远方位置。（2）确认 DTU 装置电源，控制电源投入，远方/就地切换开关在远方位置。（3）工器具要轻拿轻放，防止相碰损伤	（1）安全措施未能及时恢复，遗留缺陷隐患（2）工器具相碰损伤	
	（2）整理现场，检查是否有遗留物	现场整洁	现场杂乱，有遗留物	

续表

阶段	作业程序	质量标准	危险点	图形解析
工作结束恢复原运行方式	（3）列队，召开收工会，向调度汇报工作结束	对本次作业进行点评		
	（4）整体工作结束，撤离工作现场	现场整洁，无遗留物		

（5）编制处缺报告。配电运检室工作人员回到单位后填写缺陷处理记录，并将缺陷处理结果回执调度，至此缺陷流程流转结束。

案例 5：10kV 大圩环网柜 DTU 电源异常处缺案例

电源异常缺陷处理的整体缺陷发布、缺陷处理前的准备及缺陷后恢复、现场安全措施等工作流程可参见案例一，不再赘述，本案例仅对缺陷描述、分析及现场处理的重要步骤做详细说明。

（1）缺陷描述。××年××月××日××时××分，××供电公司 10kV 大圩线跳闸停电，同时配网调度员××在配电自动化系统执行遥控故障隔离恢复时，发现大圩环网柜 DTU 装置离线。

（2）缺陷分析。大圩环网柜 DTU 装置离线是在线路一次停电故障发生后出现，此时 DTU 装置的交流电源已经缺失，故此时电源转换模块应该自动将蓄电池系统投入使用，并至少保证 DTU 及通信系统可以正常运行 8h，完成 3 次开关机构分合闸电动操作。

此时 DTU 装置离线应该是由于电源转换模块故障或蓄电池系统故障造成。

以上是对故障现象的初步研判，涉及的设备问题需要到现场巡视检查后确定。

（3）现场处缺步骤及标准见表 3-29。

表 3-29　　　　　　　　　　　　案例 5 现场处缺步骤及标准

阶段	作业程序	质量标准	危险点	图形解析
二次设备现场巡视检查	巡视检查二次、及通信系统设备	（1）所有电源空气开关全部合闸位置。 （2）DTU 运行灯、通信灯闪烁。 （3）ONU pon 灯常亮。 （4）ONU l ink 灯闪烁	低压触电	
	检查结论	DTU 屏上所有空气开关在"投入"状态，DTU，ONU 设备全部无电，装置处于失电退出状态		
	检查结论	由于交流电源输入已经失去（线路故障停电），电源转换模块应自动开启蓄电池电源供电系统，大圩环网柜 DTU 装置离线的主要原因应是电源转换模块损坏或是蓄电池系统问题。下面进一步查找原因		
蓄电池电源回路检查研判	使用万用表检查蓄电池电压	（1）核对二次电源回路接线图纸。 （2）万用表打到直流电压档，并切换至正确量程。 （3）正常蓄电池电压应略高于24V。 （4）注意测量二次电压时不要引起蓄电池电压短路	电池电压回路严禁短路	
	检查结论	万用表测量蓄电池电压显示：DC=16.5V，严重欠压		
	检查结论	上述检查可判定，蓄电池损坏，无法在交流停电时起到后备电源补充作用，无法保证保证 DTU 及通信系统可以正常运行 8h，完成 3 次开关机构分合闸电动操作		

阶段	作业程序	质量标准	危险点	图形解析
蓄电池更换	（1）更换备用蓄电池（备件）	（1）断开 DTU 屏所有电源空气开关。 （2）蓄电池更换前确认备件蓄电池电压略高于 24V。 （3）更换蓄电池时注意不要发生直流短路。 （4）蓄电池"+""−"回路不要接反。 （5）工作人员做好人身安全保护措施	电池电压回路严禁短路	
	（2）投入各直流电源空气开关	（1）依照装置电源、控制电源、通信电源顺序投入。 （2）如果送电过程中出现空气开关跳闸现象，应立即断开蓄电池电源空气开关	电源电压回路严禁短路	
		测试结论	各空气开关依次投入正常，无异常跳闸现象	
	（3）DTU、ONU 运行情况检查	（1）DTU 运行灯、通信灯闪烁。 （2）ONU pon 灯常亮。 （3）ONU link 灯闪烁	低压触电	
		检查结论	DTU、ONU 装置运行正常	
	（4）联系调度，核对 DTU 装置是否上线	确认装置已经完成"初始化"状态，进入运行状态	低压触电	
		测试结论	配电自动化主站系统显示大圩环网柜 DTU 装置上线，缺陷消除	

3.4 配电终端运维工具与仪器设备使用介绍

3.4.1 仪器、仪表及工器具的准备

笔记本电脑（已安装终端后台监控软件）；RS-232 串口线或以太网直通网络线；短接线；钳表；数字万用表；三相交直流标准源；组合工具箱。

3.4.2 仪器、仪表使用方法概述

1. 万用表使用方法概述

图 3-45 万用表

直流电压的测量。首先将黑表笔插进 "com" 孔，红表笔插进 "VΩ"。把旋钮选到比估计值大的量程（注意：表盘上的数值均为最大量程，"V−" 表示直流电压档，"V∼" 表示交流电压档），接着把表笔接电源或电池两端；保持接触稳定。数值可以直接从显示屏上读取，若显示为 "1."，则表明量程太小，那么就要加大量程后再测量工业电器。如果在数值左边出现 "−"，则表明表笔极性与实际电源极性相反，此时红表笔接的是负极。万用表如图 3-45 所示。

交流电压的测量。表笔插孔与直流电压的测量一样，不过应该将旋钮打到交流档 "V∼" 处所需的量程即可。交流电压无正负之分，测量方法跟前面相同。无论测交流还是直流电压，都要注意人身安全，不要随便用手触摸表笔的金属部分。

（1）直流电流的测量。先将黑表笔插入 "COM" 孔。红表笔插入 "A" 或 "mA" 孔。表盘旋钮选到直流档档位。

（2）交流电流的测量。测量方法同上，不过档位应该打到交流档位，电流测量完毕后应将红笔插回 "VΩ" 孔，若忘记这一步而直接测电压，则易引起万用表及被测装置的损坏。

2. 钳表使用方法概述

钳表是一种用于测量正在运行的电气线路的电流大小的仪表，可在不断电的情况下测量电流。钳表如图 3-46 所示。使用方法如下：

（1）测量前要机械调零。

（2）选择合适的量程，先选大，后选小量程或看铭牌值估算。

（3）当使用最小量程测量，其读数还不明显时，可将被测导线绕几匝，匝数要以钳口中央的匝数为准，则读数＝指示值×量程/满偏×匝数。

（4）测量时，应使被测导线处在钳口的中央，并使钳口闭合紧密，以减少误差。

（5）测量完毕，要将转换开关放在最大量程处。

图 3-46 钳表

3. 三相交直流标准源使用概述

三相交直流标准源可以输出三相工频（40Hz∼65Hz）频率、相位及幅度可调高精度电压电流，方便电力工作者测试、研发、检定。三相交直流标准源如图 3-47 所示。使用说明如下。

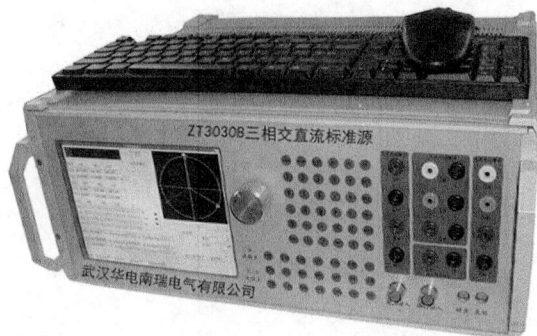

图 3-47　三相交直流标准源

（1）800×600TFT 真彩 LCD。

（2）带开关旋转编码器，可用于对输出量进行调节，或用于参数选择。

（3）功能键、数字键、控制键区。

【Ur】：电压量限切换键；

【Ir】：电流量切换限键；

【TYP】：TYP 接线方式切换键；

【0～9】：数字键；

【F1】、【F2】、【F3】：功能键；

【SET】：　参数设置键；

【OFF】：　关闭标准源输出键；

【BAK】：退格键；

【←】、【↑】、【→】、【↓】：上、下、左、右方向键；

【ENT】：确认键；

【ESC】：退出键；

【U】：电压参数键；

【I】：电流参数键；

【P】：有功功率参数键；

【Q】：无功功率参数键；

【F】：频率参数键；

【φ】：相位参数键；

【A】、【B】、【C】：相序指示键。

（4）试验点键区，都为快捷键，按下后直接产生相关功能：【0.0L】、【0.5L】、【0.8L】、【1.0】、【0.5C】、【0.8C】、【0.0C】按键为 COSφ 试验点快捷键；【120%】、【110%】、【100%】、【90%】、【80%】、【70%】、【60%】、【50%】、【40%】、【30%】、【20%】、【10%】、【5%】、【0%】为 U、I 百分比试验点快捷键。

（5）直流电压源输出端子。

（6）直流电流源输出端子。

（7）交流电流源输出端子，黄、绿、红色端子分别为 A 相、B 相、C 相电流输出的正端；黑色端子分别为 A 相、B 相、C 相电流输出的负端。

（8）交流电压源输出端子，黄、绿、红色端子分别为 A 相、B 相、C 相电压输出正端，黑色端子 Un 为公共端。

（9）直流输入插孔。

（10）有功电能脉冲输入插座。

（11）无功电能脉冲输入插座。

（12）标准 PC 键盘接口（PS2）

（13）鼠标接口（PS2）

（14）注意事项如下。

1）输出直流电流源时，请务必将三相交流电流源处于开路状态。

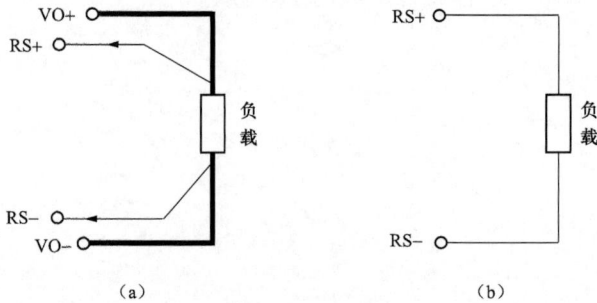

图 3-48　直流电压接线图

（a）电压四线输出接线法；（b）电压两线输出接线法

2）直流电压输出接线方式：直流电压输出采用四线输出方式。在输出低电压、接大电流负载或用较长输出引线时，为了消除或减小引线电阻的影响，建议用户采用如图 3-48（a）所示的四线输出方式，VO+、VO-的接入起着反馈补偿的作用；在输出电压较高时也可采用如图 3-48（b）所示的两线输出方式。交直流标准源视窗如图 3-49 所示。

4. 伏安相位表使用概述

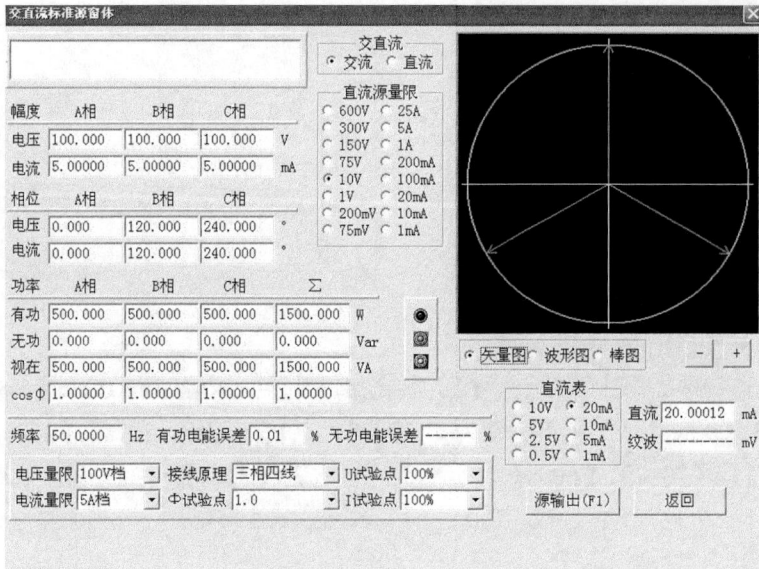

图 3-49　交直流标准源视窗

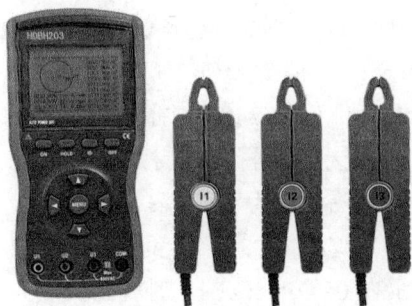

图 3-50　伏安相位表

数字伏安相位表除了能够直接测量交流电压值、交流电流值、两电压之间、两电流之间及电压、电流之间的相位和工频频率外，还具有其他测量判断功能。伏安相位表如图 3-50 所示。使用说明如下：

（1）按下 ON/OFF 按钮，旋转功能量程开关正确选择测试参数及量限。

（2）测量电压：将功能量程开关拨至参数 U_1 对应的 500V 量限，将被测电压从 U_1 插孔输入即可进行测量。若测量值小于 200V，可直接旋转开关至 U_1 对应的 200V 量限测量，以提高测量准确性。两通道具有完全相同的电压测试特性，故亦可将开关拨至参数 U_2 对应的量限，将被测电压从 U_2 插孔输入进行测量。

（3）测量电流：将旋转开关拨至参数 I_1 对应的 10A 量限，将标号为 I_1 的钳形电流互感器副边引出线插头插入 I_1 插孔，钳口卡在被测线路上即可进行测量。同样，若测量值小于 2A，可直接旋转开关至 I_1 对应的 2A 量限测量，提高测量准确性。测量电流时，亦可将旋转开关拨至参数 I_2 对应的量限，将标号为 I_2 的测量钳接入 I_2 插孔，其钳口卡在被测线路上进行测量。

（4）测量相位：测 U_2 滞后 U_1 的相位角时，将开关拨至参数 U_1U_2。测量过程中可随时顺时针旋转开关至参数 U_1 各量限，测量 U_1 输入电压，或逆时针旋转开关至参数 U_2 各量限，测量 U_2 输入电压。（注意：测相时电压输入插孔旁边符号 U_1、U_2 及钳形电流互感器红色"*"符号为相位同名端。）

（5）测量相差：测 I_2 滞后 I_1 的相位角时，将开关拨至参数 I_1I_2。同样测量过程中可随时顺时针旋转开关至参数 I_1 各量限，测量 I_1 输入电流，或逆时针旋转开关至参数 I_2 各量限，测量 I_2 输入电流。

将电压从 U_1 输入，用 I_2 测量钳将电流从 I_2 输入，开关旋转至参数 U_1I_2 位置，测量电流滞后电压的角度。测试过程中可随时顺时针旋转开关至参数 I_2 各量限测量电流，或逆时针旋转开关至参数 U_1 各量限测量电压。也可将电压从 U_2 输入，用 I_1 测量钳将电流从 I_1 输入，开关旋转至参数 I_1U_2 位置，测量电压滞后电流的角度。同样测量过程中可随时旋转开关，测量 I_1 或 U_2 之值。

（6）相序判别：①三相三线配电系统相序判别：旋转开关置 U_1U_2 位置。将三相三线系统的 A 相接入 U_1 插孔，B 相同时接入与 U_1 对应的±插孔及与 U_2 对应的±插孔，C 相接入 U_2 插孔。若此时测得相位值为 300°左右，则被测系统为正相序；若测得相位为

60°左右，则被测系统为负相序。换一种测量方式，将 A 相接入 U_1 插孔，B 相同时接入与 U_1 对应的±插孔及 U_2 插孔，C 相接入与 U_2 对应的±插孔。这时若测得的相位值为120°，则为正相序；若测得的相位值为 240°，则为负相序。②三相四线系统相序判别：旋转开关置 U_1U_2 位置。将 A 相接 U_1 插孔，B 相接 U_2 插孔，零线同时接入两输入回路的±插孔。若相位显示为 120°左右，则为正相序；若相位显示为 240°左右，则为负相序。

（7）负载判别：旋转开关置 U_1I_2 位置。将负载电压接入 U_1 输入端，负载电流经测量钳接入 I_2 插孔。若相位显示在 0°～90°范围，则被测负载为感性；若相位显示在 270°～360°范围，则被测负载为容性。

5. 绝缘电阻表使用概述

绝缘电阻表大多采用手摇发电机供电，因而得名，它的刻度是以兆欧（MΩ）为单位的，故又称摇表。绝缘电阻表是电工常用的一种测量仪表。绝缘电阻表主要用来检查电气设备、家用电器或电气线路对地及相间的绝缘电阻，以保证这些设备、电器和线路工作在正常状态，避免发生触电伤亡及设备损坏等事故。绝缘电阻表有手摇式绝缘电阻表（见图 3-51）、电动式绝缘电阻表。使用注意事项如下：

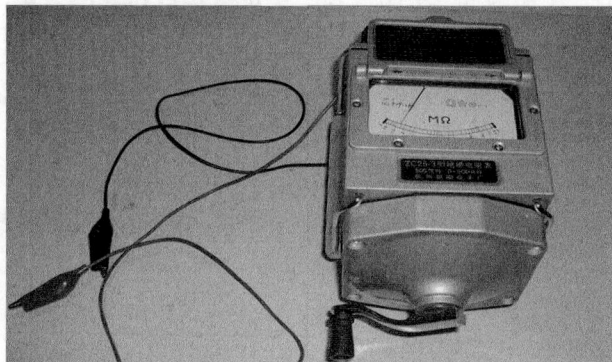

图 3-51　手摇式绝缘电阻表

（1）正确选用绝缘电阻表：绝缘电阻表的额定电压应根据被测电气设备的额定电压来选择。测量 500V 以下的设备，选用 500V 或 1000V 的绝缘电阻表；额定电压在 500V 以上的设备，应选用 1000V 或 2500V 的绝缘电阻表；对于绝缘子、母线等要选用 2500V 或 3000V 绝缘电阻表。

（2）使用前检查绝缘电阻表是否完好：将绝缘电阻表水平且平稳放置，检查指针偏转情况：将 E、L 两端开路，以约 120r/min 的转速摇动手柄，观测指针是否指到"∞"处；然后将 E、L 两端短接，缓慢摇动手柄，观测指针是否指到"0"处，经检查完好才能使用。

绝缘电阻表的使用方法如下：

（1）绝缘电阻表放置平稳牢固，被测物表面擦干净，以保证测量正确。

（2）测量前必须将被测线路或电气设备的电源全部断开，即不允许带电测绝缘电阻。并且要查明线路或电气设备上无人工作后方可进行。

（3）正确接线：摇表有三个接线柱：线路（L）、接地（E）、屏蔽（G）。根据不同测量对象，作相应接线。测量线路对地绝缘电阻时，E 端接地，L 端接于被测线路上；测量电机或设备绝缘电阻时，E 端接电机或设备外壳，L 端接被测绕组的一端；测量电机或变压器绕组间绝缘电阻时先拆除绕组间的连接线，将 E、L 端分别接于被测的两相绕组上；测量电缆绝缘电阻时 E 端接电缆外表皮（铅套）上，L 端接线芯，G 端接芯线最外层绝缘层上。

（4）测试前必须将被试线路或电气设备接地放电。测试线路时，必须取得对方允许后方可进行。

（5）由慢到快摇动手柄，直到转速达 120r/min 左右，保持手柄的转速均匀、稳定，一般转动 1 min，待指针稳定后读数。

（6）测试过程中两手不得同时接触两根线。

（7）测量完毕，待摇表停止转动和被测物接地放电后方能拆除连接导线。

（8）雷电时，严禁测试线路绝缘。

6. 配电自动化终端统一运维工具

目前，配电自动化设备的厂家五花八门，维护软件的使用方法、IP 地址、定值整定方法等均不相同。基层自动化人员无法全部掌握所有维护软件的使用方法。因此，湖南电科院基于这种情况，研究出了一个配电自动化终端统一运维工具，满足于现场任一终端厂家的后台维护、定值整定、数据查看等。

该统一运维工具是用于维护配电自动化终端（终端需满足《配电自动化系统应用 DLT 634.5104—2009 实施细则（试行）》及《关于湖南配电自动化终端参数的补充说明》，且投入本地网口或串口）的后台运维软件，具备终端的遥测、遥信、遥脉、SOE 及报文数据查看功能，并对终端进行遥控、对时及时钟获取、参数读取与修改、历史文件调阅及历史记录查询等操作命令。

第4章

配电自动化故障处理原理及应用案例

4.1 配电自动化故障处理概述

配电网是面向用户的"最后一公里",其安全可靠运行是保障可靠供电的关键,但配电网点多面广,运行环境复杂,配电网线路故障约占电网故障总数的 80%,引起的停电时间占比也越来越高。快速故障处理是提高供电可靠性、保障优质供电的关键,配电自动化的发展为快速故障处理提供了更大的可能性,其中配电网继电保护技术及馈线自动化技术是最常用的两种故障处理方法。由于配电线路一般较短且故障电流较小,难以通过故障电流定值来进行分级保护,只能通过保护时限实现分级,而配网网架结构复杂,变电站出口保护时限较小,难以实现保护的级差配合。配电网故障处理一般采用"主线馈线自动化、支线继电保护"技术路线,利用馈线自动化实现主线故障的自动定位和隔离,利用继电保护实现支线故障的就地快速切除。

配电网继电保护应遵循简单适用的原则,整体按照变电站 10kV 出线开关(第一级保护)、分支开关(第二级保护)、用户分界断路器(第三级保护)配置整定。一般而言,采用变电站 10kV 出线开关、分支开关(或用户分界断路器)两级保护模式,三级保护只针对长分支线路带专变用户的情况。具体配置应根据线路特点,灵活进行配置。10kV线路分级保护设置示意图如图 4-1 所示。

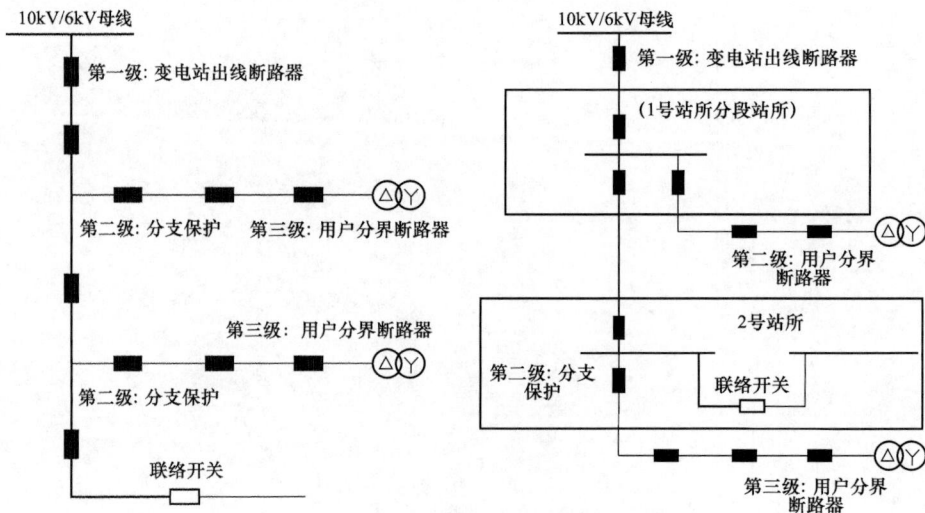

图 4-1　10kV 线路分级保护设置示意图

馈线自动化实现故障处理可采用集中型和就地型模式，应根据供电可靠性需求，结合网架结构和城、农网特点，在建有主站且有光纤的城网线路选择集中型馈线自动化，无主站纯电缆线路不投馈线自动化，D 地区架空线路宜采用就地式电压时间型馈线自动化，具体配置见表 4-1。

表 4-1　　　　　　　　　　　　　　馈线自动化配置模式

供电区域	配电主站	终端建设模式	处理模式
A	地市独立主站	全三遥	集中式馈线自动化（全自动）
B	省级或地市	主干线开关全"三遥"，支线开关"三遥"或"二遥"	独立主站：集中式馈线自动化；无独立主站：架空线路就地馈线自动化，电缆线路不投馈线自动化
C	省级或地市	主干线关键节点开关"三遥"，其余开关"二遥"	与 B 类同
D	省级或地市	主干线、重要分支线开关"二遥"	就地馈线自动化

4.2　配电网故障监测原理

4.2.1　故障指示器故障监测原理

配电网线路中，发生的故障主要有相间短路故障和单相接地短路故障两种。故障指示器在监测这两种故障时，所应用的监测原理略有不同。目前，相间短路故障的监测原理有定值法；单相接地故障的监测主要有外施信号型 、暂态特征型和暂态录波型。对于两种故障的监测，故障指示器多用于单相接地短路的故障监测。

1. 定值法原理

短路故障可根据网架结构、线路长度、系统阻抗、负荷情况等，计算并设置每只故障指示器的动作电流定值。短路故障一般为相间短路故障，也有三相短路故障的情况。由于正常运行中的线路 A、B、C 三相电压相等，且相位相差 120°，一旦发生短路，相间在极短时间内会产生一个极大的电流，由于线路有过流保护，在出现大电流后，保护成功动作，此时线路电流会急速变为 0。其故障时负荷电流示意图如图 4-2 所示。

因故障指示器具备遥设功能，在内部判断逻辑中，有两个参数可对外设置，一个是突变电流值，另一个是突变延时，此时可以根据当线路电流的突变值超过设定的电流突变值时，且突变的持续时间超过所设定的突变延时的时候，故障指示器即判定为短路故障，并翻牌上报故障。

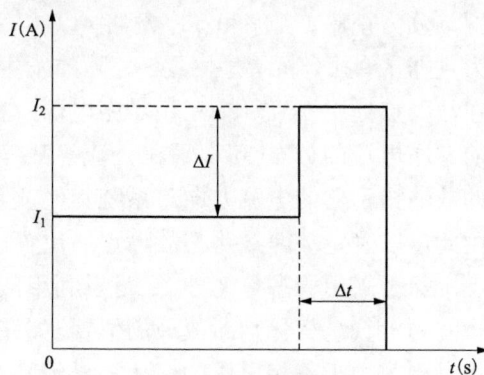

图 4-2　相间短路故障负荷电流示意图

2. 外施信号型检测原理

外施信号法的故障选线需要引入信号发生装置，即信号源。该信号源应能够发出特征明显的信号。通常采用的信号源是三个单相开关与一个小电阻串联，如图 4-3 所示。三个开关一端共同接电阻 R_1，另一端分别接到三相母线上，电阻的一端则接地。另外，信号源中还有 TV、TA 等装置。

当线路发生故障时，通过反复闭合和断开非故障相的开关，以此制造脉冲。开关闭合时，系统实际上是两相经电阻通路状态，因此能够产生较大的工频电流，而位于线路上的故障指示器即可通过检测该电流脉冲是否流过自身以此来判断故障的线路及故障位置。具体实现示意图如图 4-4 所示。

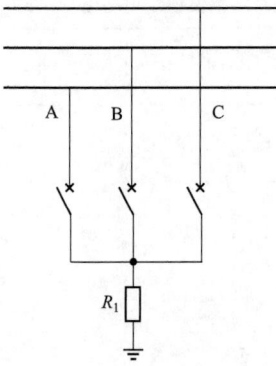

图 4-3　信号源结构示意图

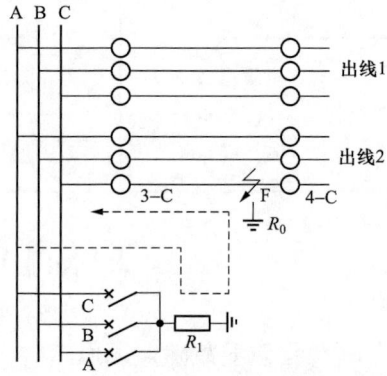

图 4-4　外施信号原理实现示意图

从图 4-3 可以看出，当出线 2 的 3-C 和 4-C 出现接地故障时，此时 3-C 能够接收到交流脉冲，而 4-C 则接收不到交流脉冲信号，以此可以判定在两者之间存在接地故障。

3. 录波法检测原理

录波法主要以电气量变化来判断故障线路与位置。所采用的判断方法可分为暂态法和稳态法，现以稳态法进行说明。

以简单网络为例，录波法检测原理示意图如图 4-5 所示，F 点发生故障后，由对称分量法将网络分为正序、负序和零序网络。以零序电流作为判据，单独分析零序网络，故障的发生相当于在故障点处引入了一个三相零序电源，由其产生的零序电流的分布 可以看出，流经故障点上游的故障指示器的电流方向与系统其他位置相反，由此可以确定故障线路与故障点的位置。

除了采用稳态量之外，还可以利用故障发生瞬间的电气量变化判断故障的位置。如在故障发

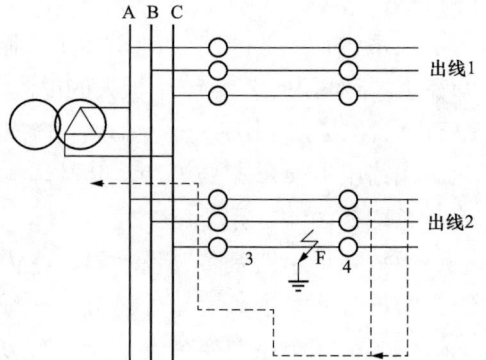

图 4-5　录波法检测原理示意图

生时刻，由于三相电压的变化会导致其对地电容有短暂的充电或放电过程，通过测量该电流在各条线路的方向，也能完成故障的选线定位。

录波法可以利用不同的判据适用于不接地系统或消弧线圈系统，优点在于无须安装信号源，也不会加重故障点的故障。但是，为了保证测量判断结果的准确性，该方法对故障指示器的采样频率、采样精度、时钟同步以及无线传输能力要求较高，增加了成本。此外，录波法中故障指示器一般要测量线路周围的电场分布，而空间电场分布受外界环境影响很大，容易造成误报。

4. 暂态综合判据法原理

在单相接地故障出现的短时暂态过程中，故障相电压突然降低会引起线路的分布电容对地放电，非故障相电压突然升高使线路的分布电容充电，因此具有显著而又丰富的故障特征量，暂态综合判据法即是通过检测多种故障特征量来判断是否发生了单相接地。接地故障暂态信息特征包括：故障相电压降低；暂态电容电流远大于稳态电容电流几倍到几十倍；线路出现零序电流，在某个频段内故障线路零序电流方向由线路流向母线；接地瞬间出现高次谐波信号；接地瞬间暂态电容电流和相电压有个固定的相位关系；线路不停电等。根据这些故障信息制定相应的判据如下：

（1）线路有突然增大的暂态电容电流，稳态电流值不小于 I_0，发生接地故障时，40km 的架空线路会产生 1A 的稳态电容电流，3A 的暂态电容电流。可以将接地检测的电容电流启动值 I_0 设为 1A，只要同一母线下 10kV 线路超过 40km，则指示器可以有效动作。

（2）接地线路对地电压降低幅值不小于 ΔU。考虑到系统经过渡电阻接地的情况，电压不会降低为零。

（3）可识别故障电流持续时间不小于 Δt。考虑瞬时接地的情况。

（4）5 次谐波电流突然增大。

（5）暂态电流方向和瞬时无功功率方向相位比较，只有接地点之前的状态能够满足设定值。

一般而言，暂态综合判据法可检测接地电阻小于 200Ω 的瞬时性接地故障和永久性接地故障。由于消弧线圈的特性，中性点经消弧线圈接地与中性点不接地暂态过程是相似的，因此两种接地方式都适用，不会对系统运行造成影响。但要快速、准确捕捉到暂态量，终端必须具备较高的测量和处理能力，由于灵敏度高，误动的可能性会较大些。

总体来讲，暂态综合判断法原理采集多种故障暂态信息作为判据，对大量数据进行横向和纵向的比较，综合分析出接地故障及故障位置，较早期的故障指示器有更好的动作准确率。

4.2.2　一、二次成套设备的故障监测原理

电网设备自动化时代到来使得传统电气开关设备由人工操作开始转向自动化操作。一、二次融合技术成套设备使电气开关柜具有运行实时监测、自动告警、应急处理、维保检验和信息监察、后台数据的统计分析等功能，是当前配电网的发展趋势。

按用途进行区分，一、二次成套设备在融合了配电终端后可主要分成两类，即一、二次融合柱上开关（FTU）和一、二次融合环网柜（DTU）。

由于配电网线路的故障主要为相间短路故障和接地短路故障，故一、二次成套设备需具备相间短路故障的告警和跳闸功能及接地短路的告警功能（可根据运行要求作用于

跳闸）。相间短路，设备主要作用于保护跳闸，一般采取速断保护与过流保护。对于接地短路检测而言，一、二次成套设备需要根据 FTU 及 DTU 的实际运行情况进行判断，本节将介绍两种 FTU 和 DTU 对接地故障检测的方法和原理。

4.2.2.1 FTU 的接地故障监测原理

1. 接地故障检测方案

在配电线路各个节点安装 FTU，并构成如图 4-6 所示的配电自动化系统，其结构主要由配电主站、配电子站和 FTU 构成。

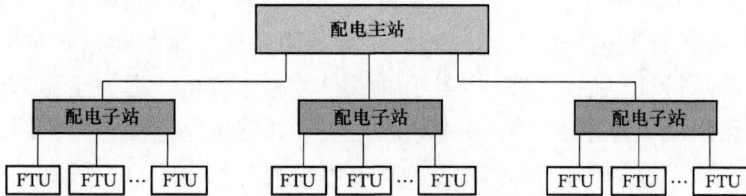

图 4-6　FTU 节点构成的配电自动化系统

在由 FTU 构成的配电线路中，FTU 具备与接地故障检测相关的特性如下。

（1）FTU 可快速采集三相电流及电压，并从中分解出各种相关的特征量。

（2）FTU 可以同时监测故障电流以及正常负荷电流，并具有 0.2%～0.5%的精度。

（3）FTU 在检测到故障或测量值变化的情况下，能够主动地向主站/子站传送变化量。

（4）配电主站/子站可通过对时命令，使分散于各处的 FTU 的时间保持一致。

（5）配电主站/子站通过通信可获得任意点 FTU 的信息，并综合比较，通过分析各 FTU 处的接地特征量确定出故障线路及故障区段。

对于大电流接地系统，其故障接地点的判断较为容易，可以把故障电流作为检测接地的特征量。如配电线路的 FTU_2、FTU_3 之间发生接地故障，则 FTU_1、FTU_2 均可检测到较大的接地电流，而 FTU_3 未检测到此电流。这些信息上送到子站后，可较为方便地判断出故障点在 FTU_2 与 FTU_3 之间，并能指出某相发生接地故障。主/子站下发命令使 FTU_2、FTU_3 控制的开关跳闸，隔离故障区域使接地故障不影响非故障区域的供电。

小电流接地系统发生单相接地后零序电压升高，但对于配电线路（特别是架空线路）零序电流通常较小，为了提高故障判断的准确性，需要从中提取其他的辅助特征量。

2. 配电自动化终端 FTU 检测的接地故障特征量

（1）装置采集量。FTU 通过输入的三相电压、三相电流，采用离散傅里叶变换计算可分解出如下的电压、电流谐波分量：U_a（1…13）、U_b（1…13）、U_c（1…13）、I_a（1…13）、I_b（1…13）、I_c（1…13），其中，（1…13）表示电压和电流的 1 到 13 次谐波分量。

（2）零序电压特征量。该特征是基于线路在小电流接地情况下，系统零序电压上升的特点而提出。

$$U_0 = U_a(1) + U_b(1) + U_c(1) \tag{4-1}$$

式中　　　　　　　U_0——零序电压；

$U_a(1)$、$U_b(1)$、$U_c(1)$——A、B、C 三相电压的基波相量值。

在线路故障下，线路上相关的 FTU 均检测到零序电压超过整定值，此时主/子站可以此判据启动系统的接地故障判别程序，与此同时 FTU 将记录超过定值前后一段时间的电压、电流波形，并上传主/子站。

（3）零序电流特征量。该特征是基于故障支路零序电流大于非故障支路零序电流的特点而提出。

$$I_0 = I_a(1) + I_b(1) + I_c(1) \tag{4-2}$$

式中　　　　　I_0——零序电流；

$I_a(1)$、$I_b(1)$、$I_c(1)$——三相电流的基波相量值。

在线路电容电流较大的情况下，如 10kV 电缆线路及架空出线支路较多，此特征具有较高的精度；且在故障点前后所检测到的零序电流有较大的变化，通过此点可检测出接地故障点。

（4）零序功率方向特征量。该特征是基于故障线路零序电流滞后零序电压 90°，非故障线路零序电流超前零序电压 90°的特点而提出。

$$Q_0 = |U_0| \times |I_0| \times \sin(\alpha) \tag{4-3}$$

式中　Q——零序无功；

U_0、I_0——通过式（1）、式（2）计算得到的零序电压、电流；

　　α——U_0、I_0 的夹角。

若某条线路上 FTU 检测到的零序无功为正而其他 FTU 为负，则表明故障在该线路上。

（5）5 次谐波特征量。该特征是基于线路发生单相接地后故障点处电压突变量、5 次谐波电流增大的特点提出。

$$I_0 = I_a(5) + I_b(5) + I_c(5) \tag{4-4}$$

满足$\Delta I_0(5) > I_{set}$，$\Delta U > U_{set}$，即可作为判断依据。

式（4-4）中，$I_0(5)$为矢量叠加后的零序 5 次谐波；$I_a(5)$、$I_b(5)$、$I_c(5)$为三相电流中通过傅里叶变换后计算生成的 5 次谐波；$\Delta I_0(5)$、ΔU 为配电终端检测到的零序电流 5 次谐波及零序电压的突变，当其大于设定的 I_{set}、U_{set} 后，则可认为发生接地故障。

3. 主站或子站启动判断故障

配电网自动化系统中的各 FTU 检测到的信息通过通信上报后，由主站或子站全盘考虑整个配电网自动化系统的故障信息，决定是否发生故障及接地区域。其启动量主要有：变电站 $3U_0$ 突变；配电网单点接地状态突变；配电网多点接地状态突变。主站判断系统故障区域的算法可根据实际的通信方法及电网接地方式、结构来编制不同的接地算法，主要有小波变换、模糊算法及人工智能算法。

FTU 的监测故障及处理的流程图如图 4-7 所示。

4.2.2.2　DTU 的接地故障监测原理

1. 基于 DTU 的接地故障检测与定位

在对含环网柜的配电网进行分析可以发现，当配电网的某一个分支线发生故障时，对于一个环网单元来说，存在着与变电站出线相同的故障现象。故可针对这个故障现象，将单相接地故障进行锁定，且锁定到具体的某个环网单元中。

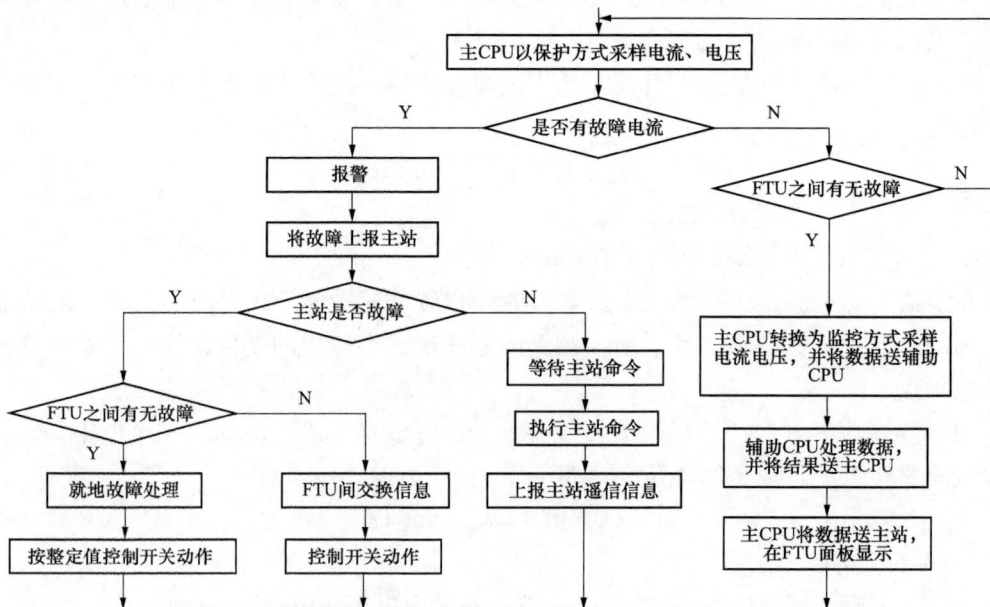

图 4-7 FTU 的监测故障及处理的流程图

在配电网的环网单元中配置 DTU，可以采集整个环网单元中所有线路的信息，给单相接地故障的故障定位提供了可能。如图 4-8 所示，设定环网单元 1 和环网单元 2 均为 1 进 4 出，共 5 条线路的环网柜，分别配置 1 台 DTU，采集 5 条线路的交流量和开关量信息。可以实现基于 DTU 的单相接地故障检测与定位。

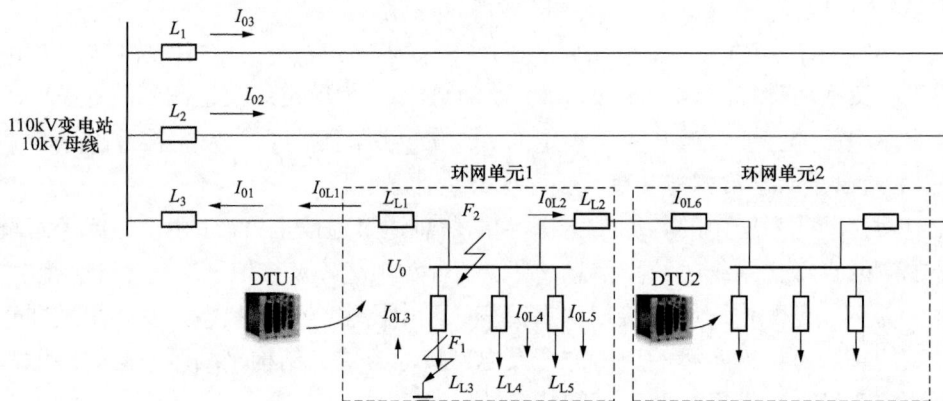

图 4-8 配电网单相接地故障定位（DTU）

2. 线路属性判断

配电网线路存在着负荷转供的情况，不同的时段，线路的潮流方向可能也不相同，但是，可以根据功率方向来确定该线路目前是电源进线，还是负荷出线。定义线路的正方向为：线路功率方向由母线流向线路，反方向则是由线路流向母线。当各线路处于正常运行状态（非故障状态）时，判别各线路的功率方向，当满足正方向判据时，延时 5s 判断该线路为"负荷出线"，相反，判断该线路为"电源进线"，线路属性判断逻辑见图 4-9。

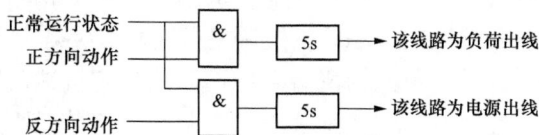

图 4-9　线路属性判断逻辑图

3. 启动判据

当环网单元内母线零序电压大于 18V，且任一线路的零序电流大于启动定值时，启动单相接地故障定位逻辑，该定值以变电站 10kV 出线为单位，整定值 I_{set} 与变电站 10kV 出线保护的零序过流保护相同：

$$I_{0i} < I_{set} < I_0 \Sigma$$

式中　I_{0i}——该环网单元所属的 10kV 线路的对地电容电流；

　　　$I_0 \Sigma$——变电站 10kV 母线上其他所有线路的对地电容电流之和。

启动电流定值需小于或等于本线路接地时的故障电流，并且大于本线路非接地时的零序电流。启动判据如图 4-10 所示。

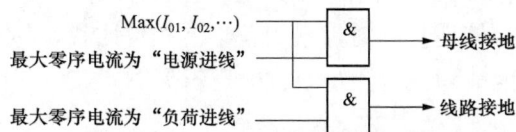

图 4-10　单相接地故障定位逻辑判断

单相接地故障检测与定位当启动条件满足时，DTU 开始对环网单元内的各条线路的零序电流大小进行排序，并上报排序结果，如图 4-8 中示例，F_1 处故障时的故障排序的结果为：

$I_{0L3} > I_{0L1} > I_{0L4} > I_{0L5} > I_{0L2}$，当 DTU 完成对各条线路的零序电流排序之后，结合各线路的属性，对单相接地故障进行最终定位。

当故障电流最大的线路为"电源进线"时，判定为母线接地故障，当故障电流最大的线路为"负荷出线"时，判定为线路接地故障。然后 DTU 将故障判定结果就地显示，并上送主站。如图 4-8 中示例，当 F_1 处发生单相接地故障后，零序电流最大的线路为 I_{0L3}，且 I_{0L3} 为"负荷出线"，则 DTU 显示："线路单相接地：L_{03}"。当 F_2 处发生故障时，则选出零序电流最大的线路为 I_{0L1}，因为 I_{0L1} 为"电源进线"，则 DTU 显示："母线单相接地"。

然而，对于中性点经消弧线圈接地系统，由于消弧线圈的补偿作用，当系统发生单相接地故障时，零序电流很小，有可能上述定位方法中的"启动判据"都无法满足，所以，中性点经消弧线圈接地系统的接地检测无法用零序电流稳态量作为判据，需寻找新的方法。经研究发现，中性点经消弧线圈接地系统发生单相接地故障时，尽管零序电流稳态量很小，但是在发生接地故障的瞬间，各线路的零序电流的首半波波形满足：故障线路上暂态零序电流与零序电压的首半波相位相反，非故障线路上暂态零序电流与零序电压的首半波相位相同。所以，针对中性点经消弧线圈接地系统采用暂态判据，DTU 检测各线路零序电流的首半波相位，并与零序电压的首半波相位相比较，进而确定故障线路。

4. 单相接地故障检测与定位

图 4-8 中 F_1 处发生单相接地故障时，DTU 判断出：I_{0L1} 和 I_{0L3} 的零序电流首半波相位与零序电压相位相反，而其他线路均相同，则判断 I_{0L1} 和 I_{0L3} 为故障线路。中性点经消弧线圈接地系统的故障定位与中性点不接地系统的故障定位稍有不同。当 DTU 判断出整个环网单元内既有"电源进线"有接地故障，又有"负荷出线"有接地故障时，判定为线路发生了接地故障；当整个环网单元内之只有"电源进线"有接地故障时，判定为母线接地，判据逻辑见图 4-11。

图 4-8 中 F_1 处发生单相接地故障时，首半波比较逻辑判断结果为：I_{0L1} 和 I_{0L3} 为故障线路，但是 I_{0L1} 为"电源进线"，I_{0L3} 为"负荷出线"，所以，故障定位结果为："线路单相接地：L_{03}"；当 F_2 处发生单相接地故障时，首半波比较逻辑判断结果为：I_{0L1} 为故障线路，且 I_{0L1} 为"电源进线"，所以，故障定位结果为："母线接地"。

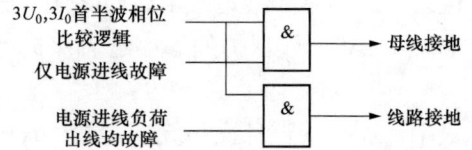

图 4-11　首半波判断逻辑图

综上所述，中性点不接地系统发生单相接地故障时，采用零序稳态量启动，各线路综合进行零序电流幅值比较，然后结合线路属性，确定故障位置。而经消弧线圈接地系统发生单相接地故障时，采用首半波相位比较，然后结合线路属性，确定故障位置。综合单相接地故障的检测与定位的逻辑见图 4-12。

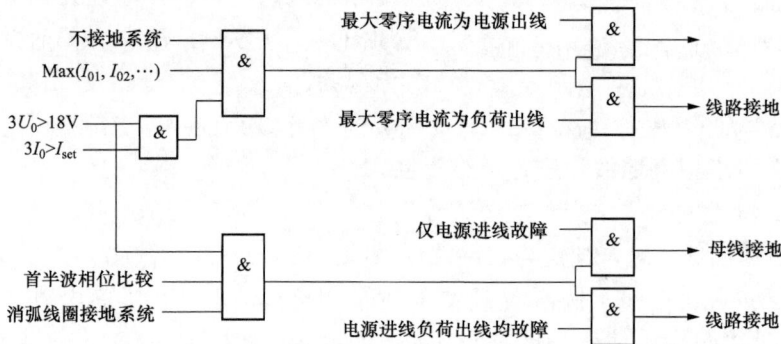

图 4-12　单相接地检测逻辑图

4.3　配电网继电保护技术

继电保护是指检测电力系统故障或异常运行状态，向所控制的断路器发出切除故障元件的跳闸命令或者向运行人员发出告警信号的自动化措施与装备。其作用是保证电力系统安全稳定运行，避免故障引起停电或减少故障停电范围。

配电网的继电保护无论是理论方法还是实践技术，已经相较于过去有了很大的发展，特别是在继电保护装置方面，已经由最初的简单的熔断器发展到现今的微机继电保护装置。目前微机继电保护装置及带保护及远遥功能的配电终端均在配电网中得到了大量使用。

配电网继电保护所采用的技术相对输电线路来说较为简单，主要有无时限速断保护和过流保护。

4.3.1　配电网继电保护原理

配电网的电压等级比较低，发生短路的故障电流较小，其故障相对于输电网故障对电力元件的危害程度以及影响范围都小，且一般不会带来系统稳定的问题，其保护并不像输电网保护那样追求超高速动作（动作时间在 20ms 以内）。配电网一般采用辐射性供电方式，潮流方向为单向流动，保护装置不需要判别故障方向，无须考虑线路对侧电源故障电流的影响，且配电网中绝大多数故障是瞬时性的。因此，配电网保护技术的要求相对较低，保护原理也较简单，以电流保护为主，对非全电缆线路再配置三相一次自动重合闸装置，以保证线路在发生瞬时性故障后能快速恢复供电。

对于架空线路的保护来说，我国架空网络的中性点一般采用非直接接地方式，允许架空网络在出现单相接地故障时继续运行一段时间（1～2h），只需要配备相间短路保护。目前，架空线路一般采用三级保护方案：第一级为变电站出口断路器保护，配置三段式电流保护，采用单次重合闸；第二级为分支线保护或主干线配电变压器保护；第三级为分支线配电变压器保护。负荷较小的分支线采用熔断器保护，负荷较大的采用断路器配置三段式电流保护与单次重合闸。由于配电线路比较短，不同地点的短路电流差别不明显，三级保护之间难以通过电流定值进行配合，一般是依赖时间级差进行配合。

电缆线路的保护与架空线路保护略有不同，其相间短路保护的整定配合与架空网络类似，实际电缆网络系统多采用出口断路器 与配电变压器两级保护方式，有的增加一级环网柜出线熔断器或断路器保护，实现三级保护配置。而我国一些大城市的电缆网络中性点采用小电阻接地方式，其单相接地故障电流具有一定的幅值（大于 300A），长时故障对电网部件安全存在影响。因此，需要配备单相接地短路保护，一般采用零序电流保护。

由于当前配电网的继电保护装置多数沿用的是输电线路的保护机理，现以三段式电流保护以阐述配电网继电保护所用的过电流保护原理。

4.3.1.1　无时限速断保护

在满足可靠性和选择性的前提下，当所在线路保护范围内发生短路时，反应电流增大而能瞬时动作切除故障的电流保护，称为电流速断保护，也称为无时限电流速断保护。

无时限电流速断保护，为了保证其保护的选择性，一般情况下速断保护只保护被保护线路的一部分（有选择性的电流速断保护不可能保护线路的全长），具体工作原理如图 4-13 所示。从图 4-13 所示中可以看出，经 LH 采得电流后，只要故障电流速断定值 I，则继电

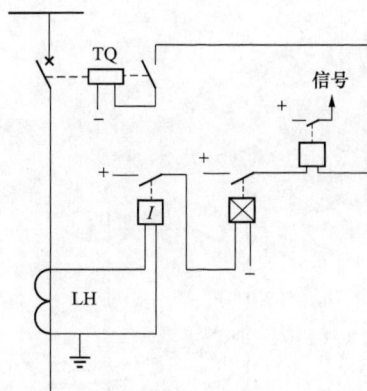

图 4-13　电流速断保护（过流 I 段）
单相原理接线图

器闭合，在发出速断信号的同时，启动跳闸线圈从而使断路器跳闸动作。

无时限电流速断保护的动作特性的分析如图 4-14～图 4-16 所示，从图可以得看到无时限电流速断保护（通常作电流 I 段）其优点是简单可靠，但同样也存在一定的缺点：

（1）不能保护线路全长；

（2）运行方式变化较大时，可能无保护范围，如图 4-15 所示，在最大运行方式下整定后，在最小运行方式下无保护范围；

（3）在线路较短时，可能无保护范围，如图 4-16 所示，线路短则短路电流变化平缓，整定时考虑了可靠系数后，在最小运行方式下保护范围小甚至等于零。

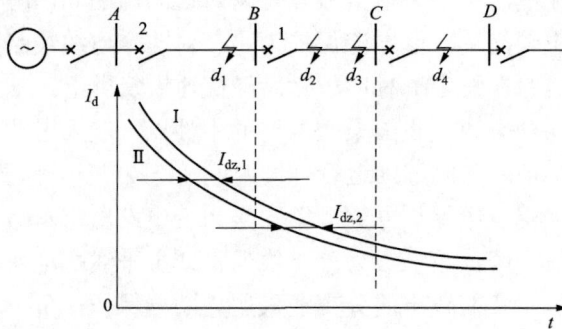

图 4-14　电流速断保护动作特性分析图

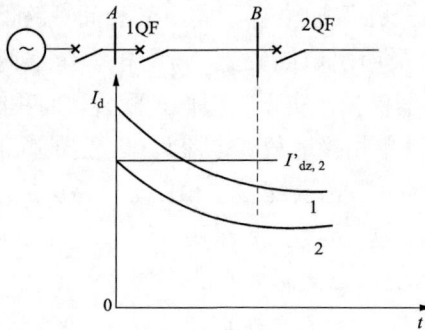

图 4-15　系统运行方式对电流速断保护的影响

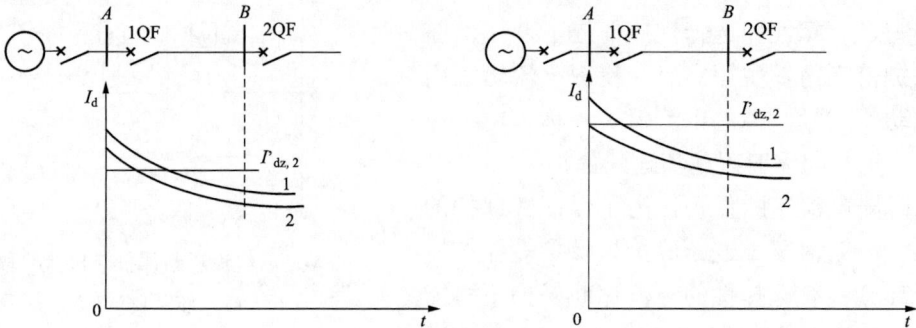

图 4-16　线路长度不同对电流速断保护的影响

4.3.1.2　限时电流速断保护

电流速断保护不能保护本线路的全长，因此必须增设一套新的保护，用来切除本线路上电流速断保护范围以外的故障。作为无时限电流速断保护的后备保护，这就是限时电流速断保护。

对这个新设保护的要求，首先是在任何情况下都能保护本线路的全长，并具有足够的灵敏性，其次是在满足上述要求的前提下，力求具有最小的动作时限。正是由于它能以较小的时限快速切除全线路范围以内的故障，因此，称之为限时电流速断保护。

限时电流速断保护的原理接线图如图 4-17 所示，从图 4-17 中可以看出，相较于无时限速断保护，它用时间继电器代替了原来的中间继电器，因而有时限跳闸的功能。限时限速断保护（通常作为三段式保护的电流 II 段），结构简单，动作可靠，能保护本条线路全长。限时速断保护（过流 II 段）时限特性图如图 4-18 所示。定时限过电流保护（电流 III 段）动作机理图如图 4-19 所示。

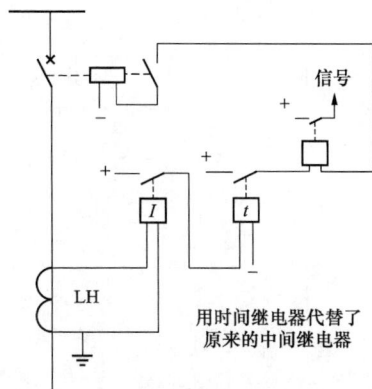

图 4-17　限时电流速断保护（过流 II 段）
的单相原理接线图

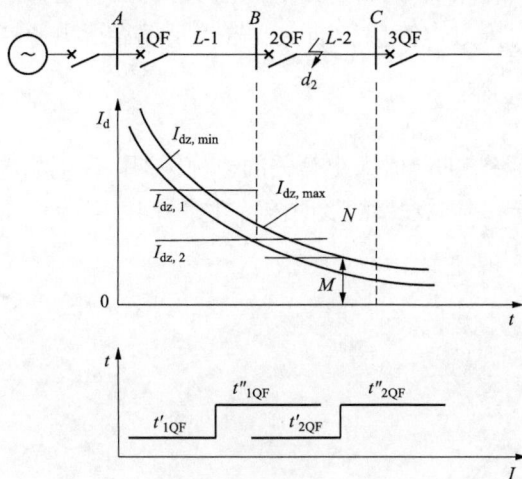

图 4-18　限时速断保护（过流 II 段）
时限特性图

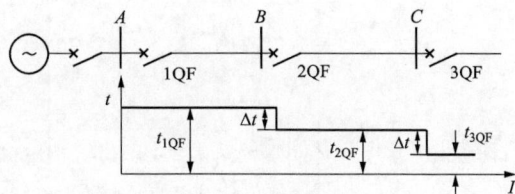

图 4-19　定时限过电流保护（电流 III 段）
动作机理图

4.3.1.3　定时限过电流保护

定时限过电流保护（通常作为三段式保护的电流 III 段），其主要是反映电流增大而动作，它要求能保护本条线路的全长和下一条线路的全长。作为本条线路主保护拒动的近后备保护，也作为下一条线路保护和断路器拒动的远后备保护。如图 4-20 所示，其保护范围应包括下条线路或设备的末端。过电流保护在最大负荷时，保护不应该动作。在 d

点发生故障时，1QF、2QF 的电流Ⅲ段保护都应该动作。在满足选择性的前提下，2QF 应以较短时限切除故障，故障切除后，变电站 B 母电压恢复，变电站 B 母线负荷中的电动同自起动，流过 1QF 的电流为自起动电流，要求 1QF 的过电流保护能返回。

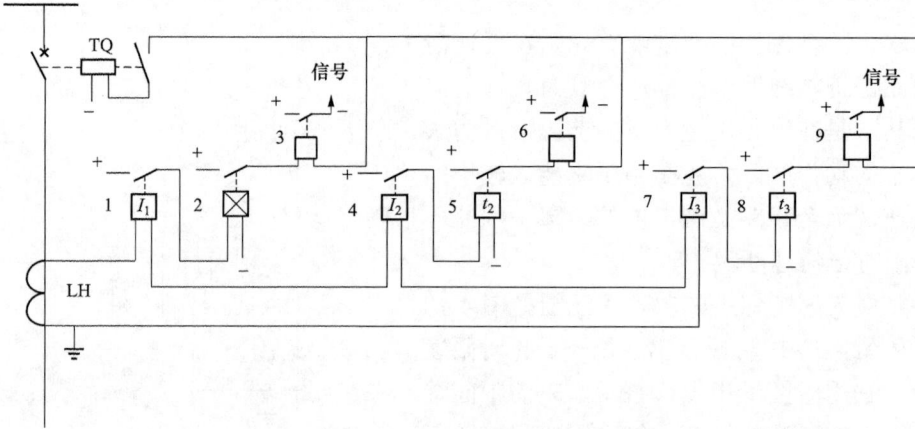

图 4-20   具有电流速断、限时电流速断和过电流保护的单相原理接线图

由于电流Ⅲ段保护的范围很大，为保证保护动作的选择性，其保护动作延时应比下一条线路的电流Ⅲ段的动作时间长一个时限阶段。

定时限过电流保护结构简单，工作可靠，对单侧电源的放射型电网能保证有选择的动作，一般在配电网中作为主保护。当然定时限过电流保护的主要缺点是越靠近电源其动作时限越大，对靠近电源的故障不能快速切除。

4.3.1.4   反时限过电流保护

反时限过电流保护是动作时限与被保护线路中的电流大小有关的一种保护。当电流大时，保护的动作时限短，而电流小时动作时限长，其原理接线及时限特性如图 4-21 所示。

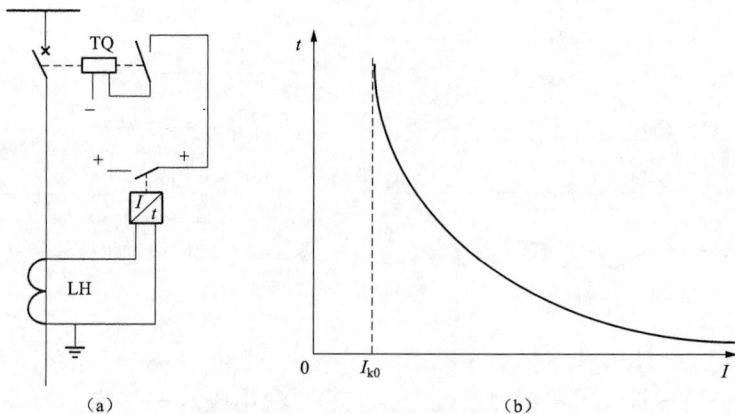

图 4-21   反时限过电流继电器原理接线图及时限特性

（a）原理接线图；（b）时限特性图

反时限过电流保护在线路靠近电源短路时，短路电流大，动作时限短且保护接线简单，这是它的优点。缺点是时限的配合较复杂，当短路点存在较大的过渡电阻时，或在最小运行方式下远处短路时，由于短路电流小，保护的动作时限可能较长。因此，反时限过电流保护主要应用于 6～10kV 的配电网络中，作为馈线和电动机的保护。

4.3.1.5　配电网线路的重合闸

自动重合闸的作用可以避免因瞬时性故障而造成的线路停电，以此提高供电的可靠性。当与继电保护密切配合时，也能够加快切除故障的速度。配合的主要方式有重合闸前加速保护和重合闸后加速保护。

配电网线路发生故障引起线路跳闸时，投运重合闸功能的继电保护装置将实现断路器重合，当发生永久性故障时，则加速跳闸断路器，当发生瞬时性故障时，则实现线路正常运行。一般说来，重合闸的重新合起起动指的是从重合闸时间元件开始计时计算。图 4-22 为重合闸回路的原理图。

由原理图可知，保护动作时，由分相跳闸继电器触点（1TJ-3TJ）起动重合闸继电器 ZQJ 并进行自保护，ZQJ 励磁后通过其触点起动重合闸时间继电器 4SJ，实现保护动作起动重合闸。断路器跳闸时（包括误跳），跳闸位置继电器触点闭合（TWJA、TWJB、TWJC）也起动 4SJ，实现断路器与控制开关 KK 位置不对应起动重合闸。不对应起动方式是所有重合闸的基本起动方式，保护起动方式是综合重合闸功能的需要，以及对不对应起动方式的补充。

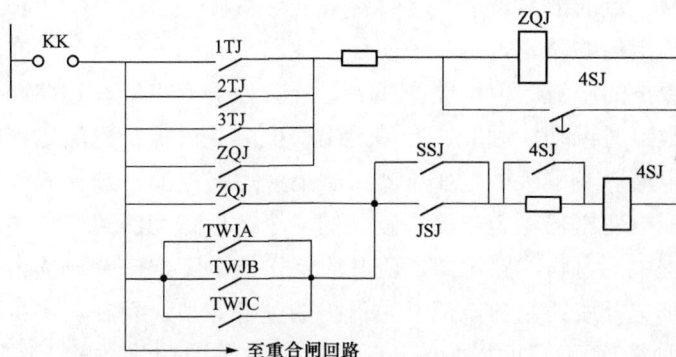

图 4-22　重合闸回路原理图

4.3.2　配电网继电保护的方案实施

4.3.2.1　变电站线路出口断路器保护

变电站线路出口断路器配置阶段式电流保护或反时限过电流保护作为短路保护，配备阶段式零序电流保护作为小电阻接地配电网的单相接地短路保护。对架空线路或架空线路比例比较大的架空线与电缆混合线路，配置自动重合闸。

1. 电流 I 段保护

在配电线路出口或近区故障时，短路电流非常大，威胁主变压器安全并带来严重的电压暂降问题，因此，在主变压器耐受大短路电流能力差以及对母线电压暂降有要求的情况下，线路出口断路器应配置电流Ⅰ段保护。

电流Ⅰ段保护定值的整定方法，根据配电网的实际情况，选择配电线路出口电流Ⅰ段保护的电流定值时，应考虑以下三个因素。

（1）服从与上级主变压器保护配合的需要。主变压器二次侧的电流Ⅱ段保护（简称主变压器电流Ⅱ段保护）的电流定值要大于线路出口电流Ⅰ段保护的定值，并且要保证在主变压器二次侧母线（中压配电线路的母线）故障时有足够的灵敏系数。根据继电保护整定规程，主变压器二次侧电流Ⅱ段保护电流定值要大于线路出口电流Ⅰ段保护电流定值的1.1倍；在主变压器二次侧母线出现最小短路电流时，保护的灵敏系数不低于1.3。

（2）不大于威胁主变压器安全的短路电流值。在配电线路短路电流幅值比较大时，线路出口保护要尽快动作切除故障，以防止短路电流产生的电动力和发热会造成主变压器绕组变形、绝缘损坏。

（3）提高保护动作的选择性。在满足上述两个要求的前提下，线路出口电流Ⅰ段保护电流定值要尽可能的高。

事实上，按照与主变压器二次侧电流Ⅱ段保护电流定值配合的原则选择线路出口Ⅰ段保护电流定值，就可满足上述三个方面的要求。

2. 电流Ⅱ段保护

不论线路出口断路器是否配置电流Ⅰ段保护，都需要配置电流Ⅱ段保护，以快速切除整条线路上任何一点的故障。

电流Ⅱ段保护定值的整定方法，按照保护线路全长的原则整定，在线路较长时，线路出口电流Ⅱ段保护的电流定值可能在3kA以下，保护有可能在线路冷启动以及下级配电变压器二次侧故障时误动，因此，在整定出口电流Ⅱ段保护电流定值时，应该确保其躲过线路冷起动电流以及下级配电变压器二次最大短路电流，选择6倍的最大负荷电流与20倍的下级配电变压器额定电流中较大的一个数值作为线路出口电流Ⅱ段保护的电流定值。实际工程中，可将线路出口电流Ⅱ段保护的电流定值统一选为3kA。

按照上述原则选择线路出口电流Ⅱ段保护的电流定值，存在其保护区不能覆盖线路全长的可能。这种情况下，可由线路出口电流Ⅲ段保护切除故障。在线路比较长（如大于10km）时，可考虑在线路中间安装配置了保护的断路器，以提高线路末端故障切除速度。

3. 电流Ⅲ段保护

线路出口断路器配置电流Ⅲ段保护作为线路出口电流Ⅰ段与（或）Ⅱ段保护的近后备保护以及下级分支线路与配电变压器保护的远后备保护。

线路出口电流Ⅲ段保护电流定值也是要按躲过线路冷启动电流的原则整定。电流Ⅲ段保护，宜将线路出口电流Ⅲ段的电流定值选择为2.5～4倍的线路最大负荷电流。10kV配电线路的最大负荷电流一般不大于500A，为减少整定计算工作量，实际工程中，可将线路出口电流Ⅲ段保护的电流定值统一选为1.2kA。

线路出口电流Ⅲ段保护的动作时限既要与下级分支线路或配电变压器保护配合，也要与上级变电站主变压器二次侧断路器电流Ⅲ段保护配合。考虑到电流Ⅲ段保护属于后备保护，本着保证保护动作选择性的原则，将电流Ⅲ段保护的配合时间级差选为 0.3s。如将上级主变压器二次侧断路器电流Ⅲ段保护的动作时限选为 2s，线路出口电流Ⅲ段的动作时限可选为 1.7s。

4.3.2.2 架空线路分支断路器

1. 站外架空线路保护配置要求

架空线路上设置成第二级保护的分支断路器（含用户分界断路器），按电流Ⅰ段和电流Ⅲ段保护进行配置，电流Ⅰ段零时限切除故障电流，电流Ⅲ段防止线路过负荷。

主干线分段断路器一般退出保护跳闸功能，仅设置故障告警定值（包括电流保护），发生故障时上送故障告警信息至配电自动化主站。仅当主干线较长（主干线长度为 100 基及以上的线路），可将主线后端分段断路器按分支断路器保护进行配置。

对于长分支线路上设置为第三级保护的用户分界断路器，其保护配置要求参照第二级保护进行配置（即配置电流Ⅰ段和电流Ⅲ段保护，电流Ⅰ段零时限切除故障电流，电流Ⅲ段防止入户接线过负荷）。

2. 分支断路器整定

对架空线路，同一线路可启用多台分支断路器的保护，但同一线路上启用保护的分支开关，其后段线路应没有交集。

（1）过流Ⅰ段保护整定方法。分支断路器电流Ⅰ段保护动作定值按与线路出线断路器电流Ⅱ段保护配合整定。建议时间定值整定为 0s，电流定值 $I_{fz.1}$ 不大于第一级保护过流Ⅱ段电流定值 $I_{cz.2}$ 的 0.8 倍，即

$$I_{fz.1} \leqslant 0.8 I_{cz.2} \tag{4-5}$$

当分支断路器所带配变容量较小时，可以按所带配变额定电流之和的 5~7 倍整定，在躲过送电时配变励磁涌流的前提下尽可能保证灵敏性。

（2）过流Ⅲ段保护整定方法。分支断路器电流Ⅲ段保护动作定值按躲本分支线路的最大负荷电流整定

$$I_{fz.3} = 1.3 \times I_{max} \tag{4-6}$$

式中 I_{max}——本分支线路的最大负荷电流。

分支断路器电流Ⅲ段保护动作时限应与线路出口断路器电流Ⅲ段配合：$t_{fz.3}=t_{cz.3}-\Delta t$，最大不超过 1.5s，$\Delta t$ 取 0.3s。具体整定值见分支断路器电流Ⅲ段保护定值设置推荐表（见表 4-2）。两级保护配合示意图见图 4-23。

表 4-2　　　　　　　　分支断路器电流Ⅲ段保护定值设置推荐表

分支开关管辖内负荷总容量（kVA）	500 及以下	500~800（含 800）	800~1250（含 1250）	1250~2500（含 2500）	2500~4000（含 4000）	4000~5600（含 5600）	大于 5600
电流定值（A）	80	100	120	240	360	480	600
分支断路器时间定值（s）	0.9~1.5	0.9~1.5	0.9~1.5	0.9~1.5	0.9~1.5	0.9~1.5	0.9~1.5

注　1. 表中电流为一次值，需根据装置 TA 变比折算到二次值。

　　2. 保护动作时限定值参考变电站出口断路器Ⅲ段动作定值配合，形成至少 0.3s 级差。

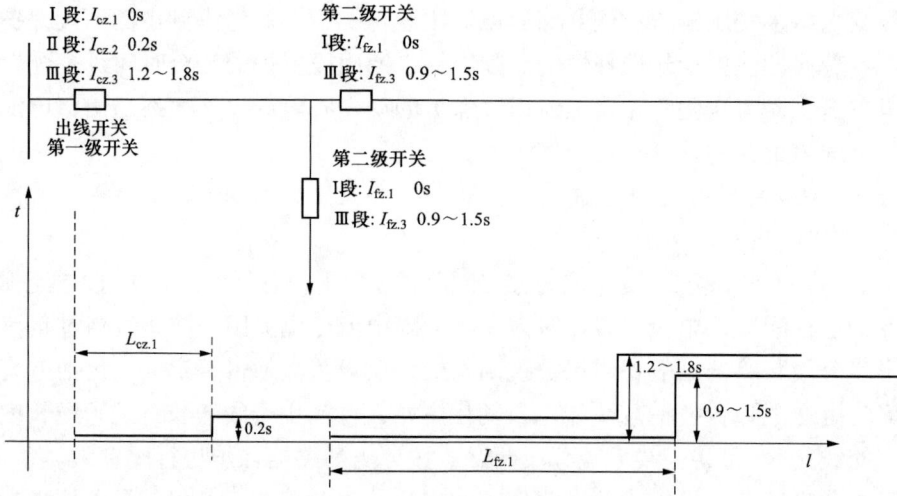

图 4-23　两级保护配合示意图

3. 用户分界断路器整定

（1）过流 I 段保护整定方法。用户分界断路器过流 I 段推荐整定值见表 4-3。

表 4-3　　　　　　　　　　用户分界断路器过流 I 段推荐整定值

速断保护	重合闸
$6 \sim 7I_e$，0s	停用

注　I_e 为用户配电变压器的额定电流，配电变压器容量大于 1000kVA 的取 $6I_e$，配电变压器容量小于等于 1000kVA 的取 $7I_e$；对于大电动机由于启动电流较大，可以适当提高相应定值。

（2）过流 III 段保护整定方法。电流值整定根据负荷侧用户变压器容量选择，躲过负荷侧最大负荷电流来整定，时间整定则参考上级断路器电流 III 段时间定值，形成 $0.3 \sim 0.5$s 级差。当中性点不接地或经消弧线圈接地时，过流 III 保护电流定值选择见表 4-4。

表 4-4　　　　　　　　　　　　过流 III 保护电流定值选择

分界断路器管辖内负荷总容量（kVA）	500 及以下	500～800（含 800）	800～1250（含 1250）	1250～2500（含 2500）	2500～4000（含 4000）	4000～5600（含 5600）	大于 5600
电流定值（A）	80	100	120	240	360	480	600
时间定值（S）	0.5～1	0.5～1	0.5～1	0.5～1	0.5～1	0.5～1	0.5～1

注　1. 表中电流为一次值，需根据装置 TA 变比折算到二次值。

　　2. 过电流时间定值参考上一级断路器过电流时间，与上一级过电流时间形成 $0.3 \sim 0.5$s 级差。

4. 架空线路保护分级配置典型模式

（1）单辐射架空线路。对于单辐射长架空线路，主干线路末端可作为分支线路，配置一、二次成套柱上断路器（供带负荷不超过整线的 1/3），保护配置原则参照"分支断路器"执行。

（2）长分支线路。变电站配出的 10kV 线路第二级开关（分支断路器）后的线路长度大于第二级开关（分支断路器）位置对应长度的 2 倍时，可在用户分界处增设第三级开关，长分支线路三级保护配置如图 4-24 所示。

　　增设的用户分界开关设置两段过流保护，即过流Ⅰ段和过流Ⅲ段。过流Ⅰ段时间定值整定为 0s，过流Ⅲ段时间定值整定比上一级开关Ⅲ段保护时间定值小 0.3～0.5s；两段保护电流定值应分别不大于上一级开关两段保护电流定值的 0.8 倍。三级保护配合示意图如图 4-25 所示。

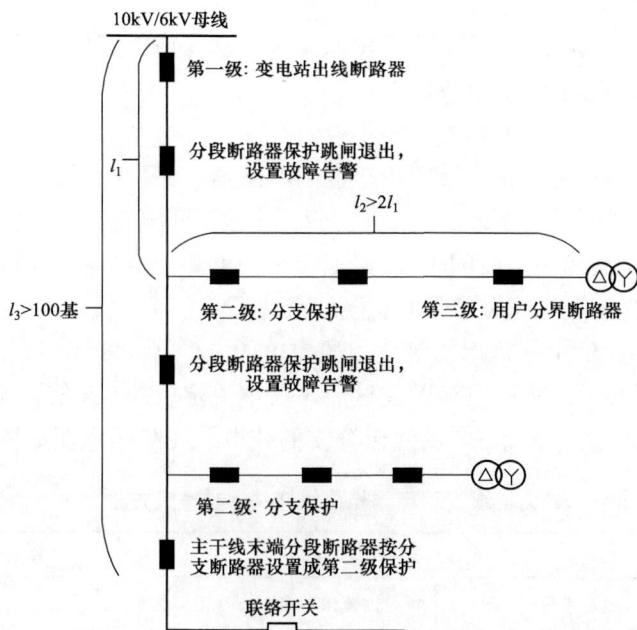

图 4-24　长分支线路三级保护配置

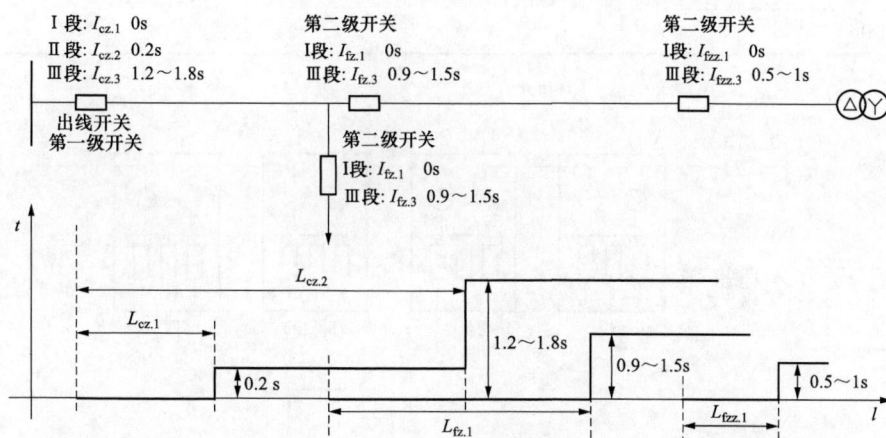

图 4-25　三级保护配合示意图

　　（3）特殊小分支。对于故障隐患点多、历史频繁跳闸或接有特殊负荷的小分支线路，可在其前装设具有保护功能的一、二次成套开关（时间定值为 0s）或看门狗开关，电流定值不大于其所在线路上一级保护Ⅲ段电流定值的 0.8 倍，且原则上不小于该小分支所带负荷总容量 1.3 倍对应的电流。

4.3.2.3 电缆线路出线断路器

纯电缆线路绝大部分是城网线路，多为 110kV/220kV 变电站配出线路。一般而言，纯电缆线路均较短，线路上串接多个环网柜，分支多、负荷重，由两端或多端供电。线路为纯电缆时其变电站出线开关的保护与下一级保护难以做到完全配合，采取不完全配合的方式。

1. 电缆主线无分支

电缆主线无分支线时，电缆主线呈串联结构，从变电站开始，环网柜依次相连，如图 4-26 所示。继电保护配置原则如下。

（1）环网柜的环进、环出开关保护不投。

（2）环网柜出线开关一般为带保护功能的断路器，保护配置原则包括：

1）环网柜出线开关设置两段过流保护，过流Ⅰ段时间定值整定为 0s，过流Ⅲ段时间定值比变电站出线开关过流Ⅲ段时间小 0.2s，即 0.5～1.0s，过流保护电流定值按表 4-5 整定。

2）环网柜出线开关之后具有保护功能的开关，可配置Ⅰ段过流保护，时间定值整定为 0s，电流定值不大于上一级保护过流Ⅰ段定值的 0.8 倍（即环网柜出线开关后第一级保护的电流定值不大于环网柜出线开关过流Ⅰ段电流定值的 0.8 倍）。纯电缆线路环网柜出线开关保护整定方法见表 4-5。主线无分支的纯电缆线路示意图如图 4-26 所示。

表 4-5　　　　　　　　　纯电缆线路环网柜出线开关保护整定方法

小方式下系统阻抗范围（标幺值）	主线环网柜出线开关		分支环网柜出线开关
	过流Ⅰ段（0s）	过流Ⅲ段（0.5～1.0s）	过流Ⅰ段（0s）
（0，0.5）	1200 A	不大于变电站出线开关过流Ⅲ段的 0.8 倍	不大于上级环网柜出线开关过流Ⅰ段的 0.8 倍
（0.5，1.0）	1000 A		
≥1.0	800 A		

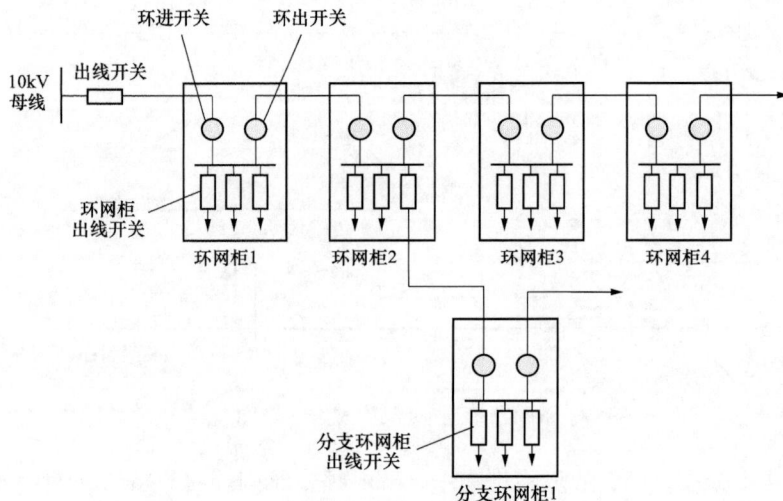

图 4-26　主线无分支的纯电缆线路示意图

2. 电缆主线有分支

电缆主线有分支线时，一般由分接箱实现分接，主线呈放射型结构，主线有分支线的纯电缆线路示意图如图 4-27 所示。

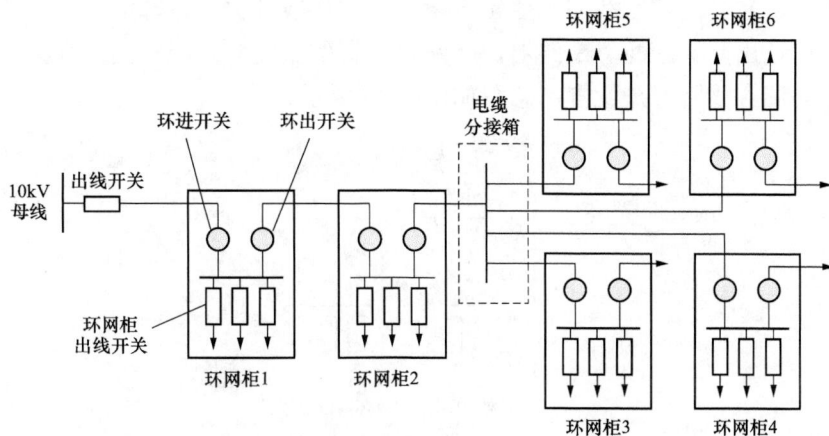

图 4-27　主线有分支线的纯电缆线路示意图

电缆主线末端环网柜的环出开关接有电缆分接箱时，如末端电缆分接箱本身各分支线没有断路器，此时接带该末端电缆分接箱的环出开关应使用断路器，末端有电缆分接箱的纯电缆线路示意图如图 4-28 所示。环出断路器保护定值整定方法同环网柜出线开关。

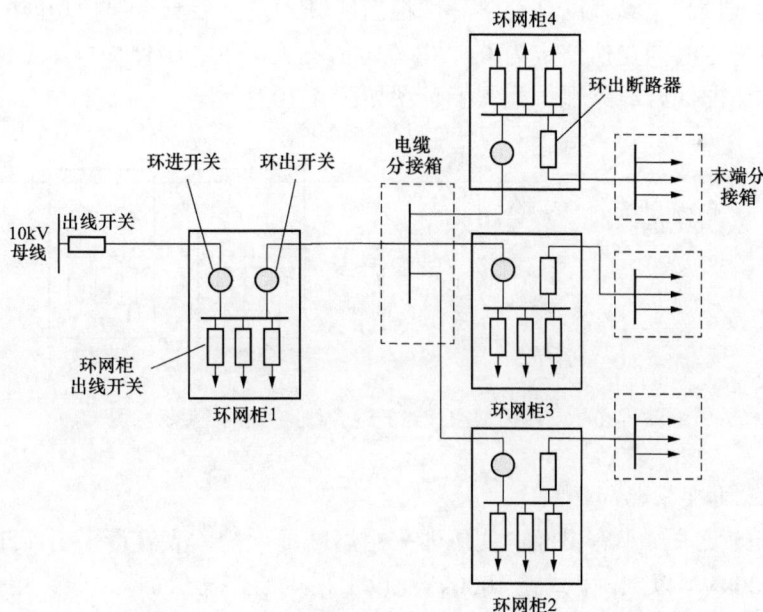

图 4-28　末端有电缆分接箱的纯电缆线路示意图

3. 混合线路

混合线路，是指架空线路部分和电缆线路部分占比均不超过 70% 的线路。线路的架空部分或电缆部分任一部分占比超过 70%时，按占比超过 70%的部分视作架空线路或纯电缆线路处理。

（1）前端为电缆线路。对于前端线路为电缆线路的混合线路，整条线路的保护按纯电缆线路整定。后端的架空线路一般接于环网柜的出线开关，特殊情况接于环网柜的环出开关时，该环出开关应配置断路器，断路器保护的整定与环网柜出线开关相同。前端为电缆线路的混合线路保护配置示意图如图 4-29 所示。

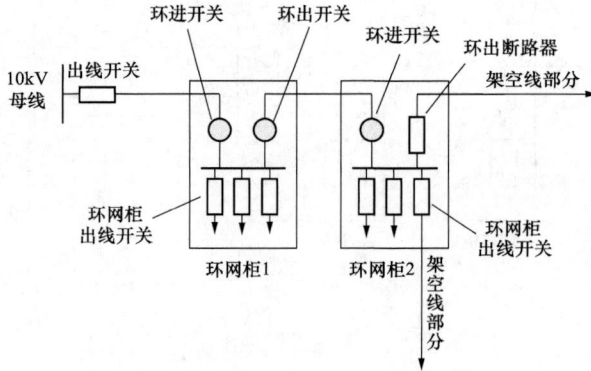

图 4-29　前端为电缆线路的混合线路保护配置示意图

（2）前端为架空线路。对于前端线路为架空线路的混合线路，架空线路与电缆线路应采用断路器连接。电缆线路部分的环网柜出线开关及其后具有保护功能的开关，可配置 I 段过流保护，时间定值整定为 0s，电流定值不大于上一级保护电流定值的 0.8 倍。前端为架空线路的混合线路保护配置示意图如图 4-30 所示。

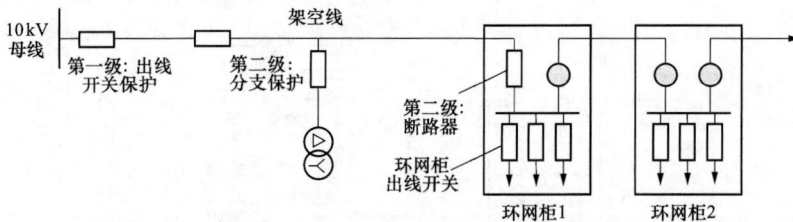

图 4-30　前端为架空线路的混合线路保护配置示意图

4.3.2.4　配电变压器的保护

按照标准的要求，小容量配电变压器采用熔断器保护，大容量采用断路器保护。一般油浸式在 800kVA 以上，干式在 1000kVA 以上采用断路器保护，以下采用熔断器保护。而一般杆架式，户外台式配电变压器容量一般不大于 500kVA，箱式变电站内配电变压器容量一般不大于 800kVA，因此配电变压器大多数采用熔断器保护。

为了保证熔断器在配电变压器出现过负荷（正常运行允许的过负荷）、励磁涌流、冷启动电流及二次侧短路时不误动，其额定电流一般为配电变压器额定电流的 2 倍。

励磁涌流的峰值最大可以到 30 倍额定电流，持续时间为 0.1s，相关研究表明，熔断器的额定电流为配电变压器额定电流 2 倍时，可以可靠躲过励磁涌流。

对于二次侧短路电流，在考虑系统阻抗的情况下，二次侧短路时，流过一次的短路电流不超过 15 倍额定电流，如果熔断器额定电流选择为 2 倍，则熔断器的熔断时间不小于 0.5s，完全可以和二次侧的熔断器配合。

熔断器的最小熔化电流一般为额定电流的 1.3～2 倍，那么最小熔化电流应该为配电变压器的 2.6～4 倍，是不能作为过负荷保护用的。这种情况下，一般采用负荷开关-熔断器组作为开关电器，并配置过电流保护，过负荷时负荷开关动作。一般过电流定值为 1.3 到 1.5 倍的配电变压器额定电流，时间定值设置为 10s。

4.3.2.5 自动重合闸

自动重合闸可有效切除瞬时性故障，提高线路供电可靠性。配网线路包括架空线路、电缆线路及混合线路，一般认为，电缆的故障都是永久性的，或者重合后会对电缆产生较大冲击，造成更大的事故，故在不同类型线路上一般按以下原则选择是否投入自动重合闸。

（1）10kV 全电缆线路自动重合闸停用。

（2）开闭所、环网柜、配电站断路器、用户分界断路器的自动重合闸停用。

（3）对于配置分级保护的线路，若自动重合闸投入，各级开关的重合闸时间应按"从电源侧向负荷侧逐级恢复供电"的原则进行整定，建议第一级开关重合闸时间整定为 2s，第二级开关重合闸时间整定为 3～5s。配置为第二级保护的分支断路器，当其处于变电站 10kV 出线开关 I 段保护范围内时，退出重合闸。

（4）混合线路：当电缆线路长度占整条线路长度比例达到 30% 及以上时，自动重合闸停运。

4.3 馈线自动化技术

馈线自动化是利用自动化装置或系统，监视配电网的运行状况，及时发现配电网故障，进行故障定位、隔离和恢复对非故障区域的供电。

馈线自动化实现故障处理可采用集中型和就地型模式，应根据供电可靠性需求，结合配电网网架结构、一次设备现状、通信基础条件等情况，合理选择故障处理模式，并合理配置主站与终端。近些年来也出现了一些两种方式的配合一起使用的案例，就是主站集中式与就地分布式的配合方式。

4.3.1 主站集中式故障处理

主站集中式采用配电自动化主站系统，加配电测控终端的方式实现。由终端设备采集故障时的电流电压来判别故障类型，故障信息传送到主站，由主站结合图模确定故障区段，然后由主站系统发遥控命令控制开关动作来完成故障隔离并恢复非故障区域供电。

主站集中式处理分为半自动方式与全自动方式两种，传统型的半自动方式就是配网发生故障时主站定位故障区域，并给出隔离与恢复方案，执行操作由人工逐步点击执行进行处理。随着技术的不断进步，现在的馈线自动化功能已经趋于智能化。主站集中式故障处理的架构图如图 4-31 所示。

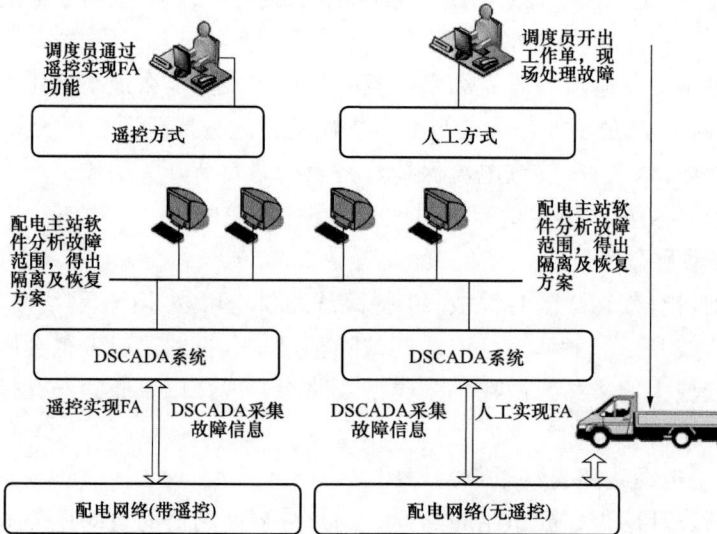

图 4-31　集中式故障处理的架构图

如图 4-32 的示例中，$S_1 \sim S_3$ 为变电站出线断路器，$A_1 \sim A_9$ 为环网柜中环上开关，$B_1 - B_5$ 为环网柜的负荷出线开关。

故障处理过程：A_2 与 A_3 之间发生故障，变电站出线开关 S_1 迅速动作跳闸，切除故障电流；安装于环网柜内的 DTU 终端通过 SOE 的形式将故障信息上报主站系统，主站系统则根据故障信息结合图模进行故障区间定位；然后遥控动作 A_2 与 A_3 将故障进行隔离，故障隔离成功后，再遥控出线开关 S_1 与联络开关（A_6 与 A_9 中的其中一个，具体根据负载情况）实现非故障失电区的转供。

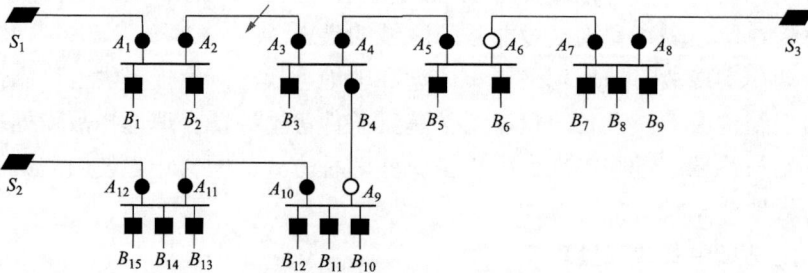

图 4-32　集中式故障处理示例

4.3.2　基于时序配合的就地故障处理

4.3.2.1　原理介绍

基于时序配合的就地控制方式即传统的馈线自动化模式，主要功能包括：正常情况下，对馈电线路进行监控和数据采集，包括相应馈线柱上断路器状态、馈线电流电压等；实现馈线保护控制和管理；根据负荷均衡情况实现配电网的优化与重构；故障时进行故障记录、定位、以及隔离故障馈线区段，最后通过配电网重组实现对非故障区域的供电。

基于时序配合的就地控制方式优点是不需要配电自动化主站、子站的参与，就地控制故障处理速度快，稳定性相对较好。缺点是开关动作次数多，无法对转供方式优化控制，停电影响区域大。该技术方式适用于供电可靠率要求相对较低区域的配电线路，以及对于一些偏远的负荷分散且较少的区域，使用该种技术方式经济成本较低。

馈线自动化模式与网架结构和分段设备紧密相关。采用基本馈线自动化控制技术实现配电网故障处理时通常遵循以下原则：

（1）变电站出线断路器不跳或少跳。变电站出线断路器跳闸，将影响出线供电的全部供电区域，停电面积最大。在设计馈线自动化方案时，最好是不让出线断路器跳闸或少跳闸。

（2）尽量使靠近电源侧的断路器少动作。靠近电源侧越近的断路器，其跳闸引起的停电范围也越大，这不符合馈线自动化的目的。在设计馈线自动化方案时，应尽量使靠近电源侧的断路器少动作。

（3）短路电流没有流过的断路器尽量不动作。主干线故障时，支路分段断路器和下游分段断路器没有短路电流流过，不应让其跳闸。断路器动作．将会影响断路器的使用寿命。在设计馈线自动化方案时，应尽量使短路电流没有流过的断路器尽量不动作。就地控制方式的时序配合主要有两种处理方式：电流型时序配合和电压型配合。

4.3.2.2　电流型时序配合

电流型时序配合主要用于架空线路一次开关设备带重合器（包括真空断路器和 SF_6 断路器两种）的情况，该类型开关具有过流保护功能及自动重合的功能。

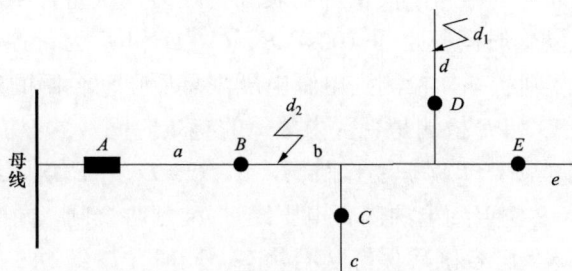

图 4-33　电流型时序配合示意图

图 4-33 给出了电流型时序配合的典型示例。其中，A 为变电站出线断路器，保护配置带时限过流 Ⅰ、Ⅱ 段，带时限零序过电流 Ⅰ 段及自动重合闸，过流 Ⅰ、Ⅱ 段保护的时限分别为 0.3s 和 0.5s，零序过电流保护时限为 1s，重合时间为 1s。B、C、D、E 为带重合器的断路器，配置 Ⅰ 段过流保护，时限为 0s；B 重合整定 2 次，时间间隔为 1s；C、D、E 重合整定 1 次，时间为 2s。

当 d_1 处发生故障，短路电流流经 $A{\rightarrow}B{\rightarrow}D$。由于 B、D 电流保护动作时限为 0s，A 为 0.3s，因此，B、D 动作跳闸，A 不动作，B_{1s} 后重合，D_{2s} 后重合。若 d_1 处故障是瞬时故障则 D 重合成功。若永久性故障，短路电流再次流经 $A{\rightarrow}B{\rightarrow}D$，$B$、$D$ 动作跳闸，A 不动作，D 跳闸后保持分闸状态，自动隔离故障段线路，B 经过 1s 延时再次重合自动恢复非故障段线路供电。当 d_2 处发生故障，若故障是瞬时故障，则 B 一次重合成功恢复供电；若故障是永久性故障，则第二次重合后跳闸保持分闸状态。

4.3.2.3 电压型时序配合

电压型时序配合主要用于架空线路一次开关设备为带控制器（FDR）的真空负荷开关的情况，该类型开关具有失压跳闸，受电自动合闸并检测是否区内故障，若区内故障，失压后闭锁开关，自动隔离故障段线路。

电压型时序配合需要变电站出线开关配置二次重合装置，每台开关均要配置电压互感器，用于电压取样及开关操作电源。该方案可在辐射网和环网架空线路上组成配网自动化配电自动化系统。

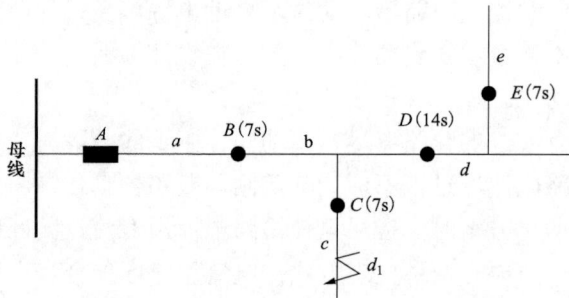

图 4-34　辐射网电压型时序配合示意图

图 4-34 给出了辐射网电压型时序配合的典型示例。其中，A 为变电站出线断路器，保护配置与电流型方案基本相同，仅重合闸装置要改为二次重合闸，第一次重闸动作整定时间为 1s，第二次动作时间整定为 100s。B、C、D 和 E 为带控制器（FDR）的真空负荷开关，当开关在分闸状态，检测到电源电压恢复后自动合闸的整定时间（X）为 7、7、14s 和 7s；B、C、D 和 E 检测是否区内故障的整定时间（Y）均为 5s。

当 d_1 处发生瞬时故障，A 保护动作跳闸，B、C、D 和 E 均因线路失压跳闸，经过 1s 后，A 重合闸动作，B 检查到电源侧有电压经过 7s 延时合闸，同样，C 再经过 7s 延时合闸，由于是瞬时故障，C 合闸后保持合闸状态，同时，D 经过 14s 延时合闸，E 再经过 7s 延时合闸，线路恢复正常供电。

当 d_1 处发生永久性故障，A 保护动作跳闸，B、C、D 和 E 均因线路失压跳闸，经过 1s 延时后 A 重合闸动作，B 检查到电源侧有电压经过 7s 延时合闸。接着 C 检测到电源侧有电压经 7s 延时 C 合闸，由于区内故障未消除，C 合闸后 A 保护动作跳闸，同时，开关 C 的 FDR 检测区内故障的整定时间（Y）开始计时，在 5s 内失压，视为区内故障，C 跳闸后闭锁合闸，自动将故障段隔离。而 B、D 和 E 也因线路失压跳闸。A 经过 100s 延时第二次重合闸动作，B 检测到电源侧有电压经 7s 延时合闸，接着 C 检测到电源侧有电压，由于 C 的 FDR 已闭锁合闸，因此，C 仍保持分闸状态，D、E 依次检测到电源侧有电压分别经过 14s 和 7s 延时合闸，恢复非故障段的供电。环网电压型方案自动化处理过程示意图如图 4-35 所示。

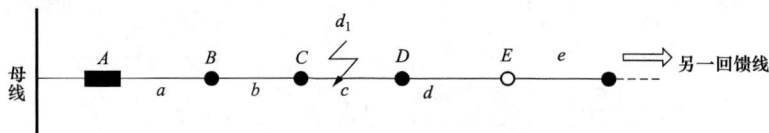

图 4-35　环网电压型方案自动化处理过程示意图

图 4-35 给出了环网电压型方案自动化处理过程的典型示例。其中，A 为馈线出开关，保护配置与辐射网相同。B、C、D 和 E 为带控制器（FDR）的真空负荷开关，其中 B、C 和 D 正常运行处于合闸状态，动作时间分别整定为 7s，E 为联络开关，正常运行处于分闸状态，整定动作时间为 125s。

当 d_1 处发生永久性故障，A 保护动作跳闸，B、C、D 也因失压跳闸，E 的 FDR 检测到一侧失去电压并开始延时合闸计时。A 经过 1s 作首次重合，B 受电后经延时 7s 合闸，到 C 受电后也经延时 7s 合闸，由于区内故障未消除，C 合闸后 A 保护动作跳闸，同时，开关 C 的 FDR 检测区内故障的整定时间（Y）开始计时，C 合闸后 Y 开始计时，在 5s 内失压，C 视为区内故障，因此，跳闸后闭锁合闸，B 因失压跳闸，D 感受到故障电压（150ms 或以上时间内，线路额定电压 30%或稍大），亦即时闭锁合闸。A 经 100s 第二次重合，B 受电后经 7s 延时合闸，E 经 125s 延时合闸，非故障段自动恢复供电。

4.3.3　基于智能分布式的就地故障处理

4.3.3.1　原理介绍

智能分布式馈线自动化是近年来提出和应用的新型馈线自动化，其实现方式对通信的稳定性和时延有很高的要求，但智能分布式馈线自动化不依赖主站、动作可靠、处理迅速。分布式馈线自动化通过配电终端之间相互通信实现馈线的故障定位、隔离和非故障区域自动恢复供电的功能，并将处理过程及结果上报配电自动化主站。分布式馈线自动化可分为速动型分布式馈线自动化和缓动型分布式馈线自动化。

（1）速动型分布式馈线自动化。应用于配电线路分段开关、联络开关为断路器的线路上，配电终端通过高速通信网络，与同一供电环路内相邻分布式配电终端实现信息交互，当配电线路上发生故障，在变电站出口断路器保护动作前，实现快速故障定位、故障隔离和非故障区域的恢复供电。

（2）缓动型分布式馈线自动化。应用于配电线路分段开关、联络开关为负荷开关或断路器的线路上。配电终端与同一供电环路内相邻配电终端实现信息交互，当配电线路上发生故障，在变电站出口断路器保护动作后，实现故障定位、故障隔离和非故障区域的恢复供电。

4.3.3.2　应用示例

以手拉手单环开环运行时，主干线短路故障为例，速动型分布式馈线自动化动作流程如下。

（1）速动型分布式馈线自动化动作流程一如图 4-36 所示，图中位置 2 号开关、3 号开关之间发生短路故障。

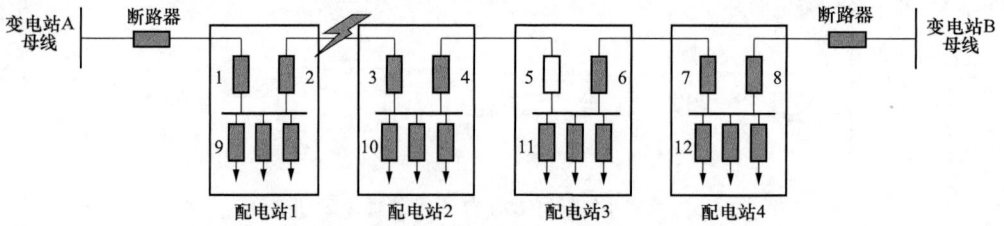

图 4-36　速动型分布式馈线自动化动作流程一

（2）速动型分布式馈线自动化动作流程二如图 4-37 所示，图中分布式 FA 启动，定位故障发生在 2 号开关、3 号开关之间；在变电站 A 出口断路器跳闸之前，2 号开关分闸，3 号开关分闸，故障隔离完成。

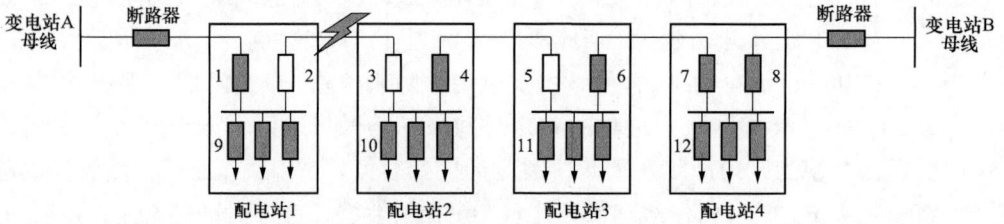

图 4-37　速动型分布式馈线自动化动作流程二

（3）速动型分布式馈线自动化动作流程三如图 4-38 所示，图中确定故障隔离成功，合上 5 号开关（不过负荷时），完成非故障区段恢复供电，故障处理完成，FA 结束。

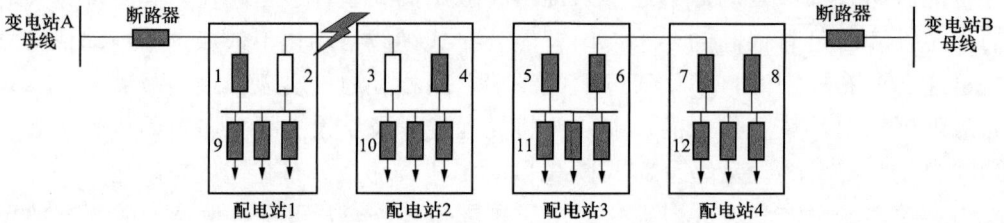

图 4-38　速动型分布式馈线自动化动作流程三

（4）速动型分布式馈线自动化动作流程四如图 4-39 所示，图中若在故障隔离过程中，2 号开关拒动。

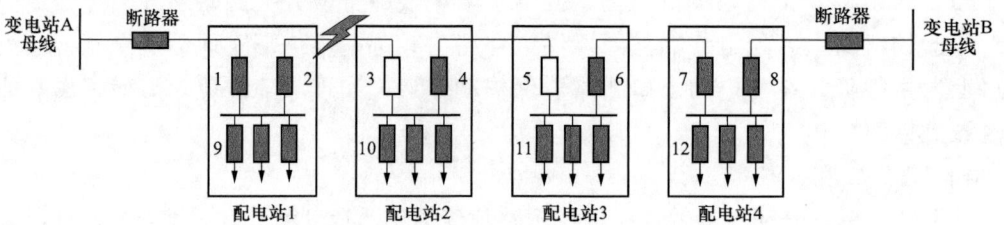

图 4-39　速动型分布式馈线自动化动作流程四

（5）速动型分布式馈线自动化动作流程五如图 4-40 所示，图中扩大一级隔离，则 1 号开关分闸，故障隔离完成。

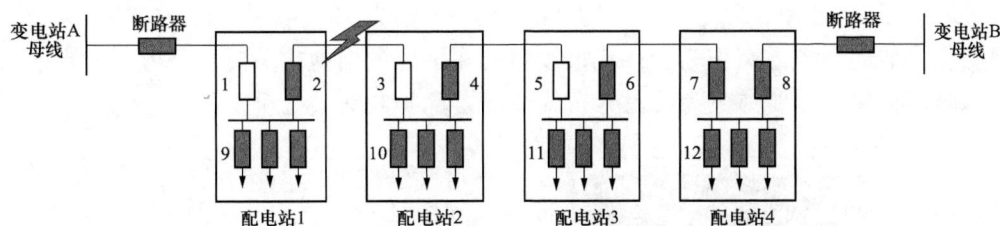

图 4-40 速动型分布式馈线自动化动作流程五

（6）速动型分布式馈线自动化动作流程五如图 4-41 所示，图中确定故障隔离成功，合上 5 号开关（不过负荷时），完成非故障区段恢复供电，故障处理完成，FA 结束。

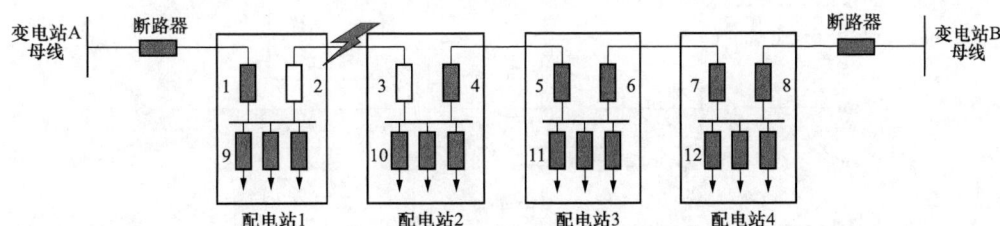

图 4-41 速动型分布式馈线自动化动作流程六

4.3.4 集中与就地相结合的故障处理

4.3.4.1 原理简介

由于就地式控制方式的特点是动作迅速，定位准确。但是在恢复供电时，需要对全网系统分析，给出最优策略，这恰好是集中式的优点所在。因此，集中式与就地式智能配合的方式发挥了各自的优点，形成一种新的控制方式。

原理：在发生故障时刻，配网主站监听到故障信息，在启动分析之前，先等待就地控制部分完成故障隔离，并上送事故处理信息。主站接收到事故处理信息后，针对现有信息分析最优恢复路径，完成故障恢复处理。集中与就地相结合的故障处理架构图如图 4-42 所示。

主站集中式与就地分布式的配合目前存在以下几种方式：

1）就地分布式做隔离，主站集中式做恢复，各司其职，就地分布式通过上送特殊信号与主站配合，与主站沟通处理进度。

2）就地分布式可以完成全部隔离与恢复操作，主站集中式作为备用，在就地分布式处理失败后，由主站集中式接手，继续完成剩余故障处理步骤，此时主站集中式处于监视的角度。就地分布式通过上传协定的特殊信号与主站集中式进行配合，通知主站集中式的处理进度。

4.3.4.2 故障处理流程

由图 4-42 的架构图可知，在集中与分布式相结合的情况下，智能终端和主站都会进行故障定位，分布式智能终端就地实现故障的定位、隔离以及转供，并将整个故障处理的信息上行于集中式的主站系统。集中式主站系统则根据分布式智能终端在故障瞬时上行的 SOE 信息也进行故障定位，并生成故障隔离与非故障失电区的转供方案。集中式馈线自动化生成的自愈方案作为分布式馈线自动化上行的自愈方案的校正方案，当两者存在出入时，以主站系统方案为准对分布式馈线自动化方案进行矫正。

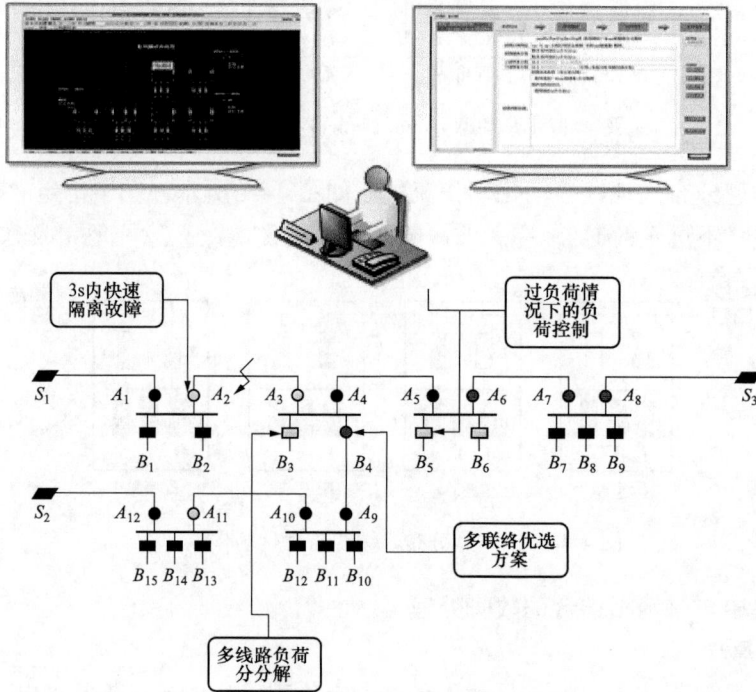

图 4-42　集中与就地相结合的故障处理架构图

步骤 1：通过智能终端检测配电网是否为正常运行状态，若不是，则进入对等式网络保护程序。

步骤 2：根据第 2 章所述方法进行故障定位与隔离以及第 3 章的方法进行非故障失电区域的转供恢复；智能终端根据对等式网络保护算法进行故障定位，然后向主站上传电压电流数据和智能终端的故障定位结果，并进行故障隔离，终端将所有的故障 SOE 信息以及开关的动作信息上行于主站系统。

步骤 3：通过主站接收智能终端发送的电压电流数据，并利用克隆免疫算法进行主站故障定位。主站系统进行故障定位具体步骤如下：

（1）构造配电网拓扑矩阵；将智能终端看作节点，配电线路作为连接节点的边，根据配电网的连接关系，构建网络拓扑仿真矩阵 L，L 中元素 l_{mn} 为

$$\mathbf{L}[l_{mn}]\begin{cases}1, \text{电流从}m\text{流向}n\\0, n\notin N_m\\-1, \text{电流从}n\text{流向}m\end{cases} \tag{4-7}$$

式中　N_m——与智能终端 m 相连接的智能终端集合。

也就是说，当系统正常运行时，有电流从智能终端 m 流向智能终端 n，则 $l_{mn}=1$，$l_{nm}=-1$；若智能终端 m 与 n 之间没有直接的电气联系，则 $l_{mn}=0$；若电流从智能终端 n 流向智能终端 m，则 $l_{mn}=-1$，$l_{nm}=1$。

（2）将矩阵 L 形成故障判别矩阵 F：

$$F[f_{mn}]\begin{cases} l_{mn} \cdot 1, \text{故障电流从} m \text{流向} n \\ 0, \text{从} m \text{到} n \text{或者从} n \text{到} m \text{无故障电流} \\ l_{mn} \cdot (-1), \text{故障电流从} n \text{流向} m \end{cases} \quad (4\text{-}8)$$

当智能终端判断出处于故障状态后，主站收集各智能终端的故障电流数据，若智能终端 m 流过故障电流，且故障电流方向为从 m 到 n，即故障电流从智能终端 m 流入线路 m–n，则 $f_{mn}=l_{mn}\times1$；若智能终端 m 没有流过故障电流，则 $f_{mn} = \forall n \in N_m$；若故障电流方向从线路 m–n 流向 m，即故障电流流入智能终端 m，则 $f_{mn}=l_{mn}\times(-1)$；此时，矩阵 L 被修改为 F。

（3）判断故障位置：待故障判别矩阵 F 形成后，即进行故障定位；若 $f_{mn}\times f_{nm}=1$，则说明故障不在线路 m–n 上；若 $f_{mn}\times f_{nm}=-1$，则说明故障在线路 m–n 上，此种情况属于有分布式电源，或者网络有环网的情况；若 $f_{mn}=1$ 或-1，$f_{nm}=0$ 则说明故障在线路 m–n 上，此种情况属于电网单端电源情况。

步骤 4：主站系统根据步骤 3 故障定位信息给出故障隔离需要的隔离开关，并将需要断开的开关作为输入给到第 4 章所提出的集中式故障恢复方法中，得到故障恢复的方案。

步骤 5：将主站的故障处理结果与智能终端的故障处理结果进行对比，校验两个故障定位结果是否一致，若不一致，则设置"定位不一致标志"，然后进入步骤 6；若一致，则直接进入步骤 7。

步骤 6：根据主站故障定位结果，控制对应的智能终端跳闸进行故障隔离与转供。

步骤 7：结束故障处理过程。

分布式与集中式相结合的故障处理中，智能终端就地实现故障的定位、隔离以及转供，并将整个故障处理的信息上行于集中式的主站系统。集中式主站系统则根据分布式智能终端在故障瞬时上行的 SOE 信息也进行故障定位，并生成故障隔离与非故障失电区的转供方案。主站系统生成的故障处理方案作为分布式系统上行的方案的校正方案，当两者存在出入时，以主站系统方案为准对分布式故障处理方案进行矫正。通过智能终端和主站相互印证进行故障定位，能够在配电网运行过程中及时发现、预防和隔离各种潜在隐患，优化系统运行状态并有效应对系统内发生的各种扰动，使电网在故障情况下维持系统连续运行、自主修复故障并快速恢复供电，通过减少配电网运行时的人为干预，降低扰动或故障对电网和用户的影响，降低停电次数，极大减少用户停电时间和停电影响用户数。

4.4　配电自动化故障处理应用案例

4.4.1　××公司友园线集中型馈线自动化案例

1. 案例描述

2019 年 11 月 11 日 2 时 53 分，××公司木莲冲变电站 344 友园线线路保护动作跳闸，配电自动化主站根据终端上送的告警信息，启动 FA 分析，并给出故障隔离和恢复方案，执行操作，重合于故障，故障隔离和非故障区域恢复不成功。

2. 终端上报的故障信号

彩虹都 2 号环网柜 301 发 A、C 过流及短路事故总信号，有色置业 1 号环网柜发短路事故总信号，如图 4-43 所示。其他间隔未发告警信号。

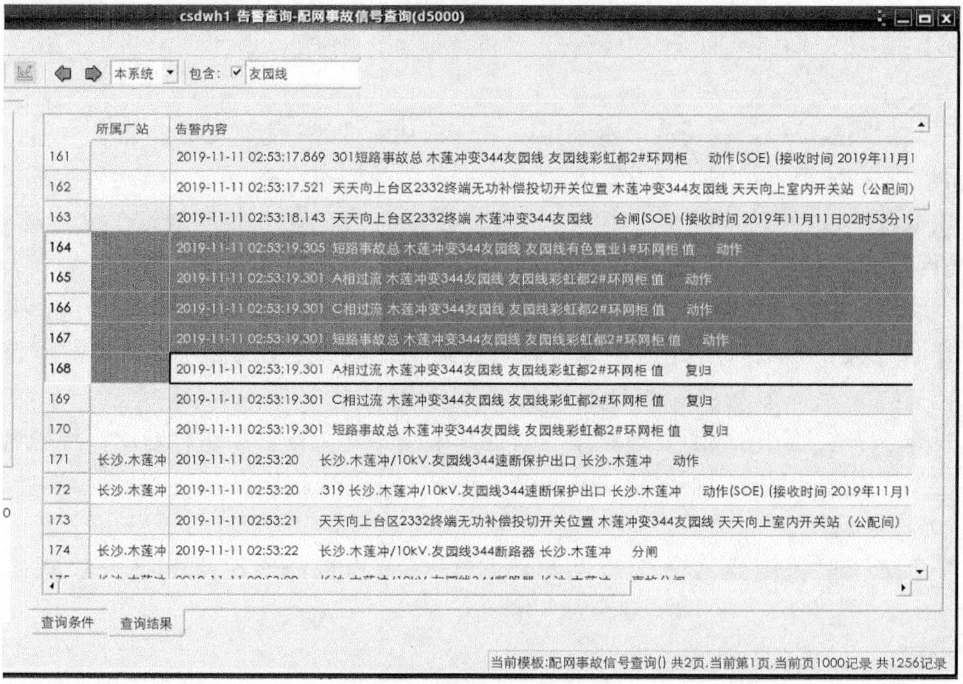

图 4-43　终端上报的故障信号

3. 主站 FA 分析结果

根据故障信号，主站 FA 分析故障范围为有色置业 1 号环网柜 305 下游发生故障，隔离方案为断开有色置业 1 号环网柜 305 负荷开关，恢复方案为合上友园线 344 出线断路器。

重合失败后，经过现场核实线路实际故障点为彩虹都号 2 开关站 307 与有色置业号 1 开关站 301 之间，故障为电缆中间头炸裂，如图 4-44 所示。

4. 故障隔离和非故障区域恢复不成功原因分析

此次 FA 根据终端上送的告警信号分析得出的故障隔离与恢复方案本身是正确的。

动作不正确的原因：①有色置业 1 号环网柜 305 终端事故总信号配置问题，导致短路时产生的电压越限触发了短路事故总信号。②由于彩虹都 2 号环网柜 307 间隔采用的是测量级（0.5 级）电流互感器，导致短路时电流互感器饱和，307 间隔采集到的故障电流没有达到终端设定的告警定值，进而导致彩虹都 2 号环网柜漏发了 307 间隔的故障告警信息。

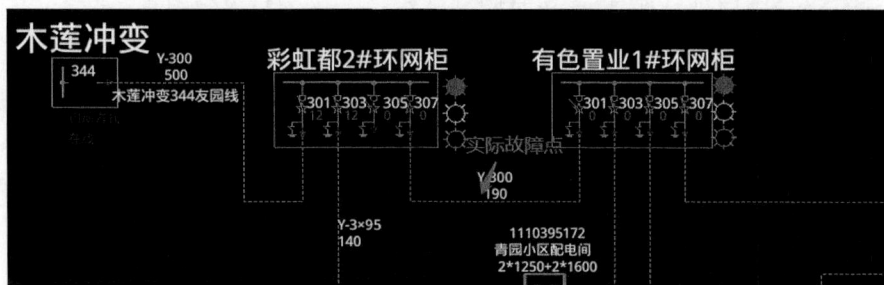

图 4-44　友园线单线图

4.4.2　××公司 10kV 普坪 322 线就地电压时间型 FA 案例

1. 案例描述

××公司 10kV 普坪线在 P090、P147 杆装设两台一、二次成套柱上开关，实现主干线三分段，并投入就地电压时间型馈线自动化，10kV 普坪线开关安装位置示意图如图 4-45 所示。2020 年 6 月 15 日 17 时 00 分，35kV 普里桥变电站 10kV 普坪线 322 断路器完成两次重合闸；P147 杆开关自动完成分-合-分动作，正向闭锁合闸后隔离故障成功；P090 自动完成分-合-分-合动作后，P147 杆前端线路均恢复供电成功。

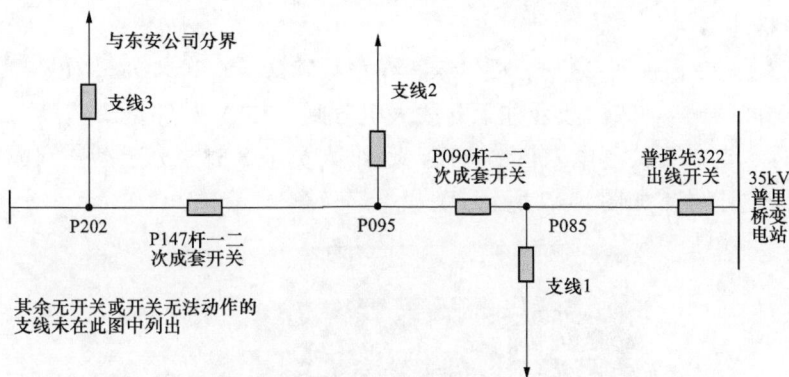

图 4-45　10kV 普坪线开关安装位置示意图

2. 开关动作分析

10kV 普坪线发生断树压线短路故障，变电站出线开关 322 断路器保护跳闸，P090、P147 杆开关均失压分闸；322 断路器经延时重合后，P090 杆开关来电自动合闸成功，P147 杆开关来电合闸至故障点，322 断路器再次保护跳闸，P147 杆开关由于 Y 时限内再次失电正向闭锁合闸，隔离故障成功；322 断路器经延时二次重合后，P090 杆开关来电自动合闸，非故障区间恢复供电成功。根据开关动作结果信息，运维人员定位故障点在 P147 杆后端，经过 1h 35min，查找到故障点位于 P153 杆，抢修后恢复供电。相比传统故障后整线巡线耗时半天甚至一整天，节约故障查找时间 10h 以上。

4.4.3 ××公司 10kV 北溶 314 线就地电压时间型 FA 案例

××公司在 10kV 北溶 314 线路 046 号、148 号杆装设两台一、二次成套柱上开关，实现主干线三分段，并投入就地电压时间型馈线自动化；在出口浪支线装设一台一、二次成套柱上断路器，并投入继电保护，如图 4-46 所示。

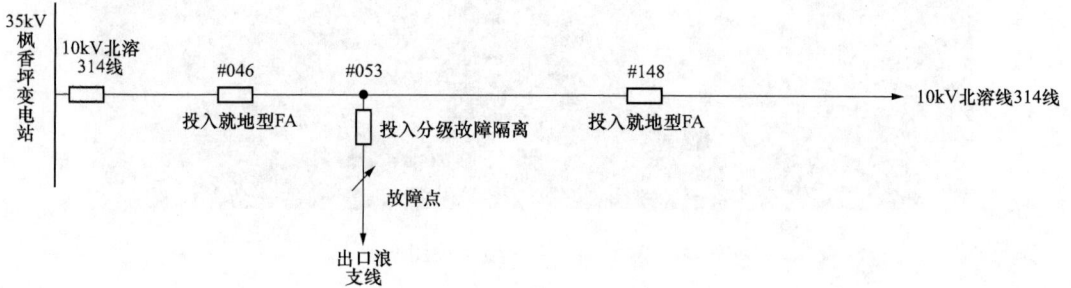

图 4-46　10kV 北溶线 314 线开关安装位置示意图

2020 年 7 月 10 日 21 时 32 分，10kV 北溶 314 线路由于分支树障，导致站内出线开关和出口浪支线（T 接在主干线号 53 杆）柱上断路器均出现过流 I 段动作跳闸，实现分级故障隔离，变电站出线开关 2s 后重合，主干线 46 号杆、148 号杆柱上开关在线路来电后依次自动延时合闸，恢复主干线供电成功。根据开关动作结果信息，运维人员定位故障点在出口浪支线，经过 42min，运维人员查找到故障点抢修后恢复供电。

4.4.4 ××公司 10kV 牛金 308 线就地电压时间型 FA 案例

1. 案例描述

2020 年 3 月 22 日 4 时 23 分，受 35kV 线路故障影响，××公司 10kV 牛金线停电，导致线路上 P045 杆一、二次成套柱上开关失电分闸，35kV 线路故障消除后，6 时 32 分对牛金线进行送电，开关得电未自动合闸，运维人员于 8 时 3 分手动合闸成功。FTU 面板显示负荷侧电压异常如图 4-47 所示。

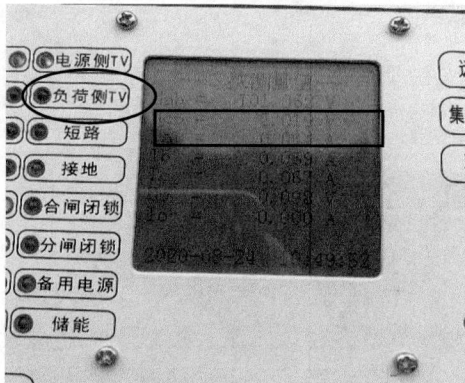

图 4-47　FTU 面板显示负荷侧电压异常

168

2．FA 启动失败原因分析

现场对 10kV 牛金线 P045 杆一、二次成套柱上开关的采样数据、SOE 告警记录（见表 4-6）、定值参数查勘，发现面板显示 U_{ab}=101V，U_{cb}=2V，负荷侧 TV 不亮（正常应为 100V，且灯亮）；开关在手动合闸后，产生电源侧有压遥信；电压时间型就地 FA 已投入。根据以上信息可判断：开关电源侧来电后 FTU 未启动来电合闸，原因为电源侧与负荷侧 TV 接反且电源侧 TV 采样异常（对应 FTU 面板中负荷侧 TV 的采样值 U_{cb}），导致 FTU 未检测到线路有压；手动合闸后，由负荷侧 TV 检测到有压并上送电源侧有压遥信信号。

表 4-6　　　　　　　　　　　　　SOE 告 警 信 息

信号	时间	说明
停电分闸	04:23:12:536	10kV 线路失电
手动合闸	08:03:02:613	手动合闸
电源侧有压	08:03:02:775	实际负荷侧有压
线路有压	08:03:02:775	负荷侧或电源侧有压均产生此信号

3．一、二次成套柱上开关 TV 正确接线方式

（1）TV 接线错误排查。馈线终端 FTU 侧电源/电压接线均采用航插模式，TU 电源/电压 6 芯航空插头引脚定义见表 4-7。但早前的 TV 侧二次接线有采用端子接线方式，导致现场施工人员容易出现接线错误。

表 4-7　　　　　　　　　　FTU 电源/电压 6 芯航空插头引脚定义

引脚号	标记	标记说明	电缆规格（mm²）	备注	图示
1	1TVa1	AB 线电压 TV 二次侧电压（对应 A 相）	RVVP1.5	电源	
2	2TVc1	CB 线电压 TV 二次侧电压（对应 C 相）	RVVP1.5	电源	
3	1TVb1/2TVb1	AB/BC 线电压 TV 二次侧电压（对应 B 相）	RVVP1.5	电源	
4	1TVa2	AB 线电压 TV 二次侧电压（对应 A 相）	RVVP1.5	测量	
5	2TVc2	CB 线电压 TV 二次侧电压（对应 C 相）	RVVP1.5	测量	
6	1TVb2/2TVb2	AB/BC 线电压 TV 二次侧电压（对应 B 相）	RVVP1.5	测量	

针对已接入配电自动化主站系统且上线的终端，可通过配电自动化主站系统查看电压遥测值是否正常，如图 4-48 所示，若不正常，则需现场排查是否 TV 二次接线错误。

现场已送电 TV 二次接线检查：检查 FTU 侧的 6 孔电缆航空插头是否插牢；通过液晶面板或者维护软件查看 TV 测量（100V）二次值是否正确；通过万用表测量航插管脚

的值是否准确，TV 二次侧航插电压测试图如图 4-49 所示，对照表 4-2，U_{13}、U_{23} 应为 220V，U_{46}、U_{56} 应为 100V。（注意：测量时应先拔控制航插，再拔电压航插。）

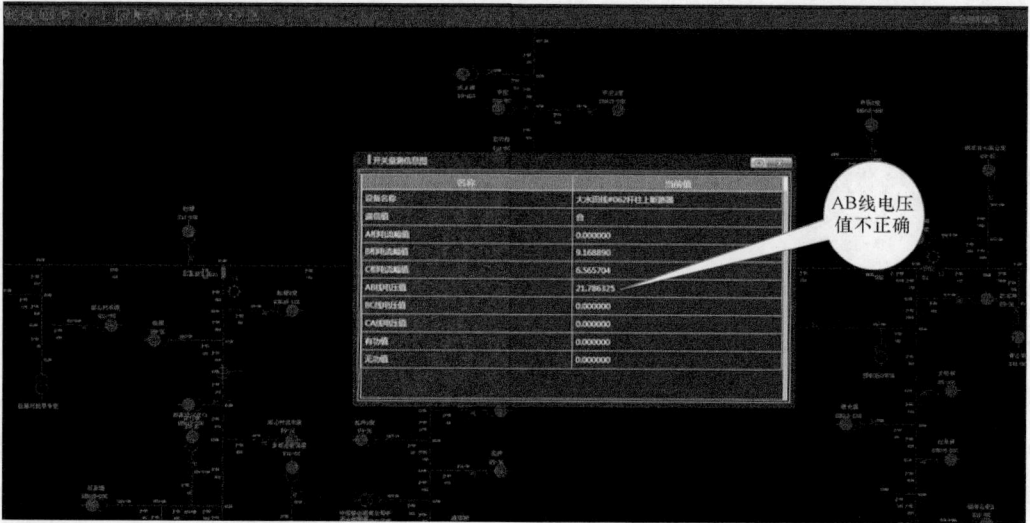

图 4-48　配电自动化系统主站查看电压遥测值情况

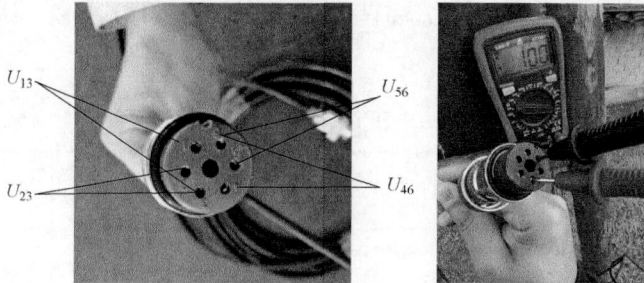

图 4-49　TV 二次侧航插电压测试图

配电自动化主站系统电压遥测值不正常或未接入配电自动化系统的成套开关则需结合现场巡视，对 TV 一次接线和二次进行排查。

（2）TV 一次接线方式。一、二次成套柱上开关及 TV 实物图如图 4-50 所示，为一、二次成套柱上开关及 TV 实物图，主干线开关一般配置双侧 TV，TV 通过航插与终端连接。

TV 一次侧应严格规范按照图 4-51 接线：电源侧，开关进线侧 A 相线接进线侧 TV1 的 A 柱，B 相线接 B 柱；负荷侧，开关出线侧 C 相线接出线侧 TV2 的 A 柱，B 相线接 B 柱。

（3）TV 二次端子接线方式。TV 侧的二次接线采用端子接线方式时，按照 TV 额定电压比不一样，分为两种情况。额定电压比（kV）分别为 10/0.22/0.1 和 10/0.1/0.22。

1）额定电压比（kV）10/0.22/0.1。进线侧 TV1，1a 接 1TVa1，2a 接 1TVa2，1b 和 2b 并联起来接 1TVb1/2TVb1，并接到外部接地柱接地。出线侧 TV2，1a 接 2TVc1，2a

接 2TVc2，1b 和 2b 并联起来接 1TVb2/2TVb2，并接到外部接地柱接地。TV 二次侧接线示意图（10/0.22/0.1）如图 4-52 所示。

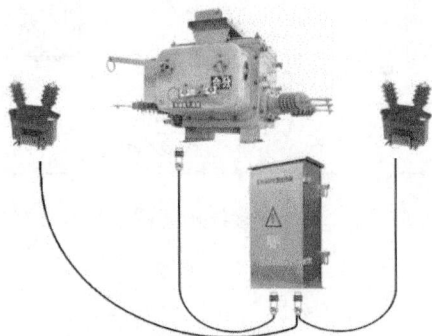

图 4-50　一、二次成套柱上开关及 TV 实物图

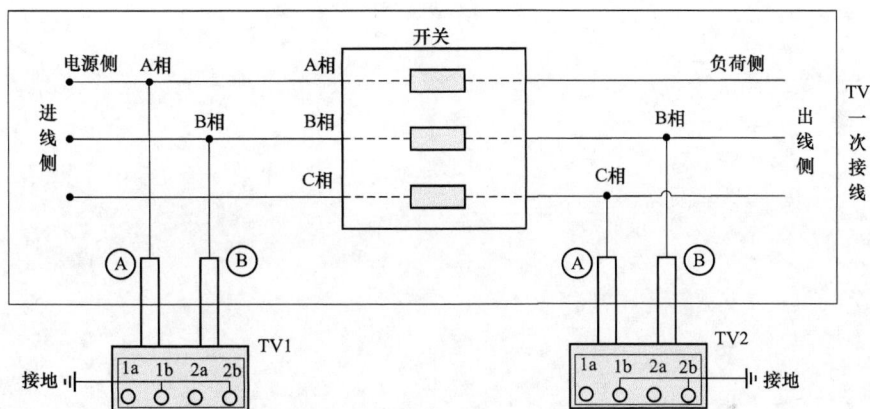

图 4-51　TV 一次接线示意图

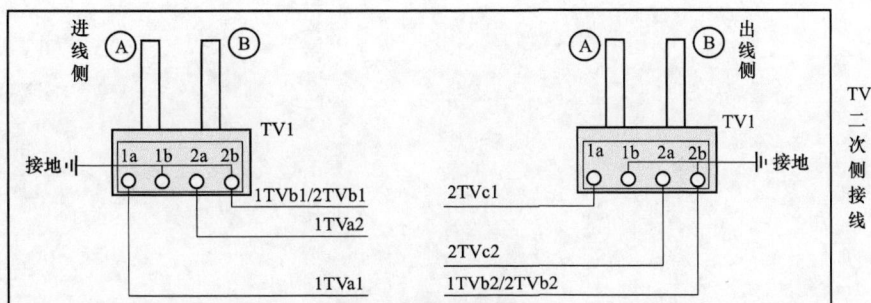

图 4-52　TV 二次侧接线示意图（10/0.22/0.1）

2）额定电压比（kV）10/0.1/0.22。进线侧 TV1，1a 接 1TVa2，2a 接 1TVa1，1b 和 2b 并联起来接 1TVb1/2TVb1，并接到外部接地柱接地。出线侧 TV2，1a 接 2TVc2，2a 接 2TVc1，1b 和 2b 并联起来接 1TVb2/2TVb2，并接到外部接地柱接地。TV 二次侧接线示意图（10/0.1/0.22）如图 4-53 所示。

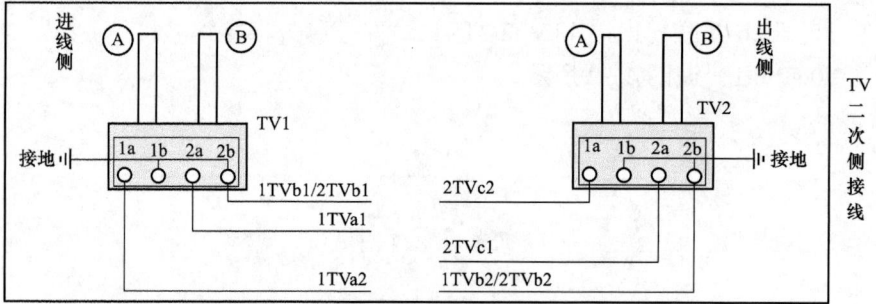

图 4-53　TV 二次侧接线示意图（10/0.1/0.22）

第 5 章

新一代配电自动化主站系统实用化评价技术

新一代配电自动化主站系统建设过程有着不同目标以及不同内容的监督管理内容。从全寿命周期环节的角度来看主要分为系统出厂、安装调试、工程竣工，以及实用化应用等 4 个主要阶段，相应的验收评价工作称为工厂验收、现场验收以及工程化验收和实用化验收评价。技术验收工作应按阶段顺序进行，前一阶段验收合格通过后，方可进行下一阶段验收工作。验收评价工作应坚持科学、严谨的态度，验收测试人员应具备相应的专业技术水平，使用专业的测试仪器和测试工具，并做好验收测试和验收记录。

其中工厂验收与现场验收评价工作由工程建设方组织，主要包括建设单位、运维单位、技术监督部门，共同对配电主站、配电终端、配电通信系统等环节以及配电自动化系统整体进行监督测试与检查，目的是为确保配电自动化工程建设质量，其测试记录是配电自动化系统后期在实际运行维护中缺陷和隐患处理的重要依据，是系统功能完善和深化应用的数据源头和理论支撑。

工程化验收评价和实用化验收评价由国家电网公司组织，目的是为了保障配电自动化系统的建设水平和实用化应用效果，对配电自动化工程建成投运前以及投运试运行一段时间后要进行相关验收评价工作。工程化验收评价主要指依据批复的配电自动化建设改造技术方案，对项目承担单位建成的配电自动化项目进行的监督检查，内容包括管理体系、技术体系、运维体系、验收资料等。实用化验收评价主要指对已通过工程化验收，且经过试运行半年以上的配电自动化系统应用情况与运维水平进行的技术监督与检查，实用化验收评价主要包括验收资料、系统运行评价、系统应用评价、系统运维评价等方面，其中验收资料评价内容包括技术报告、运行报告、自查报告、配电自动化设备台账等；系统运行评价内容包括配电终端接入情况、配电终端覆盖率、系统运行指标等；系统应用评价内容包括图模质量、晨操开展情况、馈线自动化使用情况、数据维护情况等；系统运维评价内容包括运维制度、职责分工、运维人员、配电自动化缺陷处理响应情况等；以及检查内容涵盖所有县公司。

本章先介绍系统投运及测试，涉及工厂验收、现场验收以及工程化验收评价工作；再重点就实用化验收评价中的系统运行评价、系统应用评价及系统运维评价部分依次进行论述。

5.1 系统投运及测试

5.1.1 工厂验收测试评价

工厂验收测试又称 FAT 验收测试，是整个配电自动化验收测试工作的起点，FAT 验收测试主要验证生产供货商出厂时系统设备与技术协议的符合度，质量达到要求等，及早发现并处理相关不符合项目。FAT 验收测试的对象包括主站系统、配电终端、通信网络设备等产品；FAT 验收测试的内容主要包括硬件检查、功能测试和稳定性测试等。

1. 工厂验收测试评价应具备条件

配电自动化系统工厂验收主站和终端应搭建测试环境，具备相应的测试条件，具体要求如下。

（1）主站系统所有硬件设备按配置要求在工厂环境下搭建调试测试完成，软件系统安装调试完成。建设单位所需的图形、报表、曲线、模型和数据库等系统工程化及用户化工作已录入、制作完成。

（2）制造单位已按项目合同技术协议书的要求完成配电终端的制造，每一台配电终端通过制造单位质量检验。

（3）制造单位已搭建完成工厂验收模拟测试环境，模拟设备和测试设备准备就绪。

（4）制造单位已编制并提交技术手册、使用手册和维护手册、结构及布置图纸，并经设计单位、建设单位审核确认。

（5）建设单位的系统运行维护人员、调度员等相关人员的工厂培训已完成，所有被培训人员的技术考试和应用操作考评成绩合格。

（6）制造单位完成系统工厂预验收，并达到项目技术文件及相关技术规范的要求，编制并提交工厂预验收报告和工厂验收申请报告，并经建设单位审核通过。

（7）制造单位已编制完成工厂验收大纲，并经验收工作组审核确认后，形成正式文本。

2. 工厂验收测试评价流程

在项目主站系统的硬件到位后，按照最终配置及连接方式完成系统硬件平台的搭建工作，由于工厂测试的项目较多，一般分为下面四个环节。

（1）第一阶段侧重整个测试系统的搭建工作，按照配电主站的配置和网络架构要求，搭建完整的测试系统，包括：主站硬件平台的搭建、应用软件的安装、建设区域主网、配网图模的导入合并与拓扑检查、实际配电终端的接入、二次安全防护测试平台的搭建等工作。

（2）第二阶段主要实现主站和终端的联调，包括 DTU、FTU 等终端的联调，完成终端的通信、规约和功能检测；对于采用无线公网通信的终端，还需要在模拟Ⅲ区部署数据采集服务器完成主站与实际无线终端的通信，同时应该测试传输数据穿过实际反向隔离装置进入模拟Ⅰ区主站功能、性能是否满足 DAS 验收的要求。

（3）第三阶段进行完整的配电主站系统功能及性能测试。系统功能测试主要针对系统的人机界面、SCADA 功能、馈线自动化、系统设置及权限配置、信息分流、系统告警、拓扑分析等功能进行需求分析及定制开发。功能部分的测试需要结合厂内搭建的终端环境、FA 注入式测试等软件工具开展，测试要以典型配网线路及实际配网线路图模开展，以保证实施效果。性能测试主要测试主站系统的数据完整性和各节点的冗余性，测试搭建与招标文件一致的大容量测试环境，进行雪崩及系统冗余性测试。

（4）第四阶段主要进行配电主站的整体出厂验收，包括主站系统 72h 连续运行，采用测试算例进行全系统测试，验证系统是否在模拟环境下面满足技术合同要求，并根据厂验发现的问题与供货厂商一起采取对应的处理措施，确保发现问题的及时整改完善。

3．工厂验收测试评价内容及要求

（1）主站测试。配电主站测试包括功能测试、性能测试、稳定性测试和安全性测试等。

功能测试是按照 DAS 功能规范及有关技术协议文件进行功能验证，具体验证协议中各种功能的完成情况。

性能测试是按照验收准则结合系统配置进行性能指标测试，这部分主要对系统各项功能的技术指标的实际情况进行测试。

稳定性测试主要测试系统运行的稳定性，在 FAT 中应连续测试 72h 以上，在现场验收测试中投入试运行后在设定的工况下连续测试，系统不能不出影响正常运行、降低实时性与可靠性等方面的故障。

安全性测试是测试配电主站、终端安全防护功能是否符合国家能源局和国家电网公司最新技术规范要求。配电主站工厂验收表见表 5-1。配电主站 72h 连续运行验收表见表 5-2。配电自动化系统主站接入规模表见表 5-3。

表 5-1　　　　　　　　　　　　　　配电主站工厂验收表

序号	验收项目		要　　求	备注
1	系统性能交接试验	安全性	安全分区、纵向认证措施及操作与控制是否符合二次系统安全防护要求	
2		冗余性	热备切换时间≤20s	
3			冷备切换时间≤5min	
4		计算机资源负载率	CPU 平均负载率（任意 5min 内）≤40%	
5			备用空间（根区）≥20%（或是 10G）	
6		系统节点分布	可接入工作站数≥40	
7			可接入分布式数据采集的片区数≥6 片区	
8		Ⅰ、Ⅲ区数据同步	信息跨越正向物理隔离时的数据传输时延<3s	
9			信息跨越反向物理隔离时的数据传输时延<20s	
10		画面调阅响应时间	90%画面<4s	
11			其他画面<10s	

序号	验收项目		要　　求	备注
12	系统性能交接试验	模拟量	遥测综合误差≤1.5%	
13			遥测合格率≥98%	
14			遥测越限由终端传递到主站：光纤通信方式<2s，载波通信方式<30s，无线通信方式<15s	
15		状态量	遥信动作正确率≥99%	
16			站内事件分辨率<10ms	
17			遥信变位由终端传递到主站：光纤通信方式<2s；载波通信方式<30s；无线通信方式<15s	
18		遥控	遥控正确率99.9%	
19			遥控命令选择、执行或撤销传输时间：光纤通信方式<2s；载波通信方式<30s；无线通信方式<15s	
20		配电SCADA	可接入实时数据容量≥200 000	
21			可接入终端数（每组分布式前置）≥2000	
22			可接入控制量≥6000	
23			实时数据变化更新时延<3s	
24			主站遥控输出时延<2s	
25			事件记录分辨率≤1ms	
26			历史数据保存周期≥2年	
27			事故推画面响应时间<10s	
28			单次网络拓扑着色时延<5s	
29		馈线故障处理	系统并发处理馈线故障个数≥20个	
30			单个馈线故障处理耗时（不含系统通信时间）<5s	
31		负荷转供	单次转供策略分析耗时<5s	

表 5-2　　　　　　　　　配电主站 72h 连续运行验收表

序号	测　试　内　容	测试结果
1	系统设备运行状况	
2	画面屏幕显示	
3	制表打印	
4	模拟量采集、越限及显示	
5	告警处理	
6	数据运算处理及统计记录	
7	状态量采集及显示	
8	开关变位处理	
9	在线修改参数‥	

序号	测 试 内 容	测试结果
10	系统对时	
11	数字量采集及显示	
12	双机切换	
13	遥控/遥调操作	
14	趋势曲线	
15	事故追忆	
16	事故顺序记录	
17	多层图形	
18	用户特殊要求	

表 5-3 配电自动化系统主站接入规模表

序号	项目	检查规范	检查结果	备注
1	厂站数量	符合设计要求		
2	遥测数量	符合设计要求		
3	遥信数量	符合设计要求		
4	1s 采样数据	符合设计要求		
5	1min 采样数据	符合设计要求		
6	遥控数量	符合设计要求		

（2）终端设备测试，根据被验收产品特性，利用电阻仪、耐压仪、继电保护测试仪、通信规约分析仪、一次开关本体、测试电脑和软件以及各种连接线等设备，搭建终端功能测试平台，测试项目包括：

1）绝缘电阻、绝缘强度测试。

2）规约一致性测试。

3）功能测试。

4）接口测试。

5）出厂前系统整体测试。

具体的工厂验收测试内容和测试方法详表，可参考国家电网公司《配电自动化系统验收技术规范》。

（3）工厂验收测试评价标准。

1）配电主站、配电终端（子站）工厂验收按照本章验收内容及要求进行逐项测试，测试记录完善。

2）测试中发现的缺陷和偏差，允许被验收单位进行改进完善，但改进后应对所有相关项目重新测试。

3）被验收单位所提供的系统说明书、使用手册等技术文档应完整，并符合实际；配电主站所有软、硬件设备型号、数量、配置均符合项目合同、技术协议要求；配电终端（子站）软硬件配置均符合项目合同、技术协议要求。

4）配电主站、配电终端（子站）的出厂验收测试结果应满足技术合同、项目技术文件和本标准要求，无缺陷项目；偏差项汇总数不应超过测试项目总数的 2%。符合以上条件，即通过工程验收，否则被验收方按照要求进行修改直至满足要求。

5.1.2 现场验收测试评价

现场验收又称 SAT 验收测试，是系统现场安装调试完成后，由工程建设方组织的验收，分别检验主站系统、配电终端、配电通信系统在现场验收环境中的功能和性能是否满足项目合同文件的具体要求。测试对象包括在现场安装的主站系统、终端、一次设备以及通信系统等完整的 DAS。测试内容包括主站与站端系统联调的 SCADA 功能及性能测试、现场 FA 测试的内容以及配电自动化与其他系统接口测试。此外，SAT 测试还需要进行主站硬件测试和系统可用性试验。

1. 现场验收测试评价应具备条件

（1）配电终端（子站）已完成现场安装、调试并已接入配电主站。

（2）主站硬件设备和软件系统已在现场安装、调试完成，具备接入条件的配电子站、配电终端已接入系统，系统的各项功能正常。

（3）通信系统已完成现场安装、调试。

（4）相关的辅助设备（电源、接地、防雷等）已安装调试完毕。

（5）被验收方已提交上述环节与现场安装一致的图纸/资料和调试报告，并经验收方审核确认。

（6）被验收方依照项目技术文件及本规范进行自查核实，并提交现场验收申请报告。

（7）验收方和被验收方共同完成现场验收大纲编制。

2. 现场验收测试评价流程

（1）现场验收条件具备后，验收方启动现场验收程序。

（2）现场验收工作小组按现场验收大纲所列测试内容进行逐项测试。

（3）测试中发现的缺陷和偏差，允许被验收方进行修改完善，但修改后必须对所有相关项目重新测试；应有完整的偏差、缺陷索引表及偏差、缺陷记录报告。

（4）现场进行 72h 连续运行测试。验收测试结果证明某一设备、软件功能或性能不合格，被验收方必须更换不合格的设备或修改不合格的软件，对于第三方提供的设备或软件，同样适用。设备更换或软件修改完成后，与该设备及软件关联的功能及性能测试项目必须重新测试，包括 72h 连续运行测试。

（5）现场验收测试结束后，现场验收工作小组编制现场验收测试报告、偏差及缺陷报告、设备及文件资料核查报告，现场验收组织单位主持召开现场验收会，对测试结果和项目阶段建设成果进行评价，形成现场验收结论。

（6）对缺陷项目进行核查并限期整改，整改后需重新进行验收。

（7）现场验收通过后，进入验收试运行考核期。

3. 现场验收测试评价内容及要求

（1）主站系统测试。主站系统现场测试包括系统平台服务测试、SCADA 功能测试、图模功能测试、拓扑分析应用测试、综合告警分析测试、馈线自动化功能测试、事故反演功能测试、接地故障分析测试、配电网运行趋势分析测试、数据质量管控测试、配电终端管理测试、配电自动化缺陷分析测试、设备（环境）状态监测测试、供电能力分析评估测试、信息共享与发布功能及其他扩展功能测试等。测试内容及要求与厂内测试及现场测试环节一致，这里不再重复。在 SAT 测试中，还需进行系统连续运行 72h 测试，系统各项功能性能正常，指标满足要求。SAT 测试的主要项目如下：

1）系统性能测试。包括安全性、冗余性、计算机资源负载率、系统节点分布、I、III 区数据同步、画面调阅响应时间、模拟量、状态量、遥控、配电 SCADA、馈线故障处理。

2）配电主站 72h 连续运行测试（期间系统功能正常）。

（2）终端测试。SAT 测试中，配电终端及其一次设备，与主站系统进行现场联调，测试终端能满足各项使用要求，包括对一次设备遥信、遥测量的采集及上送，接受主站下发的遥控等指令并正确响应，测试项目如下。

1）基本检查：包括安装位置、终端信息、一、二次设备接线、接地、封堵及通风、通信检查、终端出厂检测报告、终端外观及接口、程序版本、端子排及插头、二次回路接线、结构检查、开关面板及指示灯等。

2）绝缘检查：包括绝缘电阻、绝缘强度等。

3）通信检查。

4）遥信量检查：包括点表核对、公共遥信信号、现场操作遥信量、遥信告警信号等。

5）遥控检查：包括分合闸控制、、蓄电池活化、装置远方复位、装置遥控闭锁等。

6）遥测量检查：包括电压采样值检查、蓄电池电压采样、电流/功率采样等。

7）电源性能。

8）遥控送电。

9）带负荷检查：包括电流检查、电压检查。

（3）现场验收测试评价标准。

1）硬件设备型号、数量、配置、性能符合项目合同要求，各设备的出厂编号与工厂验收记录一致。

2）被验收方提交的技术手册、使用手册和维护手册为根据系统实际情况修编后的最新版本，且正确有效；项目建设文档及相关资料齐全。

3）系统在现场传动测试过程中状态和数据正确。

4）硬件设备和软件系统测试运行正常；功能、性能测试及核对均应在人机界面上进行。

5）现场验收测试结果满足技术合同、项目技术文件和本规范要求；无缺陷；偏差项汇总数不得超过测试项目总数的 2%。

配电自动化系统现场验收结束后，由配调值班人员从配电主站采用遥控操作的形式送电，送电后完成遥信和遥测回路的带负荷检查等内容。

配电自动化系统在完成投运前的测试工作后，系统在运行期间要继续对系统各项性能指标做周期性测试，确保系统在运行过程中保持功能稳定、性能完善。经过稳定性测试后，进入系统试运行阶段，系统试运行的时间一般要在半年以上。

5.1.3 工程化验收测试评价

在系统通过工程化测试后，依据工程化测试结果安排系统的工程化验收测试评价。工程化验收又称 PAT 验收测试，重点是在系统功能性能正确的基础上，对整个项目建设的过程文件进行审核，包括应用单位配电自动化的分工、职责是否明确，相关建设、运维的管理体系是否建立等。

工程化验收所采用的方式主要是审查工程建设有关资料；查阅 DAS 基本功能测试报告；现场查证主站系统功能；随机抽查配电终端接入及在线情况。

（1）工程验收主要内容。工程验收内容包括管理体系、技术体系、运维体系、验收资料四个分项，管理体系主要包括组织保障、项目管理、项目完成情况，技术体系主要包括终端工况、信息交互、安全防护、性能测试，运维体系主要包括运行制度、运维机构、人员配置，验收资料主要包括工作报告、技术报告、用户报告、测试报告。

（2）工程验收测试评价。工程验收评价体系包括管理体系、技术体系、运维体系、验收资料。除此之外，工程验收测试评价还需对配电自动化系统性能进行全面测试，具体包括：主站系统性能、主站功能指标、"三遥"正确性、平台服务、配电 SCADA 功能、配电终端功能、通信系统性能、信息交互能力等。

5.2 系 统 运 行 评 价

5.2.1 配电终端覆盖率

（1）基本要求：配电终端覆盖率不小于建设和改造方案配电终端规模的 95%。

（2）统计公式：（已投运配电终端数量）/（建设和改造方案中应安装配电终端数量）×100%。

（3）统计依据：查看被验收单位提供的配电自动化设备台账和设备投/退运资料。

（4）核实办法：根据给定的统计公式，统计核实配电终端覆盖率，并随机抽查部分设备。

5.2.2 系统运行指标

（1）配电主站月平均运行率。

1）基本要求：≥99%。

2）统计公式：（全月日历时间–配电主站停用时间）/（全月日历时间）×100%。

3）统计依据：配电主站运行记录，被验收单位的自查报告和主站系统指标统计情况。

4）核实办法：根据给定的统计公式，逐月统计核实配电主站系统的月平均运行率。

（2）配电终端月平均在线率。

1）基本要求：≥95%。

2）统计公式：[0.5×（所有终端在线时长/所有终端应在线时长）+0.5×（连续离线时长不超过 3 天的终端数量/所有终端数量）]×100%。

3）统计依据：配电终端运行记录、被验收单位的自查报告和主站系统指标统计情况。

4）核实办法：根据给定的统计公式，逐月统计核实配电终端的月平均在线率。

（3）遥控成功率。遥控成功率是指配电终端在线且可用情况下的遥控成功率，当预遥控命令下发返校成功但没有下发正式执行的遥控命令的情况不做统计。

1）基本要求：≥98%。

2）统计公式：（考核期内遥控成功次数）/（考核期内遥控次数总和）×100%。

3）统计依据：主站系统运行记录和被验收单位的自查报告。

4）核实办法：查看主系统运行记录、被验收单位的自查报告和主站指标统计情况。

（4）遥信动作正确率。

1）基本要求：≥90%。

2）统计公式：所有自动化开关遥信变位与终端 SOE 记录匹配总数/所有开关遥信变位记录数。

3）统计依据：主站系统运行记录、被验收单位的自查报告和主站指标统计情况。

4）核实办法：根据给定的统计公式核实变位时遥信动作正确率，并随机抽查核实遥信动作正确情况。

5）自动化终端不具备 SOE 功能的，不纳入考核统计。

（5）馈线自动化成功率。

1）基本要求：应用馈线自动化，有正确动作记录，且馈线自动化动作正确率≥90%。

2）统计公式：馈线自动化成功执行事件数量/馈线自动化启动数量。

3）统计依据：主站系统运行记录、配网故障分析报告、配网调控日志和被验收单位的自查报告。

4）核实办法：核对系统运行记录及相关资料，检查馈线自动化事件动作正确性，30min 内通过全自动或人工遥控方式完成馈线自动化故障处理均认为动作正确。

（6）配电线路图完整率。

1）基本要求：配电线路图完整率≥98%。

2）统计公式：（配电主站图形化的配电线路条数）/（配电线路总条数）×100%。

3）统计依据：查看配电线路台账和主站系统图形。

4）核实办法：核对配电主站系统图形及相关资料没检查配电线路专题图成图是否完整。

5）配电线路图完整率中的配电线路是指调度管辖的中压配电网公网线路。

（7）故障研判准确率。

1）基本要求：线路停电故障研判准确率达到 90%，单配变停电故障研判准确性达到 95%。

2）统计公式：线路（配变）真实停电故障数量/系统研判线路（配变）停电故障数量。

3）统计依据：主站导出线路、配变故障清单、抢修工单反馈故障准确清单。

4）核实办法：根据导出的线路、配变故障清单中随机抽查，人工方式通过负荷曲线、现场询问等方式进行核实。

5）排除因外部因素导致的研判错误，如计划停电报告不准确、线路运行图临时修改、图模维护与现场不准确等。

5.3　系统应用评价

5.3.1　基本功能应用

（1）图模质量。

1）基本要求：专题图清晰、美观、实用。

2）核实办法：根据台账数据分别抽查 5 张单线图、站室图及系统图，查看导入数量及图形质量。

（2）画面数据及光字。

1）基本要求：曲线、实时数据显示正常、符合逻辑，光字符合调度需要。

2）核实办法：抽查 2 张系统图、2 张站室图，查看图形命名、数据及光字质量是否满足调度运行需要，上下游数据是否符合逻辑。

（3）告警。

1）基本要求：主站系统在电网出现故障或异常的情况下，能够迅速在屏幕的告警区分层分区显示简单明了的告警信息，并可根据告警信息调出相应画面，系统应保存事故及告警信息的内容，包括事件的性质、状态、发生时间、对象性质等。

2）核实办法：查看调控日志和主站系统运行记录。

（4）事件顺序记录（SOE）。

1）基本要求：在同一时钟标准下，站内和站间发生事件的顺序记录。事件记录应按时间顺序保存，并可分类检索。

2）核实办法：查看主站系统运行记录。

（5）晨操开展情况。

1）基本要求：要求制定晨操计划，定期开展晨操，并做好晨操记录。

2）核实办法：查看一个月晨操记录，记录至少 10 条，经过晨操的开关至少 10 个。

5.3.2　馈线自动化使用情况

（1）基本要求：故障时能判断故障区域并提供故障处理的策略。

（2）核实办法：查看配网故障分析报告、配网调控日志和主站系统运行记录等资料、FA 动作分析报告。

5.3.3　数据维护情况

（1）基本要求：异动流程完善，数据维护的准确性、及时性和安全性满足配网调行和生产指挥的要求。

（2）核实办法：抽查异动流程记录，抽查部分配电线路的图形、设备参数、实时信息与现场实际及源端系统的一致性。

5.3.4　管理信息大区主站功能应用

（1）停电故障研判与发布。

1）基本要求：能够展示停电故障范围、地理图、单线图定位，并发布到抢修平台。

2）核实办法：抽查部分线路故障、分线故障查看能否展示故障范围，抢修平台查看是否有线路抢修工单。

（2）配网运行异常分析。

1）基本要求：能够展示配网运行异常事件清单，包括不限于中压线路、配变、低压设备运行异常，如设备重载、过载、三相不平衡、运行缺相、漏电流越限等，并能够发布到供电服务指挥系统。

2）核实办法：抽查部分类型的异常，查看历史负荷数据或现场确认异常是否准确，查看供电服务指挥系统是否有异常事件待处理。

（3）运行预警监测。

1）基本要求：能够展示配网运行预警清单，包括不限于中压线路、配变、低压设备预警监测，如设备电压越限、单相重载等，并能够通过短信等方式通知设备主人。

2）核实办法：抽查部分类型的预警，查看历史数据或现场确认预警是否准确，查看短信发送记录是否有对设备主人发送。

（4）终端运行管理。

1）基本要求：能够实现配电终端运行管理，包括参数管理、设备运行监测、故障处理、缺陷分析等，能够对终端运行异常进行监测，对异常进行处理，对设备故障进行缺陷分析，并形成相应的历史记录。

2）核实办法：抽查部分终端运行状态，查看终端异常分析是否准确，异常是否能够闭环处理，是否进行设备缺陷分析，查看是否有各类终端运行异常和缺陷的历史记录。

（5）短信应用。

1）基本要求：能够实现各类订阅短信的正常发送，能够查询短信发送历史记录。

2）核实办法：抽查发送的短信是否正确，包括各类需要短信报送的事件是否真实发生，设备主人是否正确收到短信通知。

5.3.5　信息交互接口

（1）配电主站与电网调度控制系统接口。

1）基本要求：配电主站与电网调度控制系统接口已打通，电网调度控制系统已将高压配电网图模数据和实时监测数据推送给配电主站，并实现常态化应用。

2）核实办法：现场查看，检查配电主站运行记录。

（2）配电主站与 PMS2.0 系统接口。

1）基本要求：配电主站与 PMS2.0 系统接口已打通，PMS2.0 系统已将中压配电网图模推送给配电主站，并实现常态化应用。

2）核实办法：现场查看，检查配电主站运行记录。

（3）配电主站与供电服务指挥系统接口。

1）基本要求：配电主站与供电服务指挥系统接口已打通，配电主站已将配电网运行数据、配电网操作及分析信息等推送给供电服务指挥系统，并实现常态化应用。

2）核实办法：现场查看，检查配电主站与供电服务指挥系统运行记录。

5.4 系统运维评价

5.4.1 运维制度

（1）基本要求：明确配电自动化运行管理主体，明确配电自动化缺陷处理响应时间，满足配电网运行管理要求。

（2）核实办法：查看文件、运行日志、检修记录、巡视记录、缺陷记录等相关资料。

5.4.2 职责分工

（1）基本要求：明确涉及配电自动化系统工作的各部门职责，明确配电自动化系统主站、终端（子站）设备、通信系统等运行维护单位，明确各单位的工作流程及消缺流程。

（2）核实办法：查看文件、运行日志、检修记录、巡视记录、缺陷记录等相关资料。

5.4.3 运维人员

（1）基本要求：熟悉所管辖或使用设备的结构、性能及操作方法，具备一定的故障分析处理能力。

（2）核实办法：查看人员的培训记录，随机选取运维人员进行现场询问。

5.4.4 配电自动化缺陷处理响应情况

（1）基本要求：满足相关运维管理规范要求以及配网调度运行和生产指挥的要求。

（2）核实办法：查看缺陷处理记录、系统挂牌情况、实际缺陷流转流程。

参 考 文 献

[1] 冷华，朱吉然，唐海国，等．配电自动化调试技术 [M]．北京：中国电力出版社，2015．

[2] 唐海国，朱吉然，张帝，龚汉阳，等．配电自动化系统培训习题集 [M]．北京：中国电力出版社，2018．

[3] 唐海国，冷华，朱吉然，等．智能配电网 EPON 通信技术的应用分析 [J]．供用电，2015（9）．

[4] 苑舜，王承玉，等．配电自动化开关设备 [M]．北京：中国电力出版社，2007．

[5] 刘健，沈兵兵，等．现代配电自动化系统 [M]．北京：中国水利水电出版社，2013．

[6] 曹孟州．供配电设备运行维护与检修 [M]．北京：中国电力出版社，2011．

[7] 国家发展改革委 2014 年第 14 号令，电力监控系统安全防护规定 [S]．

[8] 国际能源局 国能安全 [2015] 36 号文，电力监控系统安全防护总体方案 [S]．

[9] 刘健，沈兵兵，赵江河．现代配电自动化系统 [M]．北京：中国水利水电出版社，2013．

[10] 钟清，余南华，宋旭东，等．主动配电网知识读本 [M]．北京：中国电力出版社，2014．

[11] 贺家李，李永丽，董新洲，等．电力系统继电保护原理 [M]．北京：中国电力出版社，2010．

[12] 袁钦成．配电系统故障处理自动化技术 [M]．北京：中国电力出版社，2007．

[13] 刘健，同向前，张小庆，等．配电网继电保护与故障处理 [M]．北京：中国电力出版社，2014．

[14] 赵江河，陈新，林涛，等．基于智能电网的配电自动化建设 [J]．电力系统自动化，2012，（18）：2-5．

[15] 赵凯．10kV 配电自动化设备与一体化运维模式 [J]．城市建设理论研究，2011，（22）：1-3．

[16] 刘振亚．全球能源互联网 [M]．北京：中国电力出版社，2015．

[17] 韦磊，蔡斌，韩际晖，等．"十二五"期间 10kV 通信接入网建设探讨 [J]．电力系统通信，2011，32（5）：83-88．

[18] 卞宝银．变电站无线通信模型研究及应用分析 [J]．电气应用，2015，34（13）：170-174．

[19] 刘健，刘东，张小庆，等．配电自动化系统测试技术 [M]．北京：中国水利水电出版社，2015．

[20] 刘健，董新洲，陈星莺，等．配电网故障定位与供电恢复 [M]．北京：中国电力出版社，2012．

[21] 王锡凡．电气工程基础 [M]．西安：西安交通大学出版社，2009．

[22] 姚建国，严胜，杨胜春，等．中国特色智能调度的实践与展望 [J]．电力系统自动化，2009，33（17）：16-19．

[23] 沈兵兵，吴琳，王鹏．配电自动化试点工程技术特点及应用成效分析 [J]．电力系统自动化，2012，36（18）．

[24] 郭建成，钱静，陈光，等．智能配电网调度控制系统技术方案 [J]．电力系统自动化，2015，（1）：206-212．

[25] 姚建国，周大平，沈兵兵，等．新一代配电网自动化及管理系统的设计和实现 [J]．电力系统自动化，2006，30（8）：89-93．

[26] 王兴念，赵奕，苏宏勋，等．配电自动化系统的实用设计 [J]．电气应用，2004，（7）：30-33．

[27] 陆巍巍，于鸿，林庆农. 县级电网的电力自动化系统分析 [J]. 电力信息化，2011，09（3）.

[28] 张继刚. 浅析我国配电自动化的现状及发展趋势 [J]. 城市建设与商业网点，2009，（27）：1-3.

[29] 顾欣欣，姜宁，季凯，等. 配电网自愈控制技术 [M]. 北京：中国电力出版社，2012.

[30] 张建华，黄伟. 微电网运行控制与保护技术 [M]. 北京：中国电力出版社，2010.

[31] 蒋康明. 电力通信网络组网分析 [M]. 北京：中国电力出版社，2014.

[32] 缪巍巍. 江苏电力通信网网管系统的建设与应用 [J]. 电信技术，2003，（4）：17-20.

[33] 韦磊，刘锐，高雪. 电力 LTE 无线专网安全防护方案研究 [J]. 江苏电机工程，2016，35（3）：29-33.

[34] 辛培哲，闫培丽，肖智宏，等. 新一代智能变电站通信网络技术应用研究 [J]. 电力建设，2013，34（7）：17-23.

[35] 孙毅，龚钢军，许刚. McWiLL 宽带无线技术在辽宁电力示范网的应用 [J]. 电力系统保护与控制，2010，38（20）：201-204.

[36] 邹巧明. 智能电网集成通信 [J]. 电网与清洁能源，2012，28（7）：46-50.

[37] 周建勇，陈宝仁，吴谦. 智能电网电力无线宽带专网建设若干关键问题探讨 [J]. 南方电网技术，2014，8（1）：46-49.

[38] 蔡昊，周欣，王宏延，等. LTE 电力无线专网业务安全风险分析及应对策略 [J]. 电力信息与通信技术，2016，14（5）：137-141.

[39] 张君艳，朱永利，彭伟. 大规模带状无线传感器网络 QoS 路由优化的研究 [J]. 电力科学与工程，2010，26（4）：11-15.

[40] 周云成，朴在林，付立思，等. 10kV 配电网无功优化自动化控制系统设计 [J]. 电力系统保护与控制，2011，39（2）：125-130.

[41] 刘健，毕鹏翔，杨文宇，等. 配电网理论与应用 [M]. 北京：中国水利水电出版社，2007.

[42] 刘健，倪建立. 配电自动化系统 [M]. 北京：中国水利水电出版社，2003.

[43] 卫志农，何烨，郑玉平. 配电网故障区间定位的高级遗传算法 [J]. 中国电力出版社，2012.